现代数学基础丛书·典藏版 23

递归论

莫绍揆 著

科学出版社
北京

内 容 简 介

本书是一本入门书，对递归论的各个发展方向(古典的与新兴的)都作了比较详细而有系统的介绍．前四章是初等部分，详细讨论了递归函数类及其各重要子类，并以算子概念贯穿整个讨论，使读者有巩固的基础知识．后四章分别介绍递归枚举性、判定问题、谱系与计算复杂性、化归与不可解度论，将读者引导到科研前沿．本书可供大学数学系本科生或研究生作为递归论的教材或参考书.

图书在版编目(CIP)数据

递归论/莫绍揆著.—北京：科学出版社，1987.11（2016.6 重印）
(现代数学基础丛书·典藏版；23)
ISBN 978-7-03-000050-7

Ⅰ.①递… Ⅱ.①莫… Ⅲ.①递归论 Ⅳ.①O141.3

中国版本图书馆 CIP 数据核字(2016) 第 113132 号

责任编辑：张　扬／责任校对：林青梅
责任印制：徐晓晨／封面设计：王　浩

科学出版社 出版
北京东黄城根北街 16 号
邮政编码：100717
http://www.sciencep.com
北京厚诚则铭印刷科技有限公司印刷
科学出版社发行　各地新华书店经销
*
1987 年 11 月第　一　版　开本：B5(720×1000)
2016 年　6 月印　　刷　印张：20 1/4
字数：259 000

定价：138.00 元
(如有印装质量问题，我社负责调换)

序　言

递归论在数理逻辑中是发展较快的一个分支．它不但与计算机科学有着十分密切的关系，彼此互相促进，共同发展，而且就纯理论而言，递归论无论在内容上还是在方法上，在短期间内都有了较大的发展．在目前，要想用一本书来综述其全部成果几乎是不可能的．

本书是一本入门书，在递归论的各个发展方向上，例如可偏函数，递归枚举性，判定问题，谱系理论，计算复杂性，化归与不可解度等(不包括其推广，即所谓广义递归论)，作了一些扼要的介绍．关于广义递归论以及其他一些推广，本书不予叙述．

介绍递归论中比较深一些的理论的书，对于初等部分一般只作简略叙述，这就要求读者对比较初等的部分预先有透彻的理解．我认为，在研讨比较深的理论的同时，仍需对初等部分加以巩固和提高，这对读者是有好处的．因此，本书前四章对初等部分作了详细叙述，并用算子概念贯穿整个讨论．

本书在许多地方用作者自己的独立见解加以组织和整理，以期能更加明晰而有系统．如有错误，希望读者批评指正．

莫绍揆

于 1986 年 2 月

目　　录

绪　论

§01. 递归论的对象

递归论又叫做能行性论，主要讨论有关“能行计算”、“能行判定”的问题.

凡与“能行性”有关的讨论，都是处理离散对象的.因为非离散的对象，所谓连续的对象，例如处处稠密的对象，是很难能行地处理的. 离散对象以自然数为最简单又最常见，因此能行性论便以讨论自然数为主. 在本书中所谓自然数，包括正整数及 0（而不象一般书中那样，只限于正整数）.

人类认识自然数已经有数千年的历史了，并对它进行了四则运算（即加、减、乘、除），但由于对自然数一般不能够进行无限制的减与除，人们便推广而引进负（整）数及有理数，还进而引进实数与复数，这都给人们带来更大的方便，也使人们对外界的认识更为深入，但同时却使人们对自然数本身的特性（离散性与能行性）有所忽略了，亦即，对自然数本身所特有的特性没有进行深入的研究.

十六世纪 Pascal 开始明确地使用数学归纳法，这是对自然数的特性的首先注意. 以后，Dedekind 与 Peano 在发展自然数论时，不但更频繁地更有系统地使用数学归纳法，而且也使用原始递归式来定义新函数. 到 1923 年，Skolem 便明确地宣称，所有初等数论中的数论函数都可以通过原始递归式而定义，这样原始递归函数便开始展现其重要性. 1931 年当 Gödel 证明他的有名的不完全性定理时，原始递归函数起到了极重要的作用. 到此，原始递归函数论便正式出现了.

从 Skolem 的宣称开始，人们便发问：是否一切可计算的数论函数都是原始递归函数. 这个问题，很快便由 Ackermann 给以解答，答案是否定的．Ackermann 具体地作出一个函数，它的增长速度远远超过一切原始递归函数，但它却的确是可计算的．因此，找寻更为广泛的可计算函数类便提到日程上来了．

根据 Herbrand 一封信的暗示，Gödel 建议引进一般递归函数，经过 Kleene 的改进与阐明后，现在已经成为一般书中所采用的一般递归函数的定义．这样定义的一般递归函数，它比原始递归函数更广，那是没有疑问的．人们要问：这样定义的函数是否已经包括很广以致于人们所说的“可计算函数”都在内呢？如果还有更广的(可计算函数)，这类更广的函数又该怎样定义呢？

1936 年，Church 提出一个有名的论点：人们一般所说的可计算函数恰巧便是一般递归函数．同年，Turing 也提出一个论点：人们一般所说的可计算函数，恰巧便是可用 Turing 机（由 Turing 所构造的一种机器)所计算的函数．很快，便由 Kleene 证明了，一般递归函数也就是可用 Turing 机所计算的函数．因此这两个论点实质上是同一个论点，现在通称为 Church-Turing 论点．

当这两个论点提出时，看来过于武断，很可能会找出一些可计算的但不是一般递归的函数．但随着时间的流逝，反例不但没有找出，而有利于这个论点的事项却越来越多，因此，在数理逻辑界，现在一般都承认 Church-Turing 论点，反对的人几乎是没有了．

这个论点得到普遍的承认并不意味着递归论(能行性论)已经大功告成，不能再行发展了．恰恰相反，根据这个论点，我们可以做很多事情，为以前所不能做的．

第一，有了这个论点以后，我们可以断定某些问题是不能能行地解决的或不能能行地判定的．在未有这个论点之前，我们只能设法去找出能行的解决办法或能行地判定的办法，找出以后便说，某某问题可以能行解决，某某问题可以能行判定．万一这种办法找不到，我们却不敢断定，某某问题不能能行解决或某某问题不能能行判定，因为“找不出”不等于“不存在”．只有接受 Church-Turing 论点以后，把“能行地解决”解释为“有一般递归函数”，把

"能行地判定"解释为"有一个一般递归谓词",那末当我们证明"没有相应的一般递归函数"或"没有相应的一般递归谓词"时,我们便可以作出否定的答案了. 正因为如此,长久不能解决的 Hilbert 第十问题(判定不定方程是否有解)到现在便得到否定的答案了. 这是能行论的一个重要成就.

不但如此,根据这个论点而把能行性等同于递归性以后,我们还可以不断地深入探究,无论在能行性方面以及非能行性方面都有好些深入的有意义的成果,远非以前所能达到的.

可计算的函数既等同于一般递归函数,我们还要求讨论可计算的复杂性,这就要求对一般递归函数再作分类,将一般递归函数分成各阶层,由最简单的到较复杂的,最后到最复杂的. 在这方面,以前已有原始递归函数,它是一般递归函数的特例. 现在还进而研究各种各样的特例,在原始递归函数与一般递归函数之间的有多重递归函数,在原始递归函数之内的(作为其特例的)又有初等函数,初基函数乃至五则函数等等. 对这些函数的性质的深入研究,不但使我们对数论函数有更深入的了解,而且对自动机、计算机的研究也大有补益.

其次,我们对非递归函数也作了深入研究,从而发展了不可解度论、分层论等等,这些都从反面使我们对能行性有更进一步的了解.

由此看来,递归论的内容非常丰富,很值得我们深入探讨.

另外,人们又将递归论从各方面作推广,得出所谓广义递归论.

一个推广的方向是把递归论的对象从自然数推广到一般(有限)字母表上的字去,即不但讨论数论的递归函数,而且讨论字的递归函数,并且把前者作为后者的特例(数论的递归函数可以看作是单字母表上的字的递归函数). 由于计算机所能处理的,实质上都是一些表达式,从而计算机实际上是处理两个字母表上的字的函数,因此这种推广更能直接应用于计算机,从而更显出其重要性.

另一个推广是把自然数推广为一般的序数(包括无穷序数),

从而不但研究自然数上的递归函数，而且研究无穷序数上的递归函数;这样，研究的对象更广了.

但在本书中，我们不想讨论这两种推广. 对前者的推广而言，我们觉得，原来的递归函数论专就自然数本身立论，不牵涉到它的表达式，这是更简单而且是更根本的. 如果讨论 n 个字母的字母表上的字的函数，表面看来是推广了(从一个字母推广到 n 个字母)，实质上却是把注意力从自然数本身而转移到自然数的 n 进制表示上去. 除非我们专门集中注意力于 n 进制，否则这种转移是没有好处的. 因此作者认为，如想作这种推广，最好放在"算法论"内去讨论，在递归论内可不考虑自然数的表达式.

至于把递归函数推广到无穷序数上去，这种推广与原来的着眼点大不相同，这时讨论的主要精力集中在"无穷序数"上去，而"递归性"(能行性)反而隐而不现，消失于无形了. 作者认为，有关这部分的推广，最好另行处理，不要与递归论放在一起.

因此，本书仍然集中力量于自然数上的递归论.

§ 02. 基本概念，组成规则

如上所述，在递归论中我们以自然数集为讨论的全域. 在数理逻辑中我们主要讨论公式及谓词，在递归论中，我们主要讨论项及函数，但也不完全排除公式及谓词.

既然我们讨论的全域为自然数集，从而个体便是自然数(以后省称为数). 个体变元即数变元，个体常元即常数.

将数变成数的叫做(数论)函数，将数变成真假的叫做(数论)谓词，将真假变成真假的叫做(命题)联结词，而将真假变成数的叫做特种函数. 我们只用一个特种函数 ct，它把真、假分别变为 0，1. 即 ct (真) = 0，ct (假) = 1.

此外，把函数变成函数的叫做算子，把谓词变成函数的叫做摹状词，把谓词变成谓词的叫做量词. 至于把函数变成谓词的迄今尚无人使用，可不必讨论. 这些(算子、摹状词、量词)都叫做约束词.

各种词的性质须分别具体规定，但其公共的性质却可以用组成规则确定如下.

递归论系统的组成规则

数变元 $x_1, x_2, \cdots$

数常元 $0, 1, 2, \cdots$

函数符号 $f_1, f_2, f_3, \cdots$(并指定其元数)

常函数 具体指定(见后)

谓词符号 $P_1, P_2, P_3, \cdots$(并指定其元数)

常谓词 具体指定(见后,有一个为二元相等词 $=$)

特种函数 ct(一元)

联结词 $\neg$(非), $\wedge$(且), $\vee$(或), $\longrightarrow$(如果则), $\longleftrightarrow$(恰当)

算子符号 $\tau_1, \tau_2, \cdots$(并指定其型)

常算子 具体指定(见后)

量词符号 $Q_1, Q_2, \cdots\cdots$(并指定其型)

常量词 $\forall, \exists$(其余见后)

摹状词符号 $\iota_1, \iota_2, \cdots$(并指定其型)

常摹状词 ι, μ(其余见后)

组成规则

项及**公式**递归地定义如下:

(1) 数变元与数常元为**项**;

(2) 如果 f 为 n 元函数而 $\xi_1, \cdots, \xi_n$ 为 n 个项,则 $f(\xi_1, \cdots, \xi_n)$为**项**;

(3) 如果 P 为 n 元谓词而 $\xi_1, \cdots, \xi_n$ 为项,则 $P(\xi_1, \cdots, \xi_n)$ 为**公式**;

(4) 如果 α 为公式则 ctα 为**项**;

(5) 如果 α, β 为公式,则 $\neg\alpha, \alpha\wedge\beta, \alpha\vee\beta, \alpha\rightarrow\beta, \alpha\longleftrightarrow\beta$ 为**公式**;

(6) 如果 τ 为(m, n, s)型算子， $e_1, \cdots, e_m$ 为数空位,$\xi_1, \cdots, \xi_n$ 为项， $\eta_1, \cdots, \eta_s$ 为函数,则 $\tau(e_1\cdots e_m)\rightarrow(\xi_1\cdots\xi_n)\{\eta_1, \cdots,$

$\eta_s\}$ 为**项**；

(7) 如果 Q 为 (m,n,s) 型量词，$e_1,\cdots,e_m$ 为数空位，$\xi_1,\cdots,\xi_n$ 为项，$\alpha_1,\cdots,\alpha_s$ 为谓词，则 $Q(e_1,\cdots,e_m)\to(\xi_1,\cdots,\xi_n)\{\alpha_1,\cdots,\alpha_s\}$ 为**公式**.

(8) 如果 L 为 (m,n,s) 型摹状词，$e_1,\cdots,e_m$ 为数空位，$\xi_1,\cdots,\xi_n$ 为项，$\alpha_1,\cdots,\alpha_s$ 为谓词，则 $\iota\ (e_1,\cdots,e_m)\to(\xi_1,\cdots,\xi_n)\{\alpha_1,\cdots,\alpha_s\}$ 为**项**.

所谓**项**及**公式**仅限于根据以上而作成的.

这里引进几个定义.

定义算子、量词、摹状词合称**约束词**.

(2) 中的 $f(\xi_1,\cdots,\xi_n)$ 叫做 f 在 $(\xi_1,\cdots,\xi_n)$ 处的**值**，也叫做 f **填式**，它是 f 作用于 $(\xi_1,\cdots,\xi_n)$ 的结果.

(3) 中的 $P(\xi_1,\cdots,\xi_n)$ 叫做 P 在 $(\xi_1,\cdots,\xi_n)$ 处的**值**，也叫做 P **填式**，它是 P 作用于 $(\xi_1,\cdots,\xi_n)$ 的结果.

对(4)，(5)中的 $\mathrm{ct}\alpha$ 等仿此定义.

(6)，(7)，(8) 中的 $(e_1,\cdots,e_m)$ 叫做**约束空位组**，明确地说是相应约束词 τ，Q，ι 的指导空位组. 而 $(\xi_1,\cdots,\xi_n)$ 叫做**新添项**. $\{\eta_1,\cdots,\eta_s\}$ 叫做**作用域**（第一作用域至第 s 作用域）. $\{\eta_1,\cdots,\eta_s\}$ 中的变元 $(e_1,\cdots,e_m)$ 叫做受相应的算子、量词、摹状词所约束的**约束空位**. 作用域中与约束空位不同的空位叫做**参数空位**. 项 $\xi_1,\cdots,\xi_n$ 中的空位，不管是否 $e_1,\cdots,e_m$ 都叫做**自由空位**.

参数空位或参变元亦可作代人，但我们规定：对被作用函数(即作用域)中的空位或参数作代人时，不允许把所代入的项填入作用域中的参数空位或参变元处去，而必须写在约束词的下面，与约束空位. 新添项并列而用分号隔开. 例如，对 $\alpha_{e_1\to u}f(e_1,\ e_2,\ v)$ 作代人 $e_2\to A$，$v\to B$ 时，不能写为 $\alpha_{e_1\to u}f(e_1,\ A,\ B)$ 而必须写为 $\alpha_{e_1;e_2,v\to u;A,B}f(e_1,\ e_2,\ v)$. 至于在什么情况下它与 $\alpha_{e_1\to u}f(e_1,\ A,\ B)$ 相等，须作详细的讨论.

在上面的组成规则中，我们只有新项及新公式的组成，而没有造成新函数、新谓词、新约束词的方法．对于函数、谓词以及约束词可以说我们只能限于开始时引入的基本的函数、基本的谓词以及基本的约束词．即组成规则中所列举的．在此以后只有含变元的新项及新公式，并没有新函数、新谓词．这是沿用数学界自古以来的习惯：大量使用（含变元的）项及公式，而（除基本的以外）少使用函数及谓词．

这种做法有很多的优点．最大的优点是：根本上取消了高级函词与高级谓词，亦即以函数或谓词为变目的那种高级函词谓词．凡通常所说的以函词或谓词为变目的，这里都改为以含变元的项或公式作变目了．这里不但使用项对函数、谓词的填入，即由 f 及 $\xi_1,\cdots,\xi_n$ 而造 $f(\xi_1,\cdots,\xi_n)$，并且还使用了算子量词等约束词．这些约束词对应于高级函词高级谓词，但它们都以（含变元的）项或公式作为变目，从而根本堵绝了高级函词谓词产生的可能．当然，约束词本身也带来一些新奇性，下面再细论．但容易想象到，函数及谓词本身是必要的，不能恒用项或公式来代替，而且除基本的函数及谓词外，由任意新造成的项也可抽象而得一个新函数，由任意新造成的公式也可抽象而得一个新谓词．这个抽象运算（它本身也是一个约束词）是必要的．A. Church 引进符号 λ，从而当 η 为项时，$\lambda_{x_1\cdots x_m}\eta$ 便是依 $x_1,\cdots,x_m$ 对 η 抽象而得的 m 元函数，即 $(\lambda_{x_1\cdots x_m}\eta)(x_1,\cdots,x_m)=\eta$．又如果 α 为公式时，$\lambda_{x_1\cdots x_m}\alpha$ 便是依 $x_1,\cdots,x_m$ 对 α 抽象而得的 m 元谓词，即 $(\lambda_{x_1\cdots x_m}\alpha)(x_1,\cdots,x_m)\longleftrightarrow\alpha$．换句话说，如把 $\lambda_{x_1\cdots x_m}\eta$ 与 $\lambda_{x_1\cdots x_m}\alpha$ 分别记为 f 及 P，则有 $f(x_1,\cdots,x_m)=\eta$ 与 $P(x_1,\cdots,x_m)\longleftrightarrow\alpha$．

这个约束词与上面的约束词不同，上面的约束词的值是项或公式，而这个约束词的值却是函数（f）或谓词（P）．

通常很少使用约束词 λ，很多书甚至于根本不提它．当使用函数 $\lambda_x\eta$ 时，就使用项 η 本身（含变元的项），当使用函数 $\lambda_x\eta$ 在 y 处之值，即 $(\lambda_x\eta)(y)$ 时就用 $\underset{x\to y}{代}\eta$ 或 $\eta\binom{x}{y}$．在通常的数理逻辑或数学中，"代入"运算（处处将 x 代入以 y）是一个非常重要的运算，实质上它是“将 η 代 x 抽象而得一函数再求该函数在 y 处之值”。从此可见，有“代入”运算后可以代替抽象运算 λ，反之，有抽象运算后，代入运算可以表示为 $\underset{x\to y}{代}\eta=(\lambda_x\eta)(y)$. 通常书中不用运算 λ，故处处使用“代入”了.

由于约束词(以及所谓“约束变元”)的出现，使得项的代入、函数的代入、谓词的代入遇到非常的困难. 最初数理逻辑家所表达的代入原则每每有毛病，经过十多年的探讨修正，才初步获得一些正确的表述，但正确的表述每每麻烦而琐碎，很难认为是合用的表达形式.

试就算子 $\alpha_{e\to v}$ 而论，假设它把 $f(e,e_1,u)$ 改造为 $g(v,e_1,u)$，即有(e_1 为参数空位，而 u 为参数):

$$g(v,e_1,u)=\alpha_{e\to v}f(e,e_1,u)$$

如果我们把项 A 代入空位 e_1 处，又把参变元 u 代入以项 B，依现时流行的说法，我们不能无条件地得到

$$g(v,A,B)=\alpha_{e\to v}f(e,A,B).$$

要使它成立，必须 A,B 中没有自由空位 e，而且在 $f(e,A,B)$ 中，A,B 的自由空位不受约束. 数理逻辑家为此需作相当长的讨论.

依我们看来，左边的 $g(v,A,B)$ 显然是“先实施算子 $\alpha_{e\to v}$ 再作代入 A,B”，而右边则是“先作代入 A,B，再实施算子 α”，两者是不同的运算过程，因此它们有时相等，有时则不相等，那是很清楚，很容易理解的事，用不着大惊小怪. 问题是：以前我们没有表示“先作算子再代入”的符号，只能先引入新符号 $g(e_1,u)$ 表示实施算子 α 的结果再作代入，至于记号

$$\alpha_{e\to v}f(e,e_1,u)\Big|_{\substack{e_1=A\\u=B}}$$

则不是正式的记号，以致当两边不相等时，我们竟然无法表示“先实施算子(约束词)再代入”这个过程. 现在，我们建议下列记号:

$$g(v,A,B)=\underset{(e;e_1,e_2)\to(v;A,B)}{\mathrm{rti}}f(e,e_1,e_2)$$

分号“;”之左是约束空位与新添项，分号“;”之右是参数空位及其代入项. 凡代入必不能在约束词的作用域中对其参数或空位作代

入，如要代入，只能写在约束词的下方，如上式所示．这时代入永远是可行的没有任何限制．如要在作用域中作代入，则有：如果代入项（上文的 A,B）中的自由空位没有与某约束词的约束空位同名，则这些代入项可以代入到该约束词的作用域中去．因为这时约束关系不变，故代入合法．

例如，当 f 为基本函词而 A,B 中没有空位为 e 时，我们有：

$$\underset{(e;e_1,e_2)\to(;A,B)}{\mathrm{rti}} f(e,e_1,e_2)=\mathrm{rti}\, f(e,A,B).$$

这也正是现行说法中的合法代入．

当 A，B 中含有空位 e 时，现行说法既没有 $\underset{(e;e_1,e_2)\to(;A,B)}{\mathrm{rti}}$ 的记号，只能将约束空位改名，例如改为 e_3（不出现于 A, B 中的），便得

$$\underset{e_3}{\mathrm{rti}} f(e_3,A,B).$$

当然，这式与 $\underset{(e;e_1,e_2)\to(;A,B)}{\mathrm{rti}} f(e,e_1,e_2)$ 是相等的，但由于这种相等便承认永远可以改名，从而永远可在作用域中作代入，而不引用表示“先实施算子再代入”的符号，永远只使用“先代入再实施算子”的过程，这在根本上便是不够妥当的．我们应该有完备的记号系统才对．

和代入相类似的还有一种很重要的运算：替换．很多书把“代入”与“替换”当作相同的运算，(在国外甚至于有使用相同的名称的)，但两者是不相同的．代入是对变元的处处代入，替换则是对某复杂项的一处或多处（当然可以处处）的替换，两者本质是不相同的．

例如，设 α 为 $3x=y\to 3\cdot 3x=3x+2y$，则 $\underset{x\to u+2}{\text{代}}\alpha$ 将是

$$3(u+2)=y\to 3\cdot 3(u+2)=3(u+2)+2y.$$

这里各处的 x 都须代以 $u+2$．反之，在 α 中将 $3x$（看作一复杂项）替换以 B，则可以有下列各结果：

$$B=y\to 3\cdot 3x=3x+2y,$$
$$B=y\to 3\cdot B=3x+2y,$$
$$3x=y\to 3\cdot B=B+2y.$$

等等. 如要得到明确的结果,必须指明对哪一些 $3x$ 作替换.

以往对"替换"的陈述,或者纯粹从表达式的外貌立论,或者从组成过程立论,都不够直捷简明. 从表达式外貌立论的是:

"在 C 中将 A 替换以 B 得 D"(甲)指: 有 P, Q 表达式(未必有意义,即未必是良构式)使 $C = PAQ$ 而 $D = PBQ$.

从组成过程立论的是: 上语(甲)指: 用由 A 而组成 C 的过程可以由 B 而组成 D.

这两种说法都不够严格形式化. 其实可用代入而定义替换. 但必须注意: 我们不能说: 上语(甲)是指: 有 G 使 $C =$ 代$_{x\to A}G$ 而 $D =$ 代$_{x\to B}G$. 因为当 A 中的某些自由变元在 C 中受约束时,依上面的说法,$C \neq$ 代$_{x\to A}G$,同样,代$_{x\to B}G$ 也未必是所求的 D. 这时如果在 C 中 A 有三个自由变元受约束,应将 A 写成函数形写成 $Ae_1e_2e_3$ 形,依同样的空位而将 B 写成 $Be_1e_2e_3$ 形. 在 C 中将所经替换的 A 改写为 $ge_1e_2e_3$(g 为函数变元),得一表达式 G. 于是可以说:

上语(甲)指: $C =$ 代$_{ge_1e_2e_3\to Ae_1e_2e_3}G$ 而

$D =$ 代$_{ge_1e_2e_3\to Be_1e_2e_3}G$.

即"替换"可用函数的代入而定义.

以上是就原来说法而作整理的结果,可以免除旧说法的很多弊病,代入、替换也能得到完善的处理. 但是我们认为,即使这样整理以后,仍有待改进,有待于作本质的改进.

首先,尽量避免使用函数谓词(改用有变元的项及公式)并不是一个好办法,由此必须大量使用"代入". 其实除能够作出新项、新公式外,还应该能够作出函数及谓词. 这种作法也不必借助于抽象词 λ,只须在项与公式的组成的同时,再允许作函数及谓词的组成便得了. 这时只须引入"空位",在递归论中必须引入"数空位"(相应于数变元),项及公式不但可含有变元也可含有空位. 含有变元的项是变项,含有空位的项是函数,含有变元的公式是变公式,含有空位的公式是谓词. 这样,抽象词 λ 可以不用,而代入运算也可以不用了.

旧说法认为约束词作用于项及公式，从而避免了高级函词高级谓词，这是一优点，但也带来问题.

现在我们以算子为例对一般的约束词作进一步的讨论.

定义所谓 **(s, m, n) 型算子**，暂记为 α，它把 s 个 m 元函数 $f_1, \cdots, f_s$ 变成一个 n 元函数，这个改造结果可记为

$$\alpha_{(e_1\cdots e_m)\to(u_1\cdots u_n)}\{f_1e_1\cdots e_m, \cdots, f_se_1\cdots e_m\}.$$

如果该新函数为 g，则有

$$g(u_1, \cdots, u_n) = \alpha_{(e_1\cdots e_m)\to(u_1\cdots u_n)}\{f_1e_1\cdots e_m, \cdots, f_se_1\cdots e_m\}.$$

算子 α 叫做属于 (s,m,n) 型. 为简单起见，下文只就 $(1,1,1)$ 型立论，所论各点基本上全可应用于一般的 (s,m,n) 型算子. 这时我们有：

$$g(u) = \alpha_{e\to u}\{fe\}.$$

fe 内可能含有别的变元 $v_1, \cdots, v_k$，这时结果函数亦依赖于 $v_1, \cdots, v_k$. 这些 v 叫做**参变元**. 我们有

$$g(u, v_1, \cdots, v_k) = \alpha_{e\to u}\{f(e, v_1, \cdots, v_k)\}$$

u 叫做**新添变元**，如它为空位叫做**新添空位**，如它为一般的复杂的项，则叫做**新添项**. 但新函数 g 不依赖于空位 e（即不含有空位 e）. 当讨论 g 时，不应该也不可能对 e 作填入. e 叫做**约束空位**，受算子 α 所约束.

约束空位的性质很值得我们仔细考虑一番.

以前把约束空位亦写成变元，叫做**约束变元**，或者使用与自由变元相同的符号，写成

$$g(u) = \alpha_{x\to u}f(x)$$

或使用特种的变元符号，例如用 $a_1, a_2, \cdots$，写成

$$g(u) = \alpha_{a\to u}f(a),$$

都遇到同样的困难：$f(x)$ 本来依赖于 x 的，为什么添上算子 $\alpha_{x\to u}$ 后，反与 x 无关呢？$f(a)$ 本来依赖于 a 的，为什么 $\alpha_{a\to u}f(a)$ 反与 a 无关？这其间有什么特殊的作用？我们以前从未遇见这样的作用，所以很难解释得通.

依我们的说法，$f(e)$ 本来含有空位的，但应该将算子 α 填入

空位 e 处，因此所得函数当然不再含有空位 e 了．正如 $f(2)$ 不再含有空位 e 一样，这没有任何奇怪的．

不是用算子约束其作用域而是将算子填入所作用的函数的空位处去，这是有日常语言的根据的．数理逻辑中的量词 ∀，∃，依日常语言的说法，便是填到作用域中的空位去的．试以 $A(e)$ 表示"e 来了"，那末

张三来了　写为 A(张三)，

一切人来了　应写为 $A(\forall)$

有些人来了　应写为 $A(\exists)$，

在日常语言中，"张三"、"一切人"、"有些人"都是主语，都应该填到所作用的函数的空位处去．同样道理，算子也应该填入所作用的函数的空位处去．

但是，必须注意，就个体(数)或函数的填入而言(亦即，就迭置而言)，它既是可以**深入**的，亦是可以**分配的**．试以 $f(e)\{a\}$ 表示把 a 填入到函数 fe 的空位 e 处，那末我们有：

$$f(g(e))\{a\} = f(g(e)\{a\})\ (\text{深入})$$

$$\alpha(\cdots e\cdots e\cdots)\{a\} = \alpha(\cdots a\cdots a\cdots)$$

但对算子却不可能这样．例如($\dot{-}$表绝对差)：

$$\underset{e}{\mathrm{rti}}[9\dot{-}e^2] = 3$$

$$9\dot{-}\underset{e}{\mathrm{rti}}\,e^2 = 9\dot{-}0 = 9$$

故 $\underset{e}{\mathrm{rti}}[9\dot{-}e^2] \neq 9\dot{-}\underset{e}{\mathrm{rti}}\,e^2$，即算子是不能深入的．又

$$\underset{e}{\mathrm{rti}}\{e^2\dot{-}(6\dot{-}e)\} = 2,$$

但

$$\underset{e}{\mathrm{rti}}\,e^2\dot{-}\underset{e}{\mathrm{rti}}(6\dot{-}e) = 0\dot{-}6 = 6,$$

两者不等，故算子亦是不能分配的．因此，我们不能把算子 rti 写到空位 e 那里，即不能写成 $f(\mathrm{rti})$，而必须写成 $\underset{e}{\mathrm{rti}}f(e)$，以表示"把算子 rti 作用于 f 中的空位 e 处"，既然不能把"rti"写到空位 e 那里，事实上便只能这样书写了．这样，约束空位的本质便很清

楚明白，没有任何难于理解之处。

旧说法却不是这样，他们把作用域不是写成函数或谓词，而是写成项或公式（含有变元的）. 于是他们便区分约束变元与自由变元，或者同是变元，但区别约束出现与自由出现. 前一说法认为这两种变元是本质不相同的变元，须用不同的字母表示，在组成规则中，个体变元一项须区别自由变元与约束变元. 后一说法认为两者都是同样的变元，但如果前面有 $Q_{x\to\xi}$ 或 $\tau_{x\to\xi}$ 或 $\iota_{x\to\xi}$ 时，变元 x 便是约束出现，如果前面没有这些以 x 为指导变元的约束词时，x 便是自由出现.

两种说法各有利弊. 严格区别两类变元的好处（或根据）是：两者本质不同. 约束变元不能代入，与自由变元有本质的区别，不应混而为一. 而其毛病是：约束变元本身是什么含意？含有约束变元的项或公式，例如 $a, f(a), P(a)$ 究竟指什么，很难说得清楚；由 $P(a)$ 而得 $\forall aP(a), \iota aP(a)$，后两者意义分明，但 $P(a)$ 的意义便不分明了，而在 $f(a), P(a)$ 中，a 是"未受约束"的"约束"变元，说法也过于古怪. 认为两者属于同类变元的说法，好处是没有约束变元（只有约束出现），理论清楚明白. 而其毛病是：$P(x)$ 是依赖于 x 的，加上 $\forall x$ 以后，$\forall xP(x)$ 反与 x 无关，这便使得约束词的作用很是奇怪. 其次，两种变元性质本来截然不同，如今认为是同类的变元，很容易混乱，使得运算时以及表述结果时都须时刻注意，否则会引起麻烦甚至于会出现错误.

我们两者都不采用而使用第三种说法. 约束词并非把数变成数或真假，而是把函数变函数（算子），或者把谓词变成函数（摹状词）或谓词（量词），因此作用域（被改造的函数或谓词）须写成函数或谓词，不应写成项或公式. 同样，约束变元处不该使用变元而应写空位，表明该约束词所约束的空位（函数及谓词必有空位，不管写明或否）. 至于新添项处也应该写空位，表明造出来的是函数或谓词. 当然写项也可以，这时造成的是对新添空位填以新添项后所作成的项或公式. 例如，设与 $\eta_1, \cdots, \eta_s$ 相应的函数为 $g_1, \cdots, g_s$，则旧说法所写的：

$$\tau_{(x_1,\cdots,x_m)\to(\xi_1,\cdots,\xi_n)}\{\eta_1,\cdots,\eta_s\}$$

应该写成

$$\tau_{(e_1,\ \ ,e_m)\to(e_1,\cdots,e_n)}\{g_1,\cdots,g_s\}\ (这是函数)$$

或写成

$$\tau_{(e_1,\cdots,em)\to(\xi_1,\cdots,\xi_n)}\{g_1,\cdots,g_s\}\ (这是项)$$

这便是本书所使用的写法.

§03. 可计算性与可判定性

在讨论函数及谓词时,定义域是很重要的,应该明确确定. 但在递归论中,定义域永是自然数集的子集. 如果定义域是全体自然数集(即对每个自然数都有定义),便叫做全函数及全谓词. 如果未必是全体自然数集,便叫做可偏函数及可偏谓词. 在本书前半部分,我们只讨论全函数及全谓词,这样讨论可简便很多. 到后来我们才进而讨论偏函数及偏谓词,那时我们再对有关情况深入讨论.

在递归论中主要是讨论能行性. 因此对一个函数的可计算性以及对一个谓词的可判定性,应该有一点认识,我们现在先描述性地解释一番,然后在下文再作详细的讨论.

对函数 f 的**可计算性**是指,当自变元的值 x 给出后,如 $f(x)$ 有定义,则可以在有限步骤内得出该函数的值;此外,当 $f(x)$ 无定义时,如果也能在有限步内判知,则说 f 是**可完全计算的**. 如果不能在有限步内判知,则说 f 是**可半计算的**. 因为,当 f 无定义时我们不能知道,故可计算性只能是"半"而不是"完全"的.

对谓词 A 的**可判定性**是指,当自变元的值 x 给出后,如 $A(x)$ 有定义且为真,则可以在有限步内判知;此外,当 $A(x)$ 无定义时或当 $A(x)$ 有定义且为假时,也能在有限步内判知,则说谓词 A 是**可以完全判定的**;如果对其中任一情况($A(x)$ 无定义或 $A(x)$ 有定义而为假)不能在有限步内判知,则说谓词 A 是**可半判定的**.

这两定义是我们遵循的准则,必须指出,在别的书中的说法未必与我们的相同，应该密切注意.

§04. 函数，直接定义的函数

要讨论自然数，当然须从函数着手. 所谓**函数**便是把一些数变成另一数的运算. 例如，平方函数(平方运算)便是把 3 变成 9，把 7 变成 49 等等的运算，一般，把 x 变成 x^2 的运算. 又如加函数(加运算) 便是把 1，2 变成 3，把 4，5 变成 9 等的运算，一般，把 x，y 变成 $x+y$ 的运算，严格说来，函数并不是指运算的过程，而是指运算所根据的规则. 但是，通常的书中却把函数既不理解为运算的过程，也不理解为运算所根据的规则，而是理解为对变元作运算的结果. 因此，在通常的书以及论文中，大都把

平方函数　理解为　x^2

加函数　理解为　$x+y$

但是，大家知道，x^2 与 $x+y$ 是项 (严格一些说，是变项，含有变元的项)，而项(变项)与函数是不应混称的. 通常由于把函数与(相应的)变项混同起来了，因此在很多地方应该使用函数的地方，也改用变项来代替. 相沿至今，我们反而习惯于使用变项的称呼而不习惯于使用函数了. 但详细追究起来，仍然可以把函数(运算规则)与变项区别开来的.

具体说来，

变项是：x^2，$x+y$

相应的函数分别是：e^2 与 +(或 e_1+e_2).

平方函数应该是 e^2，平方函数的填式(用变元填入空位处所得的式子)才是 $x^2(=e^2(x))$.

要定义一个函数，至少对开始的那些函数，只能直接给出运算规则，这叫做**直接定义法**. 有了若干个开始函数以后，我们便可以由旧函数而源源地造出新函数来了(这叫做**派生法**).

现在我们先给出可直接定义的函数，它们可以作为开始函数(正如公理那样，由公理源源推出定理，由开始函数可以源源地造

出新函数).

1. **么函数** I：函数的值与自变元的值同.

$$Ix = x.$$

2. **广义么函数**（或**射影函数**）$I_{mn}(1 \leqslant n \leqslant m)$：函数的值与第 n 个自变元的值同,

$$I_{mn}(x_1, x_2, \cdots, x_m) = x_n$$

3. **零函数** O：函数的值永为 0.

$$Ox = 0.$$

4. **常值函数** C_a：函数的值永为 a.

$$C_a(x) = a.$$

显然，$0 = C_0$（即 $O_x = C_0x$).

以上四种函数叫做**严格本原函数.**

5. **相等性函数** $\mathrm{eq}(x,y)$：当 $x = y$ 时 $\mathrm{eq}(x,y)$ 的值为 0，当 $x \neq y$ 时其值为 1.

6. Ⓐ：当 x,y 均非零时，xⒶy 的值为 0，当 x,y 有一为 0 时其值为 1.

7. Ⓥ：当 x,y 有一非 0 时，xⓋy 的值为 0,当 x,y 均为 0 时其值为 1.

8. N：当 y 为 0 时 xNy 的值为 x,当 y 非 0 时,其值为 0.

9. **选择函数** $\mathrm{alt}(e_1, e_2, e_3)$：当 x 为 0 时，$\mathrm{alt}(x, y, z)$ 的值为 y，当 x 非 0 时,其值为 z.

以上九个函数(当然还可类似地定义一些新函数,读者试自行作出),可以说是无须“计算”便可以得出函数的值的（只须观察自变元的值,或判别它为 0 或否,便可得出其值了).

如果假定知道自然数之间的大小关系，那末还可定义下列函数.

10. max: $\max(x,y)$ 的值是 x,y 中之大者.

11. min: $\min(x,y)$ 的值是 x,y 中之小者.

如果读者还能知道自然数的次序,知道谁是谁的直接后继数,谁是谁的第 n 个后继数，谁是谁的直接前驱，谁是谁的第 n 个前驱，那末还可以定义下列的函数：

12. **后继函数** S：Sx 的值为 x 的直接后继数（通常写为 $Sx = x+1$，但加法其实比后继函数更为复杂）。

13. **前驱函数** D：Dx 的值为 x 的直接前驱（通常写为 $Dx = x \dot{-} 1$，但减法其实比前驱函数更复杂。又须注意，依定义，0 的前驱仍为 0）。

14. **加法**$+$：$x+y$ 的值为 x 的第 y 个后继数。

15. **减法**$\dot{-}$：$x \dot{-} y$ 的值为 x 的第 y 个前驱（当 $x \leqslant y$ 时，$x \dot{-} y$ 之值为 0）。

当然，此外还可能有可以直接定义其运算规则的函数，但是我们总可相信，能够直接定义的函数必是非常简单的，比较复杂一点的函数便不可能直接定义了。要得出新函数便须使用派生法了。

此外还有一些函数可以由上面的简单函数及后面介绍的算子而作出，但它们在中学里已经学习过，读者早已熟知，在未介绍下文的算子之前，在举例中我们不妨引用（正如上文已引用了平方函数 e^2 那样）。这些函数有：

16. **平方函数** e^2。

17. **乘法** $e_1 \cdot e_2$。

18. **n 次方根整部** $[\sqrt[n]{e}]$（n 为具体数字）。

19. **整商**（算术商）$[e_1/e_2]$ 或 $\left[\frac{e_1}{e_2}\right]$（约定 $\left[\frac{x}{0}\right] = 0$）。

20. **剩余函数** $\mathrm{rs}(e_1, e_2)$（约定 $\mathrm{rs}(x, 0) = x$）。

21. **幂函数** $e_1^{e_2}$。

22. **最大公约数** $\mathrm{dv}(e_1, e_2)$。

23. **最小公倍数** $\mathrm{lm}(e_1, e_2)$。

24 第 e 个素数 P_e。

25. **素数方幂** $\mathrm{ep}_{e_1} e_2$（在 e_2 分解式中 P_{e_1} 的方幂）

§ 05. 迭置(叠置)

现在我们讨论定义函数的另一方法，派生法，即由旧函数而造新函数的方法.

直接定义法相当于给出公理，是我们的出发点. 没有直接定义的函数，正如没有公理一样，我们根本不能起步，从而也就根本做不成任何事. 但直接定义的函数必是很简单的（正如公理一般是很简单很明显的一样），一般说来，个数是不多的. 要想源源得出新函数，只有使用派生法，正如要想源源得出新规律(定理)，必须使用推导一样. 在推导定理时，我们必须使用推导规则，同样，在派生新函数时，我们必须使用**算子**及**叠置子**.

算子、推导规则，其本质与函数完全相同. 函数是把旧数变成新数，算子是把旧函数变成新函数，推导规则则把旧定理变成新定理，都是一种改造工具，

在派生法中，我们又分成两大类，一类是**迭置(叠置)法**(用**迭置子**)，一类是算子法(使用真正算子，即迭置子以外的算子). 这两类的区别在什么地方呢？

由旧函数而造新函数，那末新函数在某个变元组处的值当然与各旧函数(在某些变元组处)的值有关，如果所依赖的旧函数的值的个数是固定的，这个数不随新函数的变目组的改变而改变的，那末该新函数便是由旧函数**迭置**而作成，如果所依赖的旧函数的值的个数不固定，它随新函数的变目组的改变而改变，那末该新函数便是由**算子法**(使用真正算子)而作成的.

为强调这个区别，我们今后所说的算子将不包括迭置子，亦即，当我们今后说到算子时，都是指迭置以外的真正算子.

现在先讨论迭置(亦可写为叠置).

一般的迭置是：　由**外函数** $fe_1\cdots e_m$ 与**内函数** $g_1e_{11}\cdots e_{1h1}$, $\cdots$, $g_me_{m1}\cdots e_{mhm}$ 迭置得的函数将如下定义：　设空位 $e_{11},\cdots,e_{1h1},\cdots,e_{m1},\cdots,e_{mhm}$ 的总集记为 $e_1,\cdots,e_k$，则新函数在 x_1,

$\cdots, x_k$ 处的值便是如下所得的项 ($x_{11}, x_{1k1}, \cdots$ 等等，意义自明)：

$$f(g_1(x_{11}, \cdots, x_{1k1}), \cdots, g_m(x_{m1}, \cdots, x_{mkm})).$$

所得的新函数可记为

$$f(g_1(e_{11}, \cdots, e_{1k1}), \cdots, g_m(e_{m1}, \cdots, e_{mkm})).$$

故有下列的等式：

$$f(g_1(e_{11}, \cdots, e_{1k1}), \cdots, g_m(e_{m1}, \cdots, e_{mkm}))(x_1, \cdots, x_k)$$
$$= f(g_1(x_{11}, \cdots, x_{1k1}), \cdots, g_m(x_{m1}, \cdots, x_{mkm})).$$

注意，这里的内函数 g 是包括空位 e 本身以及具体的常数以及参变数在内的，即不但填入以函数还可填入以常数或空位本身，如不包括这些，那末便不能算作最一般的迭置了.

这种一般的迭置还可作一个推广，那便是并不是都按一种方式而迭置，却是按不同的情况而作不同的迭置(可有若干种情况). 这种派生法通常叫做**凑合定义**. 表面看来，它与迭置法截然不同，通常也以为它与迭置有别，实际上凑合定义是迭置的一种，只须使用两个特殊的函数便可以用迭置表示它了. 所谓**凑合定义**是如下所作的定义：

$$h(e_1, \cdots, e_n) = \begin{cases} f_1(e_1, \cdots, e_n), & \text{当条件 } A_1(e_1, \cdots, e_n) \text{ 成立;} \\ f_2(e_1, \cdots, e_n), & \text{当条件 } A_2(e_1, \cdots, e_n) \text{ 成立;} \\ \cdots\cdots\cdots\cdots & \\ f_k(e_1, \cdots, e_n), & \text{当条件 } A_k(e_1, \cdots, e_n) \text{ 成立;} \\ f_{k+1}(e_1, \cdots, e_n), & \text{此外.} \end{cases}$$

如果诸条件 A_i **是穷尽的**，即对任何的 $x_1, \cdots, x_n$，它们均满足某个条件 A_i，则最后一行可省(写上去当然亦可以，但无用)；一般，诸条件 A_i 是彼此**不可兼的**，即任何的 $x_1, \cdots, x_n$ 它们至多只满足一个条件，如果有可兼的情况，可约定：这时按在前的条件而计算(例如，当 A_2, A_3 同时成立时，则 h 取值 f_2). 不难验证，对这样定义的 h 可有下列的等式：

$$h(e_1, \cdots, e_n) = \mathrm{alt}(\mathrm{ct}A_1, f_1, \mathrm{alt}(\mathrm{ct}A_2, f_2, \mathrm{alt}(\mathrm{ct}A_3, f_3, \cdots$$
$$\cdots, \mathrm{alt}(\mathrm{ct}A_k, f_k, f_{k+1})\cdots))).$$

因为，当 A_1 成立时，$\mathrm{ct}A_1 = 0$，故 h 取值 f_1，当 A_1 不成立则 h 取值 $\mathrm{alt}(\mathrm{ct}A_2, \cdots)$，这时如果 A_2 成立，则 $\mathrm{ct}A_2 = 0$ 而 h 取值

f_2,否则 h 取值 $\text{alt}(\text{ct}A_3,\cdots)$. 如此下去,如果 $A_1,A_2,\cdots,A_k$ 全不成立,则 h 必取值 f_{k+1}. 显见,上述的等式是成立的.

迭置所得的函数可以叫做**复合函数**. 如果我们对复合函数给以特殊的名称 F,那末该函数作用于项 $\alpha_1,\cdots,\alpha_n$ 的结果,亦即该函数在 $\alpha_1,\cdots,\alpha_n$ 处的值,当然就是 $F(\alpha_1,\cdots,\alpha_n)$. 但是根据以往的做法,对迭置所得的该函数并没有特殊的名称 F,而只有该函数对变元 $x_1,\cdots,x_n$ 作用的结果,设记为 β,通常亦记为 $\beta(x_1,\cdots,x_n)$. 而与 $\beta(x_1,\cdots,x_n)$ 相应的函数作用于 $\alpha_1,\alpha_2,\cdots,\alpha_n$ 时所得的值记为 $\beta(\alpha_1,\alpha_2,\cdots,\alpha_n)$. 我们当然不能说"将 β 作用于 $\alpha_1,\cdots,\alpha_n$",也不能说"β 在 $\alpha_1,\cdots,\alpha_n$ 处之值". 而只能说:"在 β 中对 $(x_1,\cdots,x_n)$ 处处代入以 $(\alpha_1,\cdots,\alpha_n)$". 这个运算可记为

$$\text{代}_{(x_1,\cdots,x_n)\to(\alpha_1,\cdots,\alpha_n)}\beta.$$

一般也记为

$$\beta\binom{x_1,\cdots,x_n}{\alpha_1,\cdots,\alpha_n}.$$

由此可见,所谓代入运算实际上是"复合函数的作用运算"或"求复合函数在某变目处之值"的运算.如果我们引入空位,那末将 β 中的 $x_1,\cdots,x_n$ 分别改写成 $e_1,\cdots,e_n$,得一个含 $e_1,\cdots,e_n$ 的式 F(即上文的复合函数 F)后,$\beta\binom{x_1\cdots x_n}{\alpha_1\cdots\alpha_n}$实际上便是$F(\alpha_1,\cdots,\alpha_n)$. 这里并没有新概念也没有新运算,只须把 $\alpha_1,\cdots,\alpha_n$ 分别填入出现在F中的空位 $e_1,\cdots,e_n$ 处便成了. 至于通常对代入运算要有种种的限制需作各种不同的注意,那是因为出现"约束变元"而又在作用域中作代入的结果,我们既以不容许对约束词的作用域中的空位作代入,这种限制及注意便不需要了.

还须注意,对下列迭置而言,即其外函数 f 各空位均作代入,而各内函数 g_i 的空位个数都相同(同为 n),而且都是 $e_1,\cdots,e_n$(连次序也相同),只在这样情况下,可以把迭置结果写为:

$$f(g_1,g_2,\cdots,g_n);$$

对别的一般迭置而言,外函数的空位不是全都代入,或者内函数的

空位不全部相同，这时结果函数的空位必须一一标出，例如

$$f(g_1e_1e_2, e_2, g_2e_1, g_3e_2e_3)$$

如果仍写为 $f(g_1, \cdot, g_2, g_3)$（未有代入处写一个点），那便犯错误了．但是我们可以引用广义么函数而写成

$$f(g_1I_{31}I_{32}, I_{32}, g_2I_{31}, g_3I_{32}I_{33}).$$

由这例子可以看见，如果使用广义么函数，那末，可以不借助于空位符号也能将复合函数明确地写出．但是，空位概念是函数与谓词概念的主要组成部分，空位符号的引入是非常自然而合理的，不必回避．

这个一般的迭置有种种特例．

(一)(m,n)迭置 当 f 为 m 元函数(即 $fe_1\cdots e_m$) 而各 g 均为 n 元函数，且空位均为 $e_1,\cdots,e_n$ 时，这种迭置的结果记为 $f(g_1,\cdots,g_m)$．因得

$$\begin{aligned}&f(g_1,\cdots,g_m)(x_1,\cdots,x_n)\\&=f(g_1(x_1,\cdots,x_n),\cdots,g_m(x_1,\cdots,x_n))\end{aligned}$$

显然，由这结果少变元的函数可以看作多变元的函数，常数(可以说是 0 元函数)亦可以看作多元函数．因为我们显然有：

$$g(x_1,x_2,x_3)=g(I_{n1},I_{n2},I_{n3})(x_1,\cdots,x_n).$$

即三元函数可以看作 n 元函数($n\geqslant 3$)．又

$$a=C_a(x_1)=C_a(I_{n1})(x_1,\cdots,x_n)$$

亦即常数可以看作一元乃至 n 元函数．

这样便容易看见，一般的迭置可以化归为 (m,n) 迭置．例如，对上文所提到的一般迭置而言，设空位 $e_{11},\cdots,e_{1h1},\cdots,e_{m1},\cdots,e_{mhm}$ 的最大足码为 s，则显有

$$g_i(e_{i1},\cdots,e_{ihi})=g_i(I_{si1},\cdots,I_{sihi})$$

(这是 (hi,s) 迭置)从而

$$\begin{aligned}&f(g_1(e_{11},\cdots,e_{1h1}),\cdots,g_m(e_{m1},\cdots,e_{mhm})\\&=f(g_1(I_{si1},\cdots,I_{s1h1}),\cdots,g_m(I_{sm1},\cdots,I_{smhm})).\end{aligned}$$

这样作了两次 (m,n) 型迭置便可以得出一般的迭置了．所以我们说，有了本原函数后，一般的迭置可以化归为(两次)(m,n)迭置．

今后我们用 (m, n) 迭置代替一般的迭置，并认为本原函数永远可用.

此外，迭置又可以化归为下列四个简单的迭置.

(二) 空位对调 将 $f(e_1, \cdots, e_i, e_{i+1}, \cdots, e_n)$ 变成

$$f(e_1, \cdots, e_{i+1}, e_i, \cdots, e_n).$$

(即将第 i 空位与第 $i+1$ 空位对调). 我们知道，只要连续地将相邻的两空位对调，最后可将任意两空位 e_i 与 e_j 对调.

(三) 空位混同 将 $f(e_1, e_2, e_3, \cdots, e_n)$ 变成 $f(e_1, e_1, e_3, \cdots, e_n)$(即将第一第二空位变成相同的空位，即代入的变值必须相同). 再利用变元对调，我们可把任意两个空位混同. 再连续实施若干个空位混同运算，我们可把任意若干个空位(甚至于该函数的全体空位)混同(从而变成一元函数).

(四) 一处代入 将最后一个空位代入以另一个函数(该函数亦可以是常数，这时叫做一处特化). 即由 $f(e_1, \cdots, e_m)$ 及 $g(e_1, \cdots, e_n)$ 而作出

$$f(e_1, \cdots, e_{m-1}, g(e_m, e_{m+1}, \cdots, e_{m+n-1})).$$

利用空位对调，我们可以对任何空位处作代入. 再连续实施一处代入，结果可在若干处(甚至于在全体空位处)都作代入，这样便可得到一般的迭置了.

由上所论可见利用(二)(三)(四)亦可以得出全体的一般迭置了. 读者或许以为只由(二)(四)即可得出，但如把(三)也看作一处代入(在空位 e_2 处代入以 e_1)，那只是空位代入以空位并非空位代入以函数. 如果说，空位 e_1 可以看作函数 I_{e_1}，从而(三)可以看作在空位 e_2 处代入以 I_{e_1}，结果得 $f(e_1, I_{e_1}, e_3, \cdots, e_n)$，这又使用了本原函数了. 所以当我们不使用本原函数的么函数时，空位混同是应该独立出来的.

定义 从一些已知函数与函数(变元) f 经过有限次迭置而得的函数，可以看作用一个**迭置子**对 f 作用的结果.

例如，$f(f(x+2 \cdot y)Nf(x))$ 便可以记为 $\underset{e \to (x, y)}{\Delta} f(e)$.

即
$$\underset{e\to(x,y)}{\Delta} f(e)=f(f(x+2\cdot y)Nf(x)).$$
因而有
$$\underset{e\to(x,y)}{\Delta} e^2=((x+2y)^2N(x^2))^2.$$
而
$$\underset{e\to(x,y)}{\Delta} e+u=[(x+2\cdot y+u)N(x+u)]+u.$$

当一个迭置子作用于 f 时所使用的 f 值的个数数是固定的，例如上面的迭置子只使用三个 f 值．因此迭置子比一般的算子要简单得多．

定义 设有一集函数 M．如果当 f(m 元)，$g_1,\cdots,g_m$ 属于 M 时，由 f 对 $g_1,\cdots,g_m$ 的迭置所成的函数也属于 M，则说 M **对迭置封闭**.

容易看见，利用迭置以后，上列的那些简单函数很多是可以彼此定义的，亦即只须直接定义了更少的简单函数后，其余的函数便可由迭置而得了．现在列出如下，读者可自行验证以作练习．（证明对任何变值，左右两边均相等．）

1. $C_a x = SS\cdots SOx$ (a 个 S).
2. $Nx = 1Nx$，（这可看作 N（一元）的定义.）
3. $x \bigtriangleup\!\!\!\!\bigcirc y = N(Nx \bigtriangledown\!\!\!\!\bigcirc Ny)$，亦写为 $x\oplus y$,
4. $x \bigtriangledown\!\!\!\!\bigcirc y = N(Nx \bigtriangleup\!\!\!\!\bigcirc Ny)$，亦写为 $x\odot y$,
5. $xNy = \mathrm{alt}(y,x,0)$,
6. $\mathrm{alt}(x,y,z) = \max(yNx, zN^2x) = yNx + zN^2x$
7. $\max(x,y) = x + (y \dot{-} x) = y + (x \dot{-} y)$,
8. $\min(x,y) = x \dot{-} (x \dot{-} y) = y \dot{-} (y \dot{-} x)$,
9. $x \ddot{-} y = \max(x \dot{-} y,\ y \dot{-} x) = (x \dot{-} y) + (y \dot{-} x)$ （这可看作 $\ddot{-}$ 的定义）
10. $\mathrm{eq}(x,y) = N^2(x \ddot{-} y) = N(N(x \dot{-} y)N(y \dot{-} x))$
11. $Sx = x + 1$
12. $Dx = x \dot{-} 1$
13. $x^2 = x \cdot x$

14. $y = x \cdot \left[\frac{y}{x}\right] + \mathrm{rs}(y, x)$

15 $Nx = 1 \dot{-} x$

我们还利用迭置来表示函数的很多性质.

§06. 特 征 函 数

定义 设有一谓词 $A(e_1, \cdots, e_m)$ 及一函数 $f(e_1, \cdots, e_m)$, 如果当 $A(x_1, \cdots, x_m)$ 成立时 $f(x_1, \cdots, x_m) = 0$ 而当 $A(x_1, \cdots, x_m)$ 不成立时, $f(x_1, \cdots, x_m) = 1$, 则说 f 是谓词 A 的**特征函数**.

根据函数 ct 的定义, 我们立得

定理 1 $\mathrm{ct}A(e_1, \cdots, e_m)$ 是谓词 $A(e_1, \cdots, e_m)$ 的特征函数.

定义 设有一数集 C. 谓词 $e \in C$ 的特征函数也叫做数集 C 的**特征函数**.

由上知它可表为 $\mathrm{ct}(e \in C)$.

可以指出, 根据数理逻辑的分析, 数论上一切谓词都可以由基本谓词 $e_1 = e_2$ 应用命题联结词与两个量词而作成. 因此我们可以根据谓词 A, 数集 C 的结构而把 $\mathrm{ct}A$ 或 $\mathrm{ct}(e \in C)$ 用已知函数表达出来.

最基本的谓词(相等性)的特征函数极易求出如下:

$e_1 = e_2$ 的特征函数是 $\mathrm{eq}(e_1, e_2)$.

此外的谓词的特征函数是:

$e_1 \leqslant e_2$ 的特征函数是 $N^2(e_1 \dot{-} e_2)$.

$e_1 < e_2$ 的特征函数是 $N(e_2 \dot{-} e_1)$.

e_1 为 e_2 的倍数的特征函数为 $N^2\mathrm{rs}(e_1, e_2)$.

e 为平方数的特征函数为 $N^2(e \dot{-} [\sqrt{e}\,]^2)$

等等, 读者可自行验证.

定义 如果谓词 A 可表成 $f_1 = f_2$ 而 $f_1, f_2 \in M$, 则说 $A \in M$(A 为 M 的谓词).

定理 2　如果函数集 M 含有函数 eq，则谓词 A 属于 M，恰当谓词 A 的特征函数属于函数集 M.

定义　设有一函数集 M，如果当谓词 A,B 属于 M 时，由 A,B 应用命题联结词而作成的谓词亦属于 M，则说 M 对命题联结词封闭. 如果当谓词 A 属于 M 时，$\forall eA(e)$，$\exists eA(e)$ 亦属于 M，则说 M 对量词封闭.

定理 3　如果函数集 M 含有下列函数的任一个则 M 对命题联结词封闭.

(1) e_1Ne_2，(2) $e_1 \dot{-} e_2$，(3) $e_1^{e_2}$，(4) $e_1 \bigcirc\!\!\!\!\vee\, e_2$　(5) $e_1 \bigcirc\!\!\!\!\wedge\, e_2$

证明　我们使用下列的联结词符号：$\neg$(非)，$\vee$(或)，$\wedge$(且)，$\rightarrow$(如果……则……)，$\longleftrightarrow$(恰当). 我们有：

$$\mathrm{ct}(\neg A) = 1N\mathrm{ct}A = 1 \dot{-} \mathrm{ct}A = 0^{\mathrm{ct}A} = 0 \bigcirc\!\!\!\!\vee\, \mathrm{ct}A = 0 \bigcirc\!\!\!\!\wedge\, \mathrm{ct}A$$

$$\mathrm{ct}(A \vee B) = \mathrm{ct}AN^2\mathrm{ct}B = \mathrm{ct}A \dot{-} (\mathrm{ct}A \dot{-} \mathrm{ct}B) = N\mathrm{ct}A \bigcirc\!\!\!\!\vee\, N\mathrm{ct}B = N(\mathrm{ct}A \bigcirc\!\!\!\!\wedge\, \mathrm{ct}B)$$

$$\mathrm{ct}(A \wedge B) = \mathrm{ct}A^{N\mathrm{ct}B} = \mathrm{ct}\neg(\neg A \vee \neg B)$$

$$\mathrm{ct}(A \rightarrow B) = \mathrm{ct}BN\mathrm{ct}A = \mathrm{ct}(\neg A \vee B)$$

于是定理不难得证.

还可引入准特征函数.

定义　如果当谓词 $A(e_1,\cdots,e_n)$ 成立时 $f(e_1,\cdots,e_n)$ 为 0，而当谓词 $A(e_1,\cdots,e_n)$ 不成立时 $f(e_1,\cdots,e_n)$ 有定义但非 0，则 f 叫做谓词 A 的**准特征函数**.

定理 4　如果谓词 A 的准特征函数为 f，则 A 的特征函数为 N^2f.（自证）

因此，只要找到了准特征函数，特征函数也就找到了，在今后我们每每找到了准特征函数便成了，不必再添 N^2 以求特征函数了.

由上可知，用命题联结词所作成的谓词其特征函数可用 e_1Ne_2 函数表示，用量词作成的谓词则必须利用算子才能表示.

今用算子 rti_e 表示求根算子，即 $\mathrm{rti}_ef(e)$ 表示 $f(x)$ 对 x 的最小零点或无意义(当 $f(e)$ 无零点时).

设 $A(e)$ 的特征函数为 $a(e)$,则

$\exists eA(e)$ 的"半"特征函数为 $a(\underset{e}{\mathrm{rti}}a(e))$.

$\forall eA(e)$ 的"半"特征函数为 $a(\underset{e}{\mathrm{rti}}Na(e))$.

如果有 e 使 $A(e)$ 成立,则 $\underset{e}{\mathrm{rti}}a(e)$ 有定义且表示使 $a(e)$ 为 0 的最小 e (记为 x_1), 从而 $a(x_1)$ 为 0. 如果 $\exists eA(e)$ 不成立,则 $\underset{e}{\mathrm{rti}}a(e)$ 无定义从而 $a(\underset{e}{\mathrm{rti}}a(e))$ 无定义. 故只当 $\exists eA(e)$ 成立时 $a(\underset{e}{\mathrm{rti}}a(e))$ 之值为 0, 不成立时其值并非 1 而是无定义. 这样它便叫做半特征函数.

当 $\forall eA(e)$ 成立时, $Na(e)$ 永不为 0, $\underset{e}{\mathrm{rti}}Na(e)$ 无定义,从而 $a(\underset{e}{\mathrm{rti}}Na(e))$ 亦无定义. 当 $\forall eA(e)$ 不成立时, 不难知 $a(\underset{e}{\mathrm{rti}}Na(e))$ 为 1. 因此 $a(\underset{e}{\mathrm{rti}}Na(e))$ 亦只是半特征函数, 而且只当 $\forall eA(e)$ 不成立时才表示其情况. 这是另一种半特征函数.

如果我们对算子 $\underset{e}{\mathrm{rti}}^*$ 作下列定义:

$$\begin{aligned}\underset{e}{\mathrm{rti}}^*a(e) &= \underset{e}{\mathrm{rti}}a(e) \qquad \text{当 } a(e) \text{ 有零点时,}\\ &= 0 \qquad\qquad\quad \text{当 } a(e) \text{ 永不为 0 时.}\end{aligned}$$

那末,显然有

$\exists eA(e)$ 的特征函数为 $a(\underset{e}{\mathrm{rti}}^*a(e))$.

$\forall eA(e)$ 的特征函数为 $a(\underset{e}{\mathrm{rti}}^*Na(e))$.

但这时 $\underset{e}{\mathrm{rti}}^*a(e)$ 却不是能行可计算的,即 rti^* 不是能行算子,因为即使 $\underset{e}{\mathrm{rti}}^*a(e)$ 为 0, 我们也可能不能发现它, 从而不能判知其值. 在递归论中我们强调能行性,因此对 $\exists$, $\forall$, 我们宁可使用半特征函数而不愿使用其特征函数——那是不能计算的函数.

还应注意,对谓词 $\forall e_1\exists e_2A(e_1, e_2)$ 或 $\exists e_1\forall e_2A(e_1, e_2)$ 言,甚至于连半特征函数也不能作出.

在很多情况下, 我们可不使用一般的量词而使用受限量词如

下:

$\exists e < nA(e)$　n 以下有 e 使得 $A(e)$,

$\forall e < nA(e)$　n 以下一切 e 均使得 $A(e)$.

我们用算子 $B_{e\to u,n}$ (迭 B 算子),这时 $B_{e\to u,n}f(e)$ 表示

$$B^n uf(0)f(1)\cdots f(Dn).$$

(而 B 为一个给定二元函数).

显然我们有:

$$\mathrm{ct}(\exists e < nA(e)) = \underset{e\to 1,n}{N^2}\ \mathrm{ct}A(e) = \underset{e\to 1,n}{N}\ N\mathrm{ct}A(e)$$

$$\mathrm{ct}(\forall e < nA(e)) = N\ \underset{e\to 1,n}{N}\ \mathrm{ct}A(e).$$

读者可自行验证.

通常我们所遇到的谓词大都是由基本的谓词 (如 $e_1 = e_2$, $e_1 \leqslant e_2$ 等) 经过命题联结词与量词而作成,绝大多数的量词又可改用受限量词,因此其特征函数都可以作出.

既然命题联结词及受限量词的特征函数都借助于N及迭N算子而作出,这就突出地表明函数N的重要性.

§07. 配对函数

有了广义么函数后,可以利用迭置而把少变元的函数写成(从而看作)多变元的函数. 但这只在一定目的之下(比如,为整齐起见,把各函数的变元个数弄得相同)我们才需要这样做,否则一般说来,多变元函数的性质远比少变元函数的性质来得复杂,把性质简单的函数看作性质复杂的函数是没有好处的.

正相反,我们非常希望能把多变元的函数改成少变元的函数,能够改成一元函数那是再理想不过的了 (因为一元函数是最简单的,至于 0 元函数实质上是常数, 不属于函数了). 这种希望有没有办法实现呢? 在实变元函数中, 因为我们处处要求连续性甚至于可微性, 这种改变是很困难的甚至于是不可能的. 但在数论函数中,其定义域是离散的自然数集, 没有连续性(当然也没有可微

性)等要求,这样的改变却是可能的甚至于是容易的.

办法便是：设想把 n 元函数化归为一元函数，只须对每个 n 元矢量 $(x_1,\cdots,x_n)$ 都对应于一个数 z (叫做该矢量的编码),使得给出矢量 $(x_1,\cdots,x_n)$ 后永可以找出其编码，设用函数 J_n 而找出：

$$z=J_n(x_1,\cdots,x_n);$$

反之,给出一个编码 z 后,永可以找出以 z 为编码的矢量 $(x_1,\cdots,x_n)$,设用函数 $K_1,K_2,\cdots,K_n$ 而找出:

$$x_1=K_1z,x_2=K_2z,\cdots,x_n=K_nz.$$

从而便有：当 $1\leqslant i\leqslant n$ 时

$$K_iJ_n(x_1,\cdots,x_n)=x_i.$$

这样一来,我们便有:

$$\begin{aligned}f(x_1,x_2,\cdots,x_n)&=f(K_1J_n,K_2J_n,\cdots,K_nJ_n)(x_1,\cdots,x_n)\\&=f(K_1,K_2,\cdots,K_n)J_n(x_1,\cdots,x_n).\end{aligned}$$

从而，一般的 n 元函数 f 便可以表为一元函数 $f(K_1,K_2,\cdots,K_n)$ 与一个固定的 n 元函数 J_n 的迭置——$(1,n)$迭置. J_n 的性质可以预先作详尽而透彻的研究，从而对 f 的性质的研究便可代之以对一元函数 $f(K_1, K_2,\cdots, K_n)$ 的研究了. 这也正是实现了上文的希望.

要对 n 元矢量作编码,可先对二元矢量编号,利用二元矢量的编号极易得到 n 元矢量的编号了，现在我们先讨论二元的情况.

定义 如果二元函数 pg 与一元函数 K, L 之间满足下列的**配对条件**，则说它们组成**配对函数组**，pg 叫做**配对合函数**，K,L 分别叫做**配对左、右函数**:

$$K\mathrm{pg}(e_1,e_2)=e_1,\ L\mathrm{pg}(e_1,e_2)=e_2.$$

容易验证,下列函数都是配对函数组,即它们都满足配对条件的.

1. $\mathrm{pg}(e_1,e_2)=(e_1+e_2)^2+e_1,\ Ke=e\dot{-}[\sqrt{e}\,]^2,$
   $Le=[\sqrt{e}\,]\dot{-}Ke;$
2. $\mathrm{pg}(e_1,e_2)=((e_1+e_2)^2+e_2)^2+e_1,\quad Ke=e\dot{-}[\sqrt{e}\,]^2$

$Le = K[\sqrt{e}]$;

3. $pg(e_1, e_2) = \left(\left[\frac{e_1+1}{2}\right] + e_2\right)^2 + e_1$, $Ke = e \dot{-} [\sqrt{e}]^2$,

$Le = [\sqrt{e}] \dot{-} \left[\frac{Ke+1}{2}\right]$;

4. $pg(e_1, e_2) = 2^{e_1} \cdot (2e_2 + 1)$, $Ke = \mathrm{ep}_0 e$,

$Le = \left[\frac{e}{2^{Ke+1}}\right]$;

5. $pg(e_1, e_2) = 2^{e_1} \cdot 3^{e_2}$, $Ke = \mathrm{ep}_0 e$, $Le = \mathrm{ep}_1 e$.

在这五组配对函数中前三组可以说更简单一些，后两组用到方幂 2^e, 3^e 以及素数方幂 ep，是比较复杂一些的．但是在下文讨论中，完全就一般的配对函数组立论而不限于哪一组具体的配对函数组．

为今后的引用方便起见，我们引进一些定义．

定义 (1)如果 $pg(0,0) = 0$ (从而 $K0 = 0, L0 = 0$)，则说该配对函数组是**从 0 开始编号**的．

(2) 如果 $pg(x,y)$ 永$\neq 0$，则说该组**无零编号**．

(3) 如果 $pg(x,y)$ 对 x 递增(y 固定时)，对 y 也递增(x 固定时)，则说该组是**递增的**(注意，由下面的讨论可知 K, L 绝不可能递增)．

(4) 如果 $pg(e_1, e_2)$ 的值域是整个自然数集(从而每个自然数都是某个矢量的编号)，则说该组是**一一对应的**．极易证明，该配对函数组是一一对应的恰当 $pg(Ke, Le) = e$．

(5) 设有两个一元函数 f, g，如果当 $fSx \neq 0$ 时必有 $fSx = Sf(x)$ 及 $gSx = gx$，则说 f 对 g **平梯**、(因为这样一来，当 f 逐步增 1 时，g 保持不变)．如果 Ke 对 Le 平梯，则该配对函数组叫做**平梯的**．

易见，性质 1，2 不可兼；性质 2，4 不可兼；性质 4，5 不可兼，故性质 1，2 中只能具有其一，在性质 4，5 中也只能具有一种．两两配合可有四种可能，但 4，5 不可兼得，从而可知在上述的 1，2，

4, 5 四个性质中,每个配对函数组至多只能具有三种配合,即(1, 4), (1,5), (2,5). 再加入性质 3, 可知在总共五种性质中具有三个性质的只有三个可能,即 (1,3,4),(1,3,5) 与(2,3,5). 在上举五例中,第三组具性质(1,3,4),第二组具性质(1,3,5). 如将第二组的编号加上,即根据第二组的 pg, K, L 而造新的 pg*, K^*, L^*, 使得

$$\mathrm{pg}^*(e_1,e_2)=S\mathrm{pg}(e_1,e_2),\ K^*e=KDe,\ L^*e=LDe,$$

则 pg* 便具有性质(2,3,5)了. 一般说来,任给一配对函数组 pg, K, L, 如令

$$\mathrm{pg}^*(e_1,e_2)=S\mathrm{pg}(e_1,e_2),\ K^*e=KDe\ \ L^*e=LDe,$$

则新配对组必无零编号,且当原组递增时,新组亦递增. 反之,如果原组 (pg, K, L) 无零编号,则令 $\mathrm{pg}^*(e_1,e_2)=D\mathrm{pg}(e_1,e_2)$, $K^*e=KSe$, $L^*e=LSe$, 则 (pg*, K^*, L^*) 亦是配对组,原组为递增时新组亦递增. 这样继续作下去,最终必能得出一个具有零编号的配对组.

平梯性很奇怪,平常也很少被人注意,但在今后各种简化中,它起很重要的作用,详见后文.

现在再讨论配对函数组的特征性质. 怎样的性质是可作成配对函数的必要充分条件呢?

定理 1 二元函数 $f(e_1,e_2)$ 可作配对合函数的必要充分条件是: 只当 $(u,v)=(x,y)$ 时才有 $f(u,v)=f(x,y)$, 亦即由 $f(u,v)=f(x,y)$ 可推出 $(u,v)=(x,y)$.

证明 (必要性)如果 $f(e_1,e_2)$ 可作配对合函数,则必存在与之相应的配对左、右函数 K, L. 这时由 $f(u,v)=f(x,y)$ 可推得

$$u=Kf(u,v)=Kf(x,y)=x,$$
$$v=Lf(u,v)=Lf(x,y)=y.$$

故得 $(u,v)=(x,y)$.

(充分性)设 f 满足所述条件. 今定义 K, L 两函数如下:

$$Kz=\begin{cases}x & \text{当有 } y \text{ 使 } f(x,y)=z \text{ 时},\\ \text{任意的 } g(z) & \text{当无 } y \text{ 使 } f(x,y)=z \text{ 时};\end{cases}$$

$$L z=\begin{cases} y & \text{当有 } x \text{ 使 } f(x,y)=z \text{ 时}, \\ \text{任意的 } h(z) & \text{当无 } x \text{ 使 } f(x,y)=z \text{ 时}; \end{cases}$$

根据题设,当有 x,y 使 $f(x,y)=z$ 时则只有一组 (x,y), 故知 Kz 与 Lz 的值都是唯一确定的,故上面对 K, L 的定义是合法的. 根据定义得

$$Kf(x,y)=x,\quad Lf(x,y)=y\ (\text{对一切 } x,y).$$

故知 f,K,L 组成配对组,而 f 为配对合函数. 定理得证.

注意,如果 f 的值域为全自然数集,则定义中的第二情况不出现, 故只有唯一的配对左、右函数. 如果 f 的值域非全自然数集, 例如 z_0 不在 f 的值域中,这时 $Kz_0=g(z_0)$ 而 $Lz_0=h(z_0)$, K, L 将随 g,h 的选择而改变,我们便有多个 (的确无穷多个) 配对左、右函数了.

定理 2 两个一元函数 fe,ge 可作相应的配对左、右函数的必要充分条件是: 任给两数 a,b,联立方程 $f(x)=a$ 且 $g(x)=b$ 必有根.

证明 (必要性)如果它们可作相应的配对函数, 则必有相应的配对合函数 $\mathrm{pg}(e_1, e_2)$. 这时上面联立方程显然有一根 $\mathrm{pg}(a, b)$.

(充分性)如果上面联立方程有根, 任取一根(例如取最小根)作为 $\mathrm{pg}(a,b)$. 由于 a,b 任意,从此即可定义 pg,它必为相应的合函数. 定理得证.

注意,如果方程组永远只有一根, 则只有一个相应的合函数. 如不止一根则合函数可有多种. 对平梯的 f, g 而言,恒有无穷多个配对合函数.

定理 3 (A. A. Марков) 一元函数 f 可作配对左或右函数的必要充分条件是: 它对任一数均无穷多次取以为值. 亦即对任何数 a, $f(x)=a$ 均有无穷多个根.

证明. (必要性)如果 f 可作配对左(或右)函数则必有相应的合函数 pg 使得 $f\mathrm{pg}(a, b)=a$. 故 $f(x)=a$ 将以 $\mathrm{pg}(a, b)$ 为根. 由于 b 可任意而 $b_1\neq b_2$ 时必有 $\mathrm{pg}(a,b_1)\neq \mathrm{pg}(a,b_2)$,可知

$f(x)=a$ 必有无穷多个根.

(充分性)如果 $f(x)=a$ 有无穷多个根,记为 $x_{ai}(i=0,1,2,\cdots)$. 从中任意选取一个无穷子叙列 t_{ai}, 并定义 $g(t_{ai})=i$. 对于 t_{ai} 以外的数 b 则 $g(b)$ 可任意确定. 显然,对于任给的 a,b, 联立方程组 $f(x)=a, g(x)=b$ 必有一根为 t_{ab}. 依前定理, f,g 可作为相应的配对左、右函数, 亦即 f 可作为配对左函数,当然亦可以作为右函数. 定理得证.

注意,由于 t_{ai} 可作任意选取, 故 g 不能唯一确定,从而相应的右、合函数可以有多种. 由这定理还可知道,只要找出一组配对函数组, 便可以作出无穷多组的配对函数组. 这是因为从其中的 K 可以作出无穷多个相应的 L 及 pg. (例如, 例 1,例 2,例 3 中的 K 都是一样的,但相应的 L, pg 却是不相同的.)

由二元的配对合函数,极易作出 n 元的配对合函数 $J_n(e_1, e_2, \cdots, e_n)$. 办法可有多种.

当 $n=1$ 时各办法均定义 $J_1x_1=Ix_1$, $K_1x=Ix$.

当 $n>1$ 时各办法定义不同. 今先列出三种.

第一种是: $J_n(x_1,\cdots,x_n)=\mathrm{pg}x_1\mathrm{pg}x_2\cdots\mathrm{pg}x_{n-1}\mathrm{pg}x_n0(=z)$
这时有 $Kz=x_1, KLz=x_2,\cdots, KL^{n-2}z=x_{n-1}, KL^{n-1}z=x_n$.
亦即我们有: $K_1=K, K_2=KL,\cdots, K_{n-1}=KL^{n-2}, K_n=KL^{n-1}$.
为今后使用方便起见,我们把这个 J_n 记为 $\langle x_1,x_2,\cdots,x_n,0\rangle$

第二种是: $J_n(x_1,\cdots,x_n)=\mathrm{pg}^nOx_n\cdots x_2x_1(=z)$
这时有: $Lz=x_1, LKz=x_2,\cdots, LK^{n-2}=x_{n-1}, LK^{n-1}=x_n$
亦即我们有: $K_1=L, K_2=LK,\cdots, K_{n-1}=LK^{n-2}, K_n=LK^{n-1}$

第三种是: $J_n(x_1,\cdots,x_n)=P_1^{x_1}\cdot P_2^{x_2}\cdots P_n^{x_n}(=z)$($P_t$ 指第 t 个奇质数). 这时有 $x_i=\mathrm{ep}_iz$, 故有 $K_ie=\mathrm{ep}_ie$

在这三种之中,以第三种最简便,但是它利用了函数 P_e (第 e 个奇质数)及 $\mathrm{ep}_{e_1}e_2$,这两函数是比较复杂的.

还可指出, 这里所考虑的 n 是一个固定数, 即我们只考虑 n 元函数从而 n 是固定的. 如果我们考虑用一数表示有限数列(n 项数列),并容许 n 可以变化,那末便须利用真正算子才成,

§ 08. 堆积函数与求项函数

经常我们要用一数 z 来表示 n 项有限叙列 $\{a_t\}$ 并要求可由该数 z 而找出该叙列的通项 a_t. 我们用 $f(t)$ 表示该叙列的通项 a_t. 由于计算 z 时必须使用 f 的 n 个值而 n 是可变的，因此由 $f(t)$ 而求 z 时须使用算子，记为 $\mathrm{seq}_{e\to n}f(e)$. 由 z 而求通项 a_t 时则使用求项函数 $\mathrm{tm}(e_1,e_2)$.

定义 如果算子 $\mathrm{seq}_{e\to n}$ 与函数 tm 满足下列条件：当 $u>t$ 时永有：

$$\mathrm{tm}(t,\mathrm{seq}_{e\to u}f(e))=f(t),$$

则说 seq 为**叙列算子**，而 $\mathrm{tm}(e_1,\ e_2)$ 为相应于 seq 的**求项函数**. 这个条件叫做**堆积条件**，$\mathrm{seq}_{e\to n}f(e)$ 叫做 f 的**堆积函数**，记为 $f^{\triangle}(u)$.

在特例有：$\mathrm{tm}(t,\mathrm{seq}_{e\to St}f(e))=f(t)$.

上面所列的三种表示 n 元矢量的方法，即使 n 为变元，也仍然适用. 因此我们有：

（一）$\mathrm{seq}_{e\to Sn}f(e)=\mathrm{pg}\alpha\mathrm{pg}f(0)\mathrm{pg}f(1)\cdots\mathrm{pg}f(n)(=z)$

$\mathrm{tm}(t,z)=KL^tz.$

（二）$\mathrm{seq}_{e\to Sn}f(e)=\mathrm{pg}^{Sn}f(n)f(Dn)\cdots f(2)f(1)f(0)\alpha(=z)$

$\mathrm{tm}(t,z)=LK^tz.$

（三）$\mathrm{seq}_{e\to Sn}f(e)=P_0^{f(0)}P_1^{f(1)}\cdots P_n^{f(n)}(=z)$

$\mathrm{tm}(t,z)=\mathrm{ep}_tz.$

这里所使用的求项函数都是比较复杂的初等函数. 在后面我们将设法使用一个非常简明的求项函数. 下面的讨论，却是对任何求项函数，任何叙列算子都适用.

首先，由 $f^{\triangle}(Su)$ 可用迭置而表示 $f^{\triangle}(u)$.

因为，$f^{\triangle}(u)$ 即 $\mathrm{seq}_{e\to u}f(e)$，但当 $t<su$ 时

$$f(t)=\mathrm{tm}(t,\ f^{\triangle}Su)$$

今引入函数 $G_1(u,w)=\mathrm{seq}_{e\to u}\mathrm{tm}(e,w)$，显有

$$G_1(u,f^{\Delta}Su) = \text{seq}_{e\to u}\text{tm}(e,f^{\Delta}Su)$$
$$= \text{seq}_{e\to u}f(e) = f^{\Delta}(u).$$

即 $f^{\Delta}u = G_1(u,f^{\Delta}Su)$，我们的断言得证.

其次，由 $f^{\Delta}u$ 与 $f(u)$ 可(用迭置)表示 $f^{\Delta}(Su)$. 命

$$g(t) = f(t) = \text{tm}(t,f^{\Delta}u) \quad \text{当 } t < u \text{ 时}$$
$$= f(u) \quad \text{当 } t \geqslant u \text{ 时}$$

则 $g(t) = \text{alt}(St \dot{-} u, \text{tm}(t,f^{\Delta}u), fu)$ 且 $f^{\Delta}Su = \text{seq}_{e\to Su}g(e)$.

今命 $G_2(u,v,w) = \text{seq}_{e\to Su}\text{alt}(Se \dot{-} u, \text{tm}(e,v), w)$，则

$$G_2(u,f^{\Delta}u,fu) = \text{seq}_{e\to Su}\text{alt}(Se \dot{-} u, \text{tm}(e,f^{\Delta}u, fu)$$
$$= \text{seq}_{e\to Su}g(e) = f^{\Delta}Su.$$

故我们的断言得证.

推而广之，$f^{\Delta}u$ 可由 $f^{\Delta}v(v > u)$ 用迭置表示，又 $f^{\Delta}(u+a)$ 可由 $f^{\Delta}u, f(Su), \cdots, f(u+a)$($a$ 为具体数字) 用迭置表示，读者可自行作出.

设有一函数 $f(u,x)$，其堆积函数为

$$f^{\Delta}(u,x) = \text{seq}_{e_1\to u}\text{seq}_{e_2\to x}f(e_1,e_2),$$

任给 $f(u_i,x_i), f^{\Delta}(u_j,x_j)(1 \leqslant i,j \leqslant r)$，命

$$u = \max_{e\to r}u e, x = \max_{e\to r}x e,$$

则有:

定理 1 设 u,x 如上所定义，则有 B_1 使得

$$B(u,x,f(u_i,x_i),f^{\Delta}(u_j,x_j))N(u \dot{-} p)N(x \dot{-} q)$$
$$= B_1(u,x,u_i,u_j,x_i,x_j,f^{\Delta}(p,g))N(u \dot{-} p)N(x \dot{-} q).$$

换言之，任何式子 B，其中含有若干个 $f(u_i,x_i)$，若干个 $f^{\Delta}(u_j,x_j)$，均可换为一个式子 B_1，其中含有 u,x,u_i,u_j,x_i,x_j，但只有一个 $f^{\Delta}(p,g)$.（当 $p \geqslant u, q \geqslant x$ 时），

证明 如果 $p < u$ 或 $q < x$，则式子两边均为 0，当然成立. 如果 $p \geqslant u$ 且 $q \geqslant x$，则显然有

$$f(u_i,x_i) = \text{tm}(x_i, \text{tm}(u_i, f^{\Delta}(p,q)))$$

又 $f^{\Delta}(u_j,x_j)$ 可由 $f^{\Delta}(p,q)$ 及 u_j,x_j 而用迭置表示. 这样把各 $f(u_i,x_i)$，$f^{\Delta}(u_j,x_j)$ 均用 $f^{\Delta}(p,q)$ 表示后，B 便变成 B_1 如定理

所要求．定理得证．

注意，这条定理今后常使用，由于 $p \geqslant u_i$，$q \geqslant x_i$，故名曰变目增大法．由于只出现一个 $f^{\Delta}(p,q)$，故又名曰变目归一法．此外又可叫做“改用堆积函数法”．由于当 $v > u$ 时，$f^{\Delta}(u)$ 可用 $f^{\Delta}(v)$ 表示，例如，$f^{\Delta}(u) = T(u, f^{\Delta}(v))$．如果在一个式子里，凡遇 $f^{\Delta}(A)$时均写为 $T(A, f^{\Delta}(v))(v \geqslant A)$，那末式子中的项 $f^{\Delta}(v)$，其变目 v 均可无条件地任意增大而原式仍然继续成立．因此之故，我们今后永远认为：堆积函数的变目永可任意增大．在一定意义上，堆积函数的变目（任意增大后）可以作为常数看待（当然，由于其下限不能任意变小，故并非常数）．注意到这点，在今后很有方便．今后我们常说：堆积函数的变目可任意增大．

§09. 迭置的化归

为了下文的应用我们先给出下定理．

定理 1 （甲）$\mathrm{pg}^m I B_1 B_2 \cdots B_m = \mathrm{pg}(I, B_m K^{m-1}) \cdots \mathrm{pg}(I, B_2 K)\mathrm{pg}(I, B_1)$

（乙）$\mathrm{pg}B_1\mathrm{pg}B_2\cdots\mathrm{pg}B_m I = \mathrm{pg}(B_1 L^{m-1}, I)\mathrm{pg}(B_2 L^{m-2}, I)\cdots\mathrm{pg}(B_m, I)$．换言之，（甲）（乙）两式左端均可用（1，1）迭置而作出．

证明 我们证（乙），至于（甲）完全同法证明．

奠基．当 $m = 1$ 时左右两端均为 $\mathrm{pg}(B_m, I)$．

归纳．讨论情形 $m+1$．我们有：

$$\mathrm{pg}(B_1 L^m, I)\mathrm{pg}(B_2 L^{m-1}, I)\cdots\mathrm{pg}(B_m L, I)\mathrm{pg}(B_{m+1}, I)$$
$$= \mathrm{pg}(B_1 L^m, I)\mathrm{pg}(B_2\mathrm{pg}B_3\cdots\mathrm{pg}B_{m+1} I \text{（归纳假设）}$$
$$= \mathrm{pg}(B_1 I, \mathrm{pg}B_2\mathrm{pg}B_3\cdots\mathrm{pg}B_m\mathrm{pg}B_{m+1} I)$$
$$= \mathrm{pg}B_1\mathrm{pg}B_2\cdots\mathrm{pg}B_m\mathrm{pg}B_{m+1} I.$$

即归纳步骤成立．依归纳法定理得证．

定义 设 A 为 m 元函数，则**迭置子** $'$ 及 $*$ 作用于 A 的结果定义为：

当 $m = 1$ 时，$A' = A, A^* = \mathrm{pg}(K, AL)$

当 $m>1$ 时，$A'=A(K,KL,\cdots,KL^{m-2},KL^{m-1})$

$$A^*=\mathrm{pg}(K,A'L)=\mathrm{pg}(K,A(KL,KL^2,\cdots,KL^m))$$

显然,不管 m 值为何，A' 与 A^* 永为一元函数. 我们还有:

$$A(x_1,x_2,\cdots,x_m)=A'(\langle x_1,\cdots,x_m,\alpha\rangle)\quad(\alpha\text{ 为任意项})$$

$$A'=LA^*F(=L\mathrm{pg}(K,A'L)\mathrm{pg}(I,I)).$$

换言之,通过与已知函数的迭置由 A^* 可得 A', 由 A' 可得 A. 反之由 A 而得 A' 再得 A^* 却必须通过对 A 的迭置,即必须使用迭置子 $'$ 及 $*$.

定理 2 $(A(B_1,B_2,\cdots,B_m))'=A(B_1',B_2',\cdots,B_m')$
$=A'(\langle B_1',B_2',\cdots,B_m',I\rangle).$

从而还有

$$A'(\langle B_1'L,B_2'L,\cdots,B_m'L,I\rangle)=(A(B_1,B_2,\cdots,B_m))'L.$$

证明 设诸 B 为 n 元,则

$(A(B_1,B_2,\cdots,B_m))'=A(B_1,B_2,\cdots,B_m)(K,KL,\cdots,KL^{m-1})$,

暂记 $(K,KL,\cdots,KL^{m-1})$ 为 (D).

$$\begin{aligned}\text{上式}&=A(B_1(D),B_2(D),\cdots,B_m(D))\\&=A(B_1',B_2',\cdots,B_m')\\&=A'(\langle B_1',B_2',\cdots,B_m',I\rangle).\end{aligned}$$

当最后两行中的 B_i' 换为 $B_i'L$ 时,便得

$$\begin{aligned}A'(\langle B_1'L,\cdots,B_m'L,I\rangle)&=A(B_1'L,B_2'L,\cdots,B_m'L)\\&=A(B_1',B_2',\cdots,B_m')L=(A(B_1,B_2,\cdots,B_m))'L.\end{aligned}$$

定理得证.

定理 3 $(A(B_1,B_2,\cdots,B_m))^*$
$=A^*H_mCB_1^*G_1CB_2^*\cdots CB_m^*G_m.$

这里 $C=\mathrm{pg}(L,K),H_m=\mathrm{pg}(KL^m,I),G_i=\mathrm{pg}(I,L^{m-i+1})$.

证明 $A^*H_m=\mathrm{pg}(K,A'L)\mathrm{pg}(KL^m,I)=\mathrm{pg}(KL^m,A')$,

$$\begin{aligned}CB_i^*G_i&=C\mathrm{pg}(K,B_i'L)\mathrm{pg}(I,L^{m-i+1})=C\mathrm{pg}(I,B_i'L^{m-i+1})\\&=\mathrm{pg}(L,K)\mathrm{pg}(I,B_i'L^{m-i+1})=\mathrm{pg}(B_i'L^{m-i+1},I),\end{aligned}$$

故得

$$A^*H_mCB_1^*G_1\cdots CB_m^*G_m=\mathrm{pg}(KL^m,A')\mathrm{pg}(B_1'L^m,I)$$

$$
\begin{aligned}
&\cdots \mathrm{pg}(B'_m L, I) \\
&= \mathrm{pg}(KL^m, A')(\langle (B'_1 L), \cdots, (B'_{m-1} L), (B'_m L), I \rangle) \\
&= \mathrm{pg}(K, A'(\langle (B'_1 L), \cdots, (B'_{m-1} L), (B'_m L), I \rangle)) \\
&= \mathrm{pg}(K, (A(B_1, B_2, \cdots, B_m))' L) \\
&= (A(B_1, B_2, \cdots, B_m))^*.
\end{aligned}
$$

于是定理得证.

由定理 2 可知，可由 $A', B'_1, \cdots, B'_m$ 与已知函数根据(2,1)(1,1)迭置而作出 $(A(B_1, B_2, \cdots, B_m))'$；由定理 3 知，可由 A^*，$B_1^*, \cdots, B_m^*$ 与已知函数根据 (1,1) 迭置而作出 $(A(B_1, B_2, \cdots, B_m))^*$. 组成过程中根本不必使用$(m,n)$迭置($m > 2$，或$n > 2$)，也不使用多于二元的函数(二元函数也只使用 pg).

定理 4 如果 M, N 由一元函数 $I, A_1, A_2, \cdots, A_k$ 迭置而得，则 $\mathrm{pg}(M,N)$ 可由 $C = \mathrm{pg}(L,K)$，$F = \mathrm{pg}(I,I)$ 与

$$A_i^*(= \mathrm{pg}(K, AL))(i = 1, 2, \cdots, k)$$

作(1,1)迭置而得.

证明 显然有 $A_i^* \mathrm{pg}(M_1, N_1) = \mathrm{pg}(K, AL)\mathrm{pg}(M_1, N_1) = \mathrm{pg}(M_1 A_i N_1)$. 即 A_i^* 对 $\mathrm{pg}(M_1, N_1)$迭置结果是：第一分量 M_1 不变，在第二分量前面加添 A_i.明白这点以后，即可从 $F = \mathrm{pg}(I,I)$ 出发，根据N的组成用 A_i^* 逐次添加 A_i，结果便得 $\mathrm{pg}(I,N)$. 既得 $\mathrm{pg}(I,N)$ 用C将其分量对调，即 $C\mathrm{pg}(I,N) = \mathrm{pg}(N,I)$. 然后再根据$M$的组成而用 A_i^* 逐次添加 A_i，结果便得 $\mathrm{pg}(N,M)$，再用C对调其分量便得 $\mathrm{pg}(M,N)$.

例如，设 $M = A_3 A_1 A_2$，$N = A_2 A_4$，我们有：

$$CA_3^* A_1^* A_2^* CA_2^* A_1^* F = \mathrm{pg}(A_3 A_1 A_2, A_2 A_4)$$

读者可自行验证.

系 如果 M, N 由 K, L, I 迭置而得，则 $\mathrm{pg}(M,N)$ 可由 $G = \mathrm{pg}(LK, KL)$ 与 $H = \mathrm{pg}(I,K)$ 作(1,1)迭置而得.

证明 我们依次作出下列函数.

$GH = \mathrm{pg}(LK, KL)\mathrm{pg}(I,K) = \mathrm{pg}(L, K^2)$ (暂记为 F_1)

$F_1 H^2 = \mathrm{pg}(L, K^2)\mathrm{pg}(I,K)\mathrm{pg}(I,K) = \mathrm{pg}(I,I)(= F)$

$$GF = \mathrm{pg}(LK,KL)\mathrm{pg}(I,I) = \mathrm{pg}(L,K)(=C)$$

$$G^2CH^2 = \mathrm{pg}(L^2K,K^2L)\mathrm{pg}(L,K)\mathrm{pg}(I,K)\mathrm{pg}(I,K) = \mathrm{pg}(L^2,K)$$

(暂记为 F_2)

$$F_1C = \mathrm{pg}(L,K^2)\mathrm{pg}(L,K) = \mathrm{pg}(K,KL)(=K^*)$$

$$CF_2 = \mathrm{pg}(L,K)\mathrm{pg}(L^2,K) = \mathrm{pg}(K,LL)(=L^*)$$

既然 C,F,K^*,L^* 均已作出,故对由 K,L,I 迭置而得的 M,N 而言,均可作出 $\mathrm{pg}(M,N)$, 于是定理得证.

定理 5 如果一元函数 M,N 可由(任意多元的)$A_1,A_2,\cdots,A_h$ 作迭置而得,则 $\mathrm{pg}(M,N)$可由 $A_1^*,A_2^*,\cdots,A_h^*,G,H$作(1,1)迭置而得,当有$K$或$L$时, M,N 亦可同法作得.

证明 有了 G,H,则上定理中的 H_m,G_i 即可作出,再有 A_i^*,由前定理根据 M,N 的组成可知 M^*,N^* 亦可作得. 然后

$$N^*CM^*F = \mathrm{pg}(K,N'L)\mathrm{pg}(L,K)\mathrm{pg}(M'L,K)\mathrm{pg}(I,I)$$

$$= \mathrm{pg}(M',N')$$

其中只使用 (1,1) 迭置. 如 M,N 为一元函数, 则 $M'=M$, $N'=N$, 故 $\mathrm{pg}(M,N)$ 可作出. 又因 $K\mathrm{pg}(M,N)=M$. 从而定理得证.

系 如果一元函数 M,N 可由 pg,K,L,I 作迭置而成,则 $\mathrm{pg}(M,N)$ 可由 G,H 及 $\mathrm{pg}^*(=\mathrm{pg}(K,\mathrm{pg}(KL,KL^2)))$作(1,1)迭置而得.

有了上述结果,我们便可以把迭置作进一步的简化了.

定理 6 如果函数 G,H,K 及 $\mathrm{pg},\langle x_1,x_2,\cdots,x_n,0\rangle$ (一切 n)已经作出,则一般的(m,n)迭置可化归为(1,1)迭置及下列的特殊迭置:

$(m,1^*)$, $(n,1^*)$:把 $KL^i(0\leqslant i\leqslant m-1$ 或 $0\leqslant i\leqslant n-1)$ 与m或n元函数相迭置;

$(2^*,1^*)$: 把 I 代入到 pg 的第一个变目,把一元函数代入到 pg 的第二变目去.

$(1,n^*)$: 把函数 $\langle x_1,x_2,\cdots,x_n,0\rangle$ 与一元函数迭置. (这里加星号表示相应地方只使用特殊的函数).

证明 设用(m,n)迭置作出函数 $A(B_1,B_2,\cdots,B_m)$(暂记为f). 今改用下列过程代替而仍作出f.

将m元函数 A,n 元函数 B_i 与 KL^i 迭置作出 $A'L$, B'_1L, $\cdots$, B'_mL. (利用 $(m,1^*)$ 与$(n,1^*)$). 再由它们与 pg 利用 $(2^*,1^*)$可作出 $\mathrm{pg}(I,A'L)$ 及 $\mathrm{pg}(I,B'_iL)$.

由 G,H 利用$(1,1)$可作出 C, H_m, G_i 及 $\mathrm{pg}(K^2,L)$. 由后者与上面已作出的函数利用$(1,1)$即得

$$\mathrm{pg}(K^2,L)\mathrm{pg}(I,A'L)=\mathrm{pg}(K,A'L)(=A^*)$$

$$\mathrm{pg}(K^2,L)\mathrm{pg}(I,B'_iL)=\mathrm{pg}(K,B'_iL)(=B_i^*).$$

由 A^* 及 B_i^* 及 H_m,G_i 可作出 $(A(B_1,B_2,\cdots,B_m))^*$ 即 f^*. 然后利用 $(1,1)$ 作出 $Lf^*F=f'$. 由 f' 及 $\langle x_1,\cdots,x_n,0\rangle$ 利用$(1,n^*)$即可作出f,即 $A(B_1,B_2,\cdots,B_n)$. 于是定理得证.

这里除$(1,1)$外, $(m,1^*)$,$(n,1^*)$及$(2^*,1^*)$只用于作 A^*, B_i^*,以后只用$(1,1)$便可得f^*及f'. 而$(1,n^*)$又只用于由f'而作f的过程中.

f,f',f^* 既可以彼此互相求出, 因此它们是可以彼此决定的. 我们尽可以不使用f而只使用f',或只使用f^*,这是一点也没有疑义的. 例如,我们可以说:

(1) 命 $fe_1e_2e_3=e_1\cdot e_3+e_2\dot{-}e_1$

但亦可以说,

(2) 命 $f'=K\cdot KL^2+KL\dot{-}K$

或 (3) 命 $f^*=\mathrm{pg}(K,(K\cdot KL^2+KL\dot{-}K)L)$.

后者虽不习惯,一下子理解不过来, 但同样方便,同样易于运算易于处理. 因得

定理 7 如果一切多元函数f均改用f^*来代表(一元函数f仍用f本身),那末当 G,H 已经作出后, 只使用$(1,1)$迭置便够了,而且所使用的函数完全限于一元函数.

这样迭置便化成最简的了.

顺便说一句,如果每次迭置都是从最内层的函数作起, 那末: 当造一元函数时,永远可以只使用$(m,1)$迭置, 当造二元函数时,

永远只使用 $(m,2)$ 迭置，…，而当造一项时，永远都只将项填入函数去（不必使用函数与函数的迭置），而后者正是组成规则所使用的（将项填入 m 元函数的空位处，可以叫做 $(m,0)$ 迭置）.

使用 f^* 来代替 f 还有一个好处. 在使用 f 及 (m,n) 迭置时，我们必须假定广义么函数无穷多，即我们需使用无穷多个开始函数. 如果使用 f^*（或 f'），只须使用一个开始函数 $I(=I_{11})$ 便够了. 开始函数可以大大简化.

但是常值函数 C_a（a 任意）还有无穷多个. 如果改用零函数 O 及后继函数 S，那末一切常值函数 C_a 均可由将 S 对 O 作 a 次迭置而得. 开始函数只使用三个便够了（O,S 及 I）.

I_{mn},C_a 叫做严格本原函数，而 O,I 及 S 叫做本原函数. 它们在今后讨论中起很大作用.

第一章 算　子

§ 10. 几个重要的算子

现在比较详细地讨论算子. 当所造的新函数在某变目组处的值所依靠的旧函数值的个数不固定,随变目组的改变而改变时,便不再是叠置而是使用算子法了.为此,我们先举出一些例子——算子的例子.

(甲) **复迭算子**　设有一个一元函数 f, 我们可依次作出:

$$u(=f^0u),\ fu,\ f(fu)=(f^2(u)),$$
$$f(f^2u)(=f^3u),\cdots\cdots\cdots.$$

一般地,

$$f(f^mu)=f^{m+1}u,$$

并把 f^mu 看作依赖于 m 及 u 的二元函数并记之为 g,即有

$$g(u,m)=f^mu,\ 从而\ g(u,sm)=fg(u,m),$$

我们说, g 是用(原始)复迭式由 f 而作成,记为:

$$f^mu=\mathrm{itr}_{e_1\to(u,m)}f(e_1)$$

由于 $g(u,0)=u$, $g(u,1)=fu$, $g(u,2)=ffu$, $g(u,3)=fffu$, 初学的人每每以为由 f 利用叠置(不必利用算子)便可作出 g,这是很错误的. 如果 n 固定(n 可变化), 那末, $g(u,n)$ 乃 n 个 f 的叠置,例如, $g(u,10)$ 乃 10 个 f 的叠置, 这的确只利用叠置便成. 当我们把 g 看作 n 的函数时, n 变化了, g 所依赖的 f 值的个数(n)也随之变化,这时便不能说只用叠置便可造出 g 了. 故复迭式的确是真正的算子而不是叠置子. 以下各算子均同此讨论不赘述.

利用复迭式可以作出很多函数, 我们在小学时也的确是这样做的:

$$u+n=\mathop{\mathrm{itr}}_{e\to(u,n)}Se\quad\begin{cases}u+0=u\\u+Sn=S(u+n).\end{cases}$$

$$u\cdot n = \underset{\to(0,n)}{\text{itr}}\ u+e \qquad \begin{cases} u\cdot 0=0 \\ u\cdot Sn = u+u\cdot n. \end{cases}$$

$$u^n = \underset{e\to(1,n)}{\text{itr}}\ u\cdot e \qquad \begin{cases} u^0=1 \\ u^{Sn} = u\cdot u^n. \end{cases}$$

$$u\dot{-}n = \underset{e\to(u,n)}{\text{itr}}\ De \qquad \begin{cases} u\dot{-}0=u \\ u\dot{-}Sn = D(u\dot{-}n). \end{cases}$$

（乙）设给定一个二元函数 Ae_1e_2，再设有一个一元函数 f. 我们利用 A 及 f 而造一函数 g 如下：

$g(0)=u$,

$g(1)=Ag(0)f(0)=Auf(0)$,

$g(2)=Ag(1)f(1)=A^2uf(0)f(1)$,

$g(3)=Ag(2)f(2)=A^3uf(0)f(1)f(2)$,

…………………

一般，$g(Sn)=Ag(n)f(n)=A^{Sn}uf(0)f(1)\cdots f(n)$.

当 A 为给定而 f 为变函数时，我们说，g 是利用迭 A 算子由 f 而作出的，记为：

$$g(X)=A_{e\to u,x}f(e).$$

当 A 为＋，·，N，max，min 时，相应的算子的适当特例便是通常的迭加、迭乘、迭大、迭小算子，即

$\sum_{e<n}f(e)=+_{e\to 0,n}f(e)$,

$\prod_{e<n}f(e)=\times_{e\to 1,n}f(e)$,

$N_{e<n}f(e)=N_{e\to 1,n}f(e)$,

$\max_{e<n}f(e)=\max_{e\to 0,n}f(e)$,

$\min_{e<n}f(e)=\min_{e\to f(0),n}f(e)$.

（在最后一式中右边的 $f(0)$ 可换为任意一个较 $f(0)$ 更大的数.）可见，我们通常所使用的 $\sum$，$\prod$ 及 max，min 等算子只是这里所定义的叠 A 算子的特例. 下文我们只使用这些特例（即初值均照上面所列的给出）.

另有一种叠 A 算子是由 f 而造 g 如下：

$$g(0)=u,$$

$$g(Sn) = Af(n)g(n).$$

亦即 $g(0), g(1), g(2)$ 等分别为：

$u, Af(0)u, Af(1)Af(0)u, Af(2)Af(1)Af(0)u, \cdots\cdots$这样定义的 g，我们记为 $A^*_{e\to u,n}$，即

$$g(n) = A^*_{e\to u,n}f(e).$$

显然，当$A(e_1, e_2) = A(e_2, e_1)$（即$A$为可换函数）时，我们有：$A_{e\to u,n}f(e) = A^*_{e\to u,n}f(e)$. 如$A$不可换，两者便不相等了.

当A为三元函数 $Ae_1e_2e_3$ 时，我们亦可以利用下式由 $f(e)$ 而造一新函数 $g(u,e)$ 如下：

$$\begin{cases} g(u,0) = u, \\ g(u,Sx) = Ag(u,x)xf(x). \end{cases}$$

因此，我们有：

$$g(u,0) = u.$$

一般，$g(u,Sn) = Au0f(0)1f(1)\cdots nf(n)$.

这个由 f 而造 g 的算子也叫做叠A算子，仍然写为

$$g(u,x) = A_{e\to u,x}f(e),$$

它与上面的算子的差别在于A为三元而非二元.

（丙）叙列算子. 上面 n 元矢量已借助于函数而用一数表示，我们能由该数而找出该矢量各分量. 这里 n 是固定的，因此可用函数而求出. 现在我们想把 n 项的有限叙列亦用一数表示，要求能由该数而找出该有限叙列的各项，这里 n 是变动的，从而求表示叙列的数便不能用函数来表示，必须借助于算子了，这个算子叫做**叙列算子**.

叙列算子不止一个，而有无穷多个，我们可以根据具体情况而选择使用. 无论那一种，都可表示为 $\text{seq}_{e\to u,n}$，由叙列 z 而求第 n 项则用 $\text{tm}_n z$. 根据上面配对函数处所论，我们至少可有下列几种.

设 $\{\text{pg}, K, L\}$ 为任意一组配对函数.

（一）$\text{seq}_{e\to u,n}f(e) = \text{pg}_{e\to u,n}f(n \dot{-} e)$

$$= \text{pg}^n uf(n)f(n-1)\cdots f(1)f(0) = z.$$

我们有：$f(i)=\mathrm{tm}_i\cdot z=LK^iz(0\leqslant i\leqslant n)$.

（二）$z=\mathrm{seq}_{e\to u,n}f(e)=\mathrm{pg}^*_{e\to u,Sn}f(n\dot{-}e)$

$$=\mathrm{pg}f(0)\mathrm{pg}f(1)\cdots\mathrm{pg}f(n-2)\mathrm{pg}f(n-1)\mathrm{pg}f(n)u.$$

我们有：$f(i)=KL^iz=\mathrm{tm}_iz$.

（三）$z=P(0)^{f(0)}P(1)^{f(1)}\cdots P(n)^{f(n)}$.

这里 $P(t)$ 指第 t 个质数（$P(0)=2$，$P(1)=3,\cdots$）.

我们有：$f(i)=\mathrm{ep}_iz=\mathrm{tm}_iz$.

以上三种都很适用，但其求项函数 tm_iz 都是复迭而得的（KL^i 或 LK^i），或者是更复杂的 ep 函数. 在很多情况下，我们希望求项函数尽量简单. 这时我们使用下列的叙列算子及求项函数. 为此，先给一定理.

定理 1 对于任给的 $n+1$ 个数 $f(0),f(1),\cdots f(n)$，必有两数 c,d 使得

(1) $\mathrm{rs}(c,1+d\cdot Si)=f(i)\quad(0\leqslant i\leqslant n)$.

(2) $d<2^{S^2}$，$c<2^{(S+2)^3}$ $(S=\max_{e\to Sn}(f(e)+n))$.

证明 设命 $S=\max_{e\to Sn}(f(e)+n)$，则 $S\geqslant f(i)$，$S\geqslant n$. 取 $d=S!$，暂记 $1+d\cdot Si$ 为 d_i，则

$$d_i\geqslant 1+d\geqslant 1+S>f(i).$$

其次，当 $i\neq j$ 时，d_i 与 d_j 如有公因子则该公因子必除尽（设 $i>j$）$(i+1)d_j-(j+1)d_i=i-j$，但 $i-j$ 的因子必为 $n!$ 的因子，从而为 $d(=S!)$ 的因子. 显然 d_i 与 d 只有公因子 1，可见 d_i，$d_j(i\neq j)$ 的公因子只有 1，即彼此互素. 由孙子定理（见后）可知：$\mathrm{rs}(X,1+d\cdot Si)=f(i)(0\leqslant i\leqslant n)$ 必有解，取其最小解 c，则断言(1)得证.

其次，由于 $d=S!\leqslant S^S\leqslant 2^{S^2}$，故得

$$\begin{aligned}c&\leqslant d_0d_1\cdots d_n\leqslant 2d\cdot 3d\cdots(n+2)d=(n+2)!d^{n+1}\\&\leqslant(n+2)!(S!)^{K+1}<((S+2)!)^{n+1}\leqslant(2^{(S+2)^2})^{n+1}\\&\leqslant 2^{(S+2)^3},\end{aligned}$$

于是，断言(2)得证.

根据这条引理找到 c,d 后如命 $w=\mathrm{pg}(c,d)$，可见：任给

一函数 $f(e)$，恒有一数 w，使得

$$\mathrm{tm}_i w = \mathrm{rs}(Kw, 1 + Lw \cdot Si) = f(i)(0 \leqslant i \leqslant n).$$

最小的这样的 w 记为 $\mathrm{seq}_{e \to n} f(e)$. 而函数 $\mathrm{rs}(Kw, 1 + Lw \cdot Si)$ 为相应的求项函数. 这个求项函数是五则函数，特别简单.

如命 A 为 w 的上界，如果所选取的 pg 是递增的，则如上定理所示，A 为 $\mathrm{pg}(2^{(S+3)^3}, 2^{S^2})$ 而 S 为

$$\max_{e \to Sn}(f(e) + n).$$

叙列算子，不管当初如何引入，都可以表为叠 G 算子. 即：如命

$$G(u, v, w) = \underset{e \to Sn}{\mathrm{seq}} \mathrm{alt}(Se \dot{-} v, \mathrm{tm}(e, u), w),$$

则有 $f^{\Delta} Sv = G(f^{\Delta} v, v, fv)$,

$f^{\Delta} 0 = \alpha$ (任定),

则 $f^{\Delta} v = G_{e \to \alpha, v} f(e)$，亦即 $\underset{e \to v}{\mathrm{seq}} f(e) = G_{e \to \alpha, v} f(e)$. 从而 $\underset{e \to v}{\mathrm{seq}}$ 永可表为叠 G 算子.

(丁) 广义递归算子. 在叠函算子中如果不把 A 看作已知函数而是算子所作用的函数(与 f 一样)，我们便得到一个更强的算子. 这算子(暂记为"丁")作用于 $A(e_1, e_2)$ 及 $f(e_1)$ 而得一新函数 g 如下：

$$g(0) = u,$$
$$g(Sn) = A(g(n), f(n)),$$

记为：$g(n) = \underset{(e_1, e_2) \to (u, n)}{\text{丁}} \{A(e_1, e_2), f(e_1)\}$

上面甲、乙两算子互相独立，谁也不是谁的特例. 但当丁所作用的 A 不含空位 e_2 时，上面第二式变成 $g(Sn) = Ag(n)$，这时丁算子便成复迭算子 itr. 如果 A 固定，便成叠 A 算子. 由此可见，甲、乙都是丁的特例.

(戊) 原始递归算子. 丁算子还有一个特例. 如将 f 固定，甚至于固定为么函数 I，那末上面第二式便变成：

$$g(Sn) = A(g(n), n)$$

加上 $g(0)=u$，所造的函数 g 叫做用**原始递归算子**由 A 而作成，记为(注意，g 实际上也依赖于 u).

$$\underset{(e_1,e_2)\to(u,n)}{\text{rec}} Ae_1e_2=g(u,n).$$

我们有:

$$\begin{cases}g(u,0)=u,\\ g(u,Sn)=A(g(u,n),n)\end{cases}$$

这个式子便叫做原始递归式.

当 A 只含有 e_1 不含 e_2 时，原始递归式也变成复迭式，即复迭式也为原始递归式的特例:

$$\underset{e\to(u,n)}{\text{itr}} fe=\underset{(e_1,e_2)\to(u,n)}{\text{rec}} fe_1$$

递归式的特点在于 A 为真正的二元函数，即不但含有 e_1 也含有 e_2. 由递归式可造 $n!$

$$n!=\underset{(e_1,e_2)\to(1,n)}{\text{rec}} e_1\cdot Se_2.$$

$$0!=1,\ (Sn)!=n!\cdot Sn$$

在递归式中，虽则对丁算子中的 f 指定为一个非常特殊、非常简单的函数 I，但一般的丁算子(即当 A,f 都是变函数时)，仍可以用原始递归式来表示，换句话说，原始递归算子与丁算子的力量是一样的. 试设用丁算子由 Ae_1e_2 与 fe_1 而造函数 $g(u,n)$，则

$$g(u,n)=\underset{(e_1,e_2)\to(u,n)}{丁}\{Ae_1e_2,fe_1\}$$

这时有

$$\begin{cases}g(u,0)=u\\ g(u,Sn)=Ag(u,n)f(n)\end{cases}$$

今先由 $Ae_1e_2fe_1$ 叠置而得 $Be_1e_2=Ae_1fe_2$，再造

$$h(u,n)=\underset{(e_1,e_2)\to(u,n)}{\text{rec}} Be_1e_2,$$

则有:

$$\begin{cases}h(u,0)=u\\ h(u,Sn)=Bh(u,n)n=Ah(u,n)fn\end{cases}$$

h 所满足的条件与 g 所满足的完全一样. 容易看见，

$$g(u,0)=h(u,0),$$

又如果 $g(u,n)=h(u,n)$，则由第二等式立可推得 $g(u,Sn)=h(u,Sn)$，故由归纳法马上知道 $g(u,n)=h(u,n)$（一切 n）. 从而丁算子所造函数均可由原始递归算子而造出，两者力量相同.

由此可见，以上各算子可说都是原始递归算子的特例. 原始递归算子的特征是：设所造的新函数记为 $g(u,n)$，那末，$g(u,0)$ 由已知函数给出，即 u. 其次，由 $g(u,0)$ 而计算 $g(u,1)$，由 $g(u,1)$ 而计算 $g(u,2)$，一般地，由 $g(u,n)$ 而计算 $g(u,Sn)$. 如此递推下去，一步一步地最终必能计算出 $g(u,n)$（一切 n）.

也可以反过来说，对原始递归算子所造的新函数 $g(u,n)$ 而言，要计算 $g(u,0)$，这是由已知函数算出的. 其次要计算 $g(u,n)$，$n\neq 0$，只须计算 $g(u,Dn)$，如 $Dn\neq 0$，又只须计算 $g(u,D^2n)$，……，最后由于 $D^nn(=n\dot{-}n)=0$，故倒推 n 步后，必须出现计算 $g(u,0)$，这时恒可计算，于是 $g(u,n)$ 也可以计算了. 可以说，要计算 $g(u,n)$，只须沿函数 D 追溯 n 步便成了，这是原始递归式的特征.

（己）我们可以把上面的原始递归式推广如下. 设已给出二元函数 Ae_1e_2 及一元函数 fe_1，由它可用递归算子造一函数 $g(e_1,e_2)$，如下定（下式叫递归式）：

$$\begin{cases}g(u,0)=u\\ g(u,Sx)=A(g(u,f(x)),x)\end{cases}$$

记为：$g(u,n)=\underset{(e_1,e_2)\to(u,n)}{\mathrm{reg}}\{Ae_1e_2,fe_1\}$（reg 表示一般递归）. 为下文的讨论方便起见，我们把第二式写成：

$$g(u,Sx)=A(g(u,fDSx),DSx)=A_1(g(u,FSx),Sx)$$

这里的 $F=fD$，叫做该一般递归算子的**相函数**. 要计算 $g(u,n)$，当 $n=0$ 时立得结果 u. 如果 $n\neq 0$，根据第二式，只须计算 $g(u,Fn)$（F 表示 fD，为相函数），如 $Fn\neq 0$，仍根据第二式只须计算 $g(u,F^2n)$，如此追溯下去，如果有 k 使得 $F^kn=0$，那末追溯 k 步即须计算 $g(u,0)$，其值已知为 u，然后便可计算出 $g(u,n)$

的值．但如果对一切 k 均有 $F^kn\neq 0$，那末 $g(u,n)$ 便无法计算，我们说这时 $g(u,n)$ 便没有定义．

这个定义式与原始递归式本质上是一样的，当 $n\neq 0$ 时，要计算 $g(u,n)$，同样须计算 g 的另一个值．对原始递归算子而言，须计算 $g(u,Dn)$，对这里的算子而言，须计算 $g(u,Fn)$（即 $g(u,fDn)$）．

定义 如果有 k 使得 $f^k(u)=0$，则说函数 f 在 u 处归宿于 0，而最小的 k 为其归宿步数（这里 $f^k(u)$ 指对 u 用 f 叠置 k 次）．如果 f 处处归宿于 0，则说 f 为归宿于 0 的函数．

由于对任何函数 f 均有 $f^0(0)=0$，故任何函数在 0 处均归宿于 0，其归宿步数为 0．（一函数在非零处如果归宿于 0，其归宿步数决非 0．）

定理 2 一般递归算子能把全函数变成全函数如果其相函数处处归宿于 0．

显然，函数 D 是处处归宿于 0 的，在 u 处其归宿步数为 u．因此，用原始递归算子所造出的函数当旧函数是处处有定义时必然是处处有定义的．但用递归算子造的函数，即使旧函数处处有定义，只当 fD 处处归宿于 0 时才能断定处处有定义．

原始递归算子显然是递归算子的特例：

$$\underset{(e_1,e_2)\to(u,n)}{\text{rec}} Ae_1e_2=\underset{(e_1,e_2)\to(u,n)}{\text{reg}}\{Ae_1e_2, Ie_1\}$$

即当 f 取 I 时的特例．

递归算子还有别的特例，也很重要．

（庚）一般复迭算子． 在递归算子中，A 实际上不含有空位 e_2 时，记为 $\underset{e\to(u,n)}{\text{itg}}$，

$$\underset{e\to(u,n)}{\text{itg}}\{Ae,fe\}=\underset{(e_1,e_2)\to(u,n)}{\text{reg}}\{Ae_1,fe_1\}$$

当 f 取 I 时，itg 便变成 itr（原始复迭式）而以其为特例．

（辛）归宿步数式．如在递归算子中，将 Ae_1e_2 取为一元函数 Se_1，则变成归宿步数算子 stp．

$$\operatorname*{stp}_{e\to(u)} fe = \operatorname*{reg}_{(e_1,e_2)\to(0,u)} \{Se_1, fSe_1\}$$

设 $du = \operatorname*{stp}_{e\to u} fe$，则 d 将如下定义：

$$\begin{cases} d0 = 0 \\ dSx = SdfSx \end{cases}$$

定理 3 如果 du 有定义则 du 为函数 f 在 u 处的归宿步数.

证明 当 $u \neq 0$ 时，如果 f 在 u 处有归宿，其归宿步数为 k，即 $f^k(u) = 0$，则 f 在 fu 处的归宿步数为 $k-1$，因有 $f^{k-1}(fu) = 0$（而更少步数不能使 f 的值为 0）. 如用 g 表示归宿步数函数，则应有：当 $u \neq 0$ 时

$$g(u) = Sg(fu)$$

如换 u 为 Sx 得：

$$gSx = SgfSx.$$

此外，当然有 $g0 = 0$. 可见 g 与 d 满足同样的条件. 故得 $du = gu$，即 du 为函数 f 在 u 处的归宿步数. 定理得证.

以上各算子可以说是递归型的算子，都是原始递归算子的特例或其推广，可以说是沿定义加法、乘法的路而贯彻下去的.

定义 如果一算子永把处处有定义的函数（全函数）变成处处有定义的函数，则该算子叫做**保全的**算子，否则叫做**未必保全的**算子.

以上甲～戊是保全的算子，己～辛是未必保全的算子. 当使用未必保全的算子时，可能由全函数而造出偏函数. 偏函数的讨论麻烦得多，因此我们先讨论全函数，以后再讨论偏函数. 在讨论全函数时，我们要求由未必保全的算子也只造出全函数，如果造出偏函数，则这些偏函数暂不讨论.

对己～辛三算子而言，如果其中的 f 使得 fD 是处处有归宿的函数，那末必然造出全函数. 因此我们约定：在讨论全函数时，己～辛三算子中的相函数（即其中的 fD）必是处处归宿于 0 的，亦即要求这三算子是保全的算子.

在数学中要定义一个新函数，除仿定义加法、乘法那样使用递

归型的算子以外，还象定义减法、除法那样使用求逆算子及其推广.

(壬) 求逆算子. 设有一元函数 f，试求使 $f(x)=u$. 成立的 x. 这个 x 通常便记为 $f^{-1}u$. f^{-1} 便叫做运算 f 的**逆运算**，亦叫做函数 f 的**逆函数**.

当没有 x 使上式成立时，我们说 $f^{-1}u$ 没有定义，这是没有问题的. 当有多个 x 使上式成立时，通常便附加条件使得满足原条件及附加条件的 x 只有一个. 例如，在三角学中，$\sin x=u$ 的根有无穷多个，便附加条件使得 $\sin x=u$ 并且

$$-\frac{\pi}{2}\leqslant x\leqslant\frac{\pi}{2}.$$

这时便只有一个 x 符合条件了，这个 x 便记为 $\sin^{-1}u$，叫做反正弦的主值.

附加条件有各式各样，对微分方程附加条件尤其有种种讲究，须作详细的讨论. 但对数论函数而言，却有一个极简单易行而且人人采用的附加条件，那便是

$$f(x)=u\ \text{并且}\ x\ \text{最小}.$$

满足这个条件的 x 通常记为 $\mu x(f(x)=u)$，而 μ 叫做**求最小根运算**.

我们使用另一记号 $\operatorname*{inv}\limits_{e\to u}f(e)$ (inv 表示"求逆"之意). 因此有：

$$\operatorname*{inv}_{e\to u}f(e)=f^{-1}(u),$$

例如，

$$\operatorname*{inv}_{e\to u}e+v=u\dot{-}v$$

$$\operatorname*{inv}_{e\to u}e\cdot v=[u/v]$$

当然，如果没有 x 使得 $x+v=u$ 或 $x\cdot v=u$，则左边是没有定义的，这里是就有定义的情况立论的.

(癸) 求根算子. 将求逆运算推广便是求根运算. 求逆运算是求根运算的一种，是求 $f(x)=u$ 的 x 根，这方程可写为

$$f(x) - u = 0,$$

一般可解方程 $f(x,u) = 0$. 通常将

$f(x,u) = 0$ 的唯一的 x 根记为 $\iota x\{f(x,u) = 0\}$,

$f(x,u) = 0$ 的最小的 x 根记为 $\mu x\{f(x,u) = 0\}$.

前者只当 $f(x, u) = 0$ 有唯一根时才有意义否则无定义；后者则只要 $f(x,u) = 0$ 有根（不限定一个根），在自然数域内便必然有唯一的最小根从而便有定义，而且凡当 $\iota x\{f(x, u) = 0\}$ 有定义时，$\mu x\{f(x,u) = 0\}$ 亦必有定义而且两者相等. 因此,通常多使用后者而很少使用前者.

但是 ιx 与 μx 是把公式变成项(实即把谓词变成函数)的约束词,使用起来很不方便. 我们改而使用两(三)个算子,把函数变成函数的算子.

$\underset{e}{\mathrm{rtu}}\, f(e,u)$ 表函数 $f(e,u)$ 的唯一零点;

$\underset{e}{\mathrm{rti}}\, f(e,u)$ 表函数 $f(e,u)$ 的最小零点;

$\underset{e}{\mathrm{rta}}\, f(e,u)$ 表函数 $f(e,u)$ 的最大零点.

这样,这三个算子便和别的算子属于同一类型，可以合并讨论,不必分别考虑了.

$\iota x, \mu x$ 在数理逻辑中也叫做摹状词，因此求根算子 rti 等也可叫做摹状算子.

如下文所定义的,在摹状算子中 $f(e,u)$ 的 u，不是空位而是一个数变元,对摹状算子而言,它可叫做参数.

在摹状算子中，没有新添变元，因此造成的函数必比旧函数(被改造的函数)的元数少 1,如果 $f(e_1, e_2)$ 为二元,则 $\underset{e}{\mathrm{rti}}\, f(e, u)$ 必为一元(只依赖于 u),如果 fe 为一元,则 $\underset{e}{\mathrm{rti}}\, fe$ 指 f 的最小零点，它将是一个具体的数字，不再是函数（具有空位的真正函数了）. 照上面写法本应写成 $\underset{e\to}{\mathrm{rti}}\, f(e,u)$,省写便成 $\underset{e}{\mathrm{rti}}\, f(e,u)$了.

利用函数 ct，摹状词 ιx，μx 与摹状算子 rtu 等之间极易彼此互相表示,即（$A(x)$ 为一谓词),

$$\iota x A(x) \text{ 可表示为 } \underset{e}{\mathrm{rtu}}\, \mathrm{ct} A(e)$$

反之，$\underset{e}{\mathrm{rtu}}\, f(e)$ 可表示为 $\iota x f(x)=0$. 只是 rtu 等与通常算子一致，使用方便罢了.

正如上文所说，摹状算子是求逆算子的推广，$\underset{e\to u}{\mathrm{inv}}\, f(e)$ 可表示为 $\underset{e}{\mathrm{rti}}\, \mathrm{eq}(f(e),u)$；但是摹状算子又是求逆算子的特例，因为我们有：$\underset{e}{\mathrm{rti}}\, f(e,u)=\underset{e\to 0}{\mathrm{inv}}\, f(e,u)$.（两边均是 $f(x,u)=0$ 的最小 x 根.）

足见两个算子可以彼此互相表示，力量相当. 但用 inv 来表示 rti 更为简便. 可以说，inv 比之 rti 更为方便好用.

仿此，我们还引入

$\underset{e\to u}{\mathrm{unv}}\, f(e)$ 表示 $\mathrm{rtu}\, \mathrm{eq}(f(e),u)$

$\underset{e\to u}{\mathrm{anv}}\, f(e)$ 表示 $\mathrm{rta}\, \mathrm{eq}(f(e),u)$

等等.

壬癸两算子也是未必保全的算子. 当 f 无一值为 u 时，

$$\underset{e\to u}{\mathrm{inv}}\, f(e)$$

便没有定义，当 f 无一值为 0 时，$\underset{e}{\mathrm{rti}}\, f(e)$ 也没有定义. 在只讨论全函数时，我们要求对每个 u，f 均取得至少一值为 u，又要求对每个 n，$f(e,n)$ 均有零点，总之，要求作出的函数必是全函数. 对别的求根、求逆算子仿此讨论.

§ 11. 算子的一种分类

定义 如果由 $f(e)=g(e)$ 可推得 $\underset{e\to u}{\alpha}\, f(e)=\underset{e\to u}{\alpha}\, g(e)$，则说 α **是外延性算子.**

外延性算子作用的结果只与被作用函数的值有关而与函数的表达式等无关. 在数学中所讨论的都是外延性算子.

当算子每次作用于函数时，要能够真正得到结果只能使用有限多个被作用函数的值(如需使用全体的值，计算将永不结束而得不到结果)．即应有一个数 a (与 f, u 有关)使得

$$\forall e < a(f(e) = g(e)) \to \underset{e\to u}{\alpha} f(e) = \underset{e\to u}{\alpha} g(e).$$

这个数 a 可叫做 α 的一个**模数**，最小的 a 叫做 α 的**确模**(类似于上下确界)．但是，如 $\underset{e\to u}{\alpha} f(e)$ 无定义，则这样的模数 a 未必存在(判定 $\underset{e\to u}{\alpha} f(e)$ 不存在，可能需要看 $f(e)$ 的全体的值)．

上面说过，把全函数改造为全函数的算子叫做保全算子．未必改造为全函数的则叫做未必保全算子．就后者而言，即使作用于全函数也可能得出偏函数来．另一方面我们又应注意，无论保全算子或未必保全算子，当它们作用于偏函数时，有时也可能得出全函数(并不是必然得出偏函数)，因为算子既然只使用被作用函数的若干个值，碰巧这些值全有定义，那末得出的结果函数当然可以是全函数了．如上所说，目前我们暂时只考虑对全函数的改造．

对外延性算子，又分为高等算子与初等算子两种．

定义 如果算子 α 的确模可由新添变元确定，即它可表为新添变元的函数，那末 α 叫做**初等算子**，如果 α 的确模除依赖于新添变元外，还依赖于被作用的函数，则 α 叫做**高等算子**．所说的确模可分别由**模函数**、**模算子**而表示．

例如，上面所列各算子，乙、丙是初等算子，因为其确模为 lu，是新添变元的函数．其余的算子都是高等算子，在高等算子中，甲、丁、戊是保全算子，其余是未必保全算子．

注意，在乙算子中，函数 A 的变目也可以超出 lu，但 A 是当作已知函数(用来帮助算子的运算的)不作为被作用函数，故其变目的大小便不在考虑之列．如果把 A 也当作被作用函数(象算子丙、丁那样)，那末其变目的大小便须考虑，故丙、丁便是高等算子．

由于初等算子最简单，因此，应该作出尽量多的初等算子，最好它们还和一些重要的高等算子非常接近，在很多情况之下可以代替该高等算子．有一个很常用也很有效的方法是：

定义 任给一算子 α，则 α 的**加限算子**为：

$$\underset{e\to(v,u)}{\alpha} f(e) \text{ 指 } \underset{e\to u}{\alpha} f(\min(e,v)),$$

$$\underset{(e_1,e_2)\to(v,u_1,u_2)}{\alpha} f(e_1,e_2) \text{ 指 } \underset{(e_1,e_2)\to(u_1,u_2)}{\alpha} f(\min(e_1,v),\min(e_2,v))$$

等等．换句话说，在 α 作用时凡使用到 $f(t)(t>v)$ 的，一律改用 $f(v)$．因此，当对算子加限 v 时，其确模不超过 v，从而便是初等算子．

最重要的加限算子是受限摹状式 $\underset{e\to\cdot v}{\mathrm{rti}} f(e)$，根据上面的定义有：

$\underset{e\to\cdot v}{\mathrm{rti}} f(e)=f(e)$ 在 v 以下（小于 v）的零点当存在时；

$=$无定义　当无上述零点时．

由于我们假定 $f(e)$ 为全函数，故后一情况必然可以判知（逐个计算 $f(0),f(1),\cdots,f(v-1)$ 即可知）．因此，我们一般便将无定义的情况补以定义，以使该加限摹状式永远把全函数变成全函数，方法如下：

$\underset{e\to\cdot v}{\mathrm{rti}} f(e)=f(e)$ 在 v 以下的最小零点，当存在时，

$=v$　当上述零点不存在时．

易见我们有：

$$\underset{e\to\cdot v}{\mathrm{rti}} f(e)=\underset{e}{\mathrm{rti}} f(e)N(Se\dot{-}v).$$

同理，对 $\underset{e\to\cdot v}{\mathrm{rta}} f(e)$，$\underset{e\to\cdot v}{\mathrm{rtu}} f(e)$，$\underset{e\to\cdot(v,u)}{\mathrm{inv}} f(e)$ 等摹状型加限算子，我们将补充定义：当依原定义不存在时，规定其值为 v．

原始递归算子的加限算子也很重要，它是对原始递归函数分类的一个重要工具．但是，目前我们已有别的方法对原始递归函数分类了．

§12. 算子的相互表示与化归（上）

现在我们讨论算子的相互表示，从而讨论其简化问题．这将使我们对算子有进一步的理解．

定义　如果由函数 $g_1,g_2,\cdots,g_h,f$ 出发，经过有限次叠置及

实施算子 $\beta_1,\beta_2,\cdots,\beta_k$ 后,可以作出函数 $\underset{(e)\to(u)}{\alpha} f(e)$, 则说算子 α 可用 $\beta_1,\beta_2,\cdots,\beta_k$ **表示**(借助于函数 $g_1,g_2,\cdots,g_h$).

定义 设有两组算子 $\{\alpha_1,\alpha_2,\cdots,\alpha_l\}$, $\{\beta_1,\beta_2,\cdots,\beta_k\}$, 如果每个 α 都可用诸 β 表示, 每个 β 都可用诸 α 表示, 则说 $\{\alpha_1,\cdots,\alpha_l\}$ 与 $\{\beta_1,\beta_2,\cdots,\beta_k\}$ 可以**互相表示**. 通常使用的多是 $k=l=1$ 的情形,即 α 与 β 可互相表示的情况.

显然,如果 $\{\alpha_1,\cdots,\alpha_l\}$ 可用 $\{\beta_1,\cdots,\beta_k\}$ 表示,则后者的力量强于前者. 如能互相表示则彼此力量相同.

例 $\underset{e\to u}{\mathrm{rti}} f(e)$ 与 $\{\underset{e\to u}{\mathrm{rtu}} f(e), \underset{e\to u}{N} f(e)\}$ 可互相表示. 这是因为:

$$\underset{e\to u}{\mathrm{rtu}} f(e) = \underset{e\to u}{\mathrm{rti}} f(e)$$

$$\underset{e\to u}{N} f(e) = Nf(\underset{e\to u}{\mathrm{rti}} Nf(e))$$

又

$$\underset{e\to u}{\mathrm{rti}} f(e) = \underset{e\to u}{\mathrm{rtu}} \{f(e)\oplus N(\underset{e_2\to e}{N^2} f(e_2))\}.$$

故两组可彼此互相表示.

例 $\underset{e\to u}{\mathrm{inv}} f(e)$ 与 $\underset{e\to u}{\mathrm{unv}} \{f(e), \underset{e\to u}{N} f(e)\}$ 可互相表示.

证明 $\underset{e\to u}{\mathrm{unv}} f(e) = \underset{e\to u}{\mathrm{inv}} f(e)$

$$\underset{e\to u}{N} f(e) = Nf(\underset{e\to 0}{\mathrm{inv}} Nf(e))$$

反之,如命 $G(x) = Sf(x)N(\underset{e\to x}{N^2} eq(f(e),f(x)))$, 则显然有:

$$\begin{aligned} G(x) &= SF(x) \quad \text{当 } F(x) \text{ 取得新值时},\\ &= 0 \quad\quad\ \ \text{当 } F(x) \text{ 取旧值时(已取过之值)}. \end{aligned}$$

故对每个值 Su, $G(x)$ 必有一次也只一次取得它(假定 $F(x)$ 取得每一值, 但可能取得多次). 而且 $F(x)=u$ 的最小根必是 $G(x)=Su$ 的唯一根,故有:

$$\underset{e\to u}{\mathrm{inv}} f(e) = \underset{e\to Su}{\mathrm{unv}} G(e)$$

由于 $G(x)$ 的定义式中用到 $\underset{e\to u}{N^2}$ 算子,故我们上述断语得证.

由上可知,"最小根"与{ $\underset{e\to u}{N}$ 算子,唯一根}是力量相同的.

定义 如果不用算子纯用叠置及一些已知函数即可作出

$$\underset{e\to u}{\alpha} f(e),$$

则说 α **退化为叠置**,亦即 α 实即叠置子.

定理 1 如果对于任何 u 及 A 的值域中任何元素 v 恒有下列两等式之一则叠 A 算子退化为叠置 (H 为一已知的一元函数):

(1) $A(v,u)=Hv$ (2) $A(v,u)=Hu$

证明 如果(1)成立,则有:

$$\underset{e\to u,0}{A} f(e)=u,\ \underset{e\to u,1}{A} f(e)=Auf(0)(=v_1)$$

$$\underset{e\to u,2}{A} f(e)=Av_1f(1)=Hv_1,$$

$$\underset{e\to u,3}{A} f(e)=AHv_1f(2)=H^2v_1,$$

一般, $\underset{e\to u,St}{A} f(e)=H^tv_1$,读者可用叠置表示之.

如果(2)成立,则有:

$$\underset{\to u,0}{A} f(e)=u,\ \underset{e\to u,1}{A} f(e)=Auf(0)(=v_1)$$

$$\underset{e\to u,2}{A} f(e)=Av_1f(1)=Hf(1),$$

$$\underset{e\to u,3}{A} f(e)=AHf(1)f(2)=Hf(2),$$

一般,

$$\underset{\to St}{A} f(e)=Hf(t)\quad (t\geqslant 1)$$

读者试用叠置表示之. 定理得证.

注意, H^tv_1 中的 $H^t(e)$ 是使用复迭算子于 $H(e)$ 的结果. 似乎仍须使用算子(而且是高级算子), 但复迭算子乃作用于已知函数 H 而非作用于被改造函数 $f(e)$, 无论如何, $H^{e_1}(e_2)$ 是一个已知的二元函数,在它上面不出现什么算子.

定理 1 四算子 $\underset{e\to 1,u}{N}$, $\underset{e\to 1,u}{\min N}$, $\underset{e\to 0,u}{\max N}$, $\underset{e\to 1,u}{\Pi N}$ 可以互相表示, 它们又均可用 $\underset{e\to\cdot u}{\mathrm{rti}}$ 表示.

证明 $\underset{e\to 1,u}{\min} Nf(e)=\underset{e\to 1,u}{N} f(e)=\underset{e\to 1,u}{\Pi} Nf(e)$

故它们不但可相互表示，而且是相等的（是同一个算子的不同表示）.

$$\min_{e\to 1,u} Nf(e) = N\max_{e\to 0,u} N^2f(e)$$

$$\max_{e\to 0,u} Nf(e) = N\min_{e\to 1,u} N^2f(e)$$

故它们可相互表示，但不相等(因 $\min_{e\to 1,u} Nf(e) \neq \max_{e\to 0,u} Nf(e)$).

$$\min_{e\to 1,u} Nf(x) = Nf(\mathrm{rti}_{e\to\cdot u} Nf(e))$$

因此它可用 $\mathrm{rti}_{e\to\cdot u}$ 表示(逆表示则不存在)，故 $\mathrm{rti}_{e\to\cdot u}$ 这个算子比它们为强. 定理证完.

此外，根据上面所论，可以看见，加限算子恒可用未加限算子(借助于函数 min)而表示，反之，未加限算子恒可用相应的加限算子及模(模函数或模算子)而表示，因为只须以模为限即可.

我们再证明，任意有限多个容许参数的一般型的算子永可用一个 (1,1,1) 型的不容许参数的算子来表示. 因此必要时可只限于讨论(1,1,1)型算子.

定理 2 容许参数的 (s, m, n) 型算子 α 可用不容许参数的 (1,1,1) 型算子 β 来表示.

定义 所谓容许参数是作用域中的被作用函数其空位个数可以多于约束空位的个数. 例如，容许参数的 (s,m,n) 算子 α 可以如下作用:

$$\alpha_{(e_1\cdots e_m)\to(u_1\cdots u_n)}[f_1(e_1,\cdots,e_m,e_{m+1}),\cdots,f_s(e_1,\cdots,e_m,e_{m+1})]$$

当然被作用函数的空位个数可以多于 $m+1$，但有限多个参数恒可用配对函数化成一个，所以下面的讨论可只考虑一个参数，以空位 e_{m+1} 表示之.

证明 设 α 为 (s,m,n) 型算子，容许参数，它把 $f_1,\cdots,f_s$ 改造为 g，即

$$g(u_1,\cdots,u_n,e_{m+1}) = \alpha_{(e_1\cdots e_m)\to(u_1\cdots u_n)}\{f_1,f_2,\cdots,f_s\}$$

诸 f 的空位假定为 $e_1,\cdots,e_m,e_{m+1}$（如诸 f 的空位个数不同，可

引用广义么函数而把少空位扩充为多空位，使得各 f 的空位个数相同)。

今命算子 β 定义如下 ($pg^{m+1}Oe_{m+1}e_m\cdots e_2e_1$ 记为 B)。

$$\underset{e\to u}{\beta} f(e)\text{：乃将 } K_1f(B),K_2f(B),\cdots,K_sf(B)$$

用 $\underset{(e_1\cdots e_m)\to(Lu,\cdots,LK^m u)}{\alpha}$ 改造的结果。

即

$$\underset{e\to u}{\beta} f(e)=\underset{(e_1\cdots e_m)\to(Lu,\cdots,LK^m u)}{\alpha}\{K_1f(B),K_2f(B),\cdots,K_sf(B)\}.$$

显然算子 β 可用算子 α 表示．反之，设已用 α 而作出新函数 g(诸 f 具有空位 $e_1,\cdots,e_m,e_{m+1}$)：

$$g(u_1,\cdots,u_n,e_{m+1})=\underset{(e_1\cdots e_m)\to(u_1\cdots u_n)}{\alpha}\{f_1,f_2,\cdots,f_s\}$$

今用 β 作出如下．将诸 f 当作 $m+1$ 元的函数而使用叠置子，得 $f_1',f_2',\cdots,f_s'$．命 $q(e)=\mathrm{pg}^sIf_s'f_{s-1}'\cdots f_2'f_1'(e)$．并命 v 为

$$\mathrm{pg}^{m+1}Oe_{m+1}u_n\cdots u_2u_1,$$

试考虑

$$\underset{e\to u}{\beta} q(e),$$

它乃将 $K_1q(B),\cdots,K_sq(B)$ (即 $f_1'(B),\cdots,f_s'(B)$，亦即 $f_1(e_1,\cdots,e_{m+1}),\cdots,f_s(e_1,\cdots,e_{m+1})$)用 $\alpha_{(e_1\cdots e_m)\to(Lv,\cdots,LK^m v)}$ 改造的结果，依假设，它便是 $g(Lv,\cdots,LK^m v)$，即 $g(u_1,\cdots,u_n,e_{m+1})$。故此新结果 g 已经作出．从而算子 α 可用 β 表示．定理得证．

定理 3 任意有限多个容许参数的 (s,m,n) 型算子永可用一个不容许参数的(1,1,1)型算子表示。

证明 由前定理，这有限多个一般算子可用同数的不容许参数的(1,1,1)型算子表示．设算子共 k 个，已化归为 k 个(1,1,1)型不容许参数的算子 $\alpha_1,\alpha_2,\cdots,\alpha_k$．今定义算子 β 如下，它为不容许参数的(1,1,1)型，并且

$$\underset{e\to u}{\beta} f(e)\text{ 指 }\mathrm{pg}^kO\underset{e\to u}{\alpha_k}f(e)\cdots\underset{e\to u}{\alpha_1}f(e).$$

显然，β 已用诸 α 算子表出．另一方面显然有 $(1\leqslant i\leqslant k)$：

$$\underset{e\to u}{\alpha_i} f(e) = LK^{i-1} \underset{e\to u}{\beta} f(e)$$

故诸 α 亦可用算子 β 表示. 两者可互相表示,故定理得证.

因此,后面讨论算子时永以(1,1,1)为主, 这一点也不失其普遍性.

我们还可以推广,即使有无穷多个(可数无穷多个)算子,也可化归为一个(1,1,1)型算子.

定理 4 任意多个(可为可数无穷多个)算子 α_i, 如果 $\underset{e\to u}{\alpha_i} f(e)$ 可以看作 i,u 的二元函数,则恒可用一个不容许参数的(1,1,1)型算子来表示.

证明 我们先把各算子变成不容许参数的(1,1,1)型算子 α_i, 设记为 $\underset{e\to u}{\alpha_i} f(e)$. 今引入算子 β 如下: $\underset{e\to u}{\beta} f(e)$ 指 $\underset{e\to Lu}{\alpha_{Ku}} f(e)$. 如

$$\underset{e\to u}{\alpha_i} f(e)$$

可视为二元函数,则 β 显然可用诸 α 而表示.反之,设用某个 α_i 而由 $f(e)$ 作出 g_i: $g_i(u) = \underset{e\to u}{\alpha_i} f(e)$ 今可改用 β 而作出:

$$g_i(u) = \underset{e\to \mathrm{pg}(i,u)}{\beta} f(e)$$

故诸 α 可用 β 而表示. 定理得证.

只要给出 i 后 α_i是能行作出的,那末 β 也就是能行的算子了. 因此可以说,无穷多个算子也可以简化为一个(但必须 $\underset{e\to u}{\alpha_i} f(e)$可以认为是 i,u 的二元函数).

定义 固定叙列算子 seq, 相应的求项函数为 $\mathrm{tm}_i z$, 则

$$\underset{e\to u}{\alpha}\ \mathrm{tm}_e v$$

或 $\underset{e\to u}{\mathrm{seq}}\ \underset{e_1\to e}{\alpha} \mathrm{tm}_{e_1} v$ 叫做算子 α 的**示性函数**.

注意,使用后者更为方便,今后所谓示性函数便专指后者. 并记为 $M(u,v)$,我们有: $\mathrm{tm}_u M(u,V) = \underset{e\to u}{\alpha} \mathrm{tm}_e V$ (当 $V \geqslant \alpha$ 在 u 处的确模时).

定理 5 任给一算子 $\underset{e\to u}{\alpha}$, 它恒可由叙列算子 seq, α 的示性

函数M及α的确模(模函数或模算子)而表示.

证明 设α的确模为w,依定义,只要

$$\forall e < w[f(e) = g(e)]$$

便有$\underset{e\to u}{\alpha} f(e) = \underset{e\to u}{\alpha} g(e)$. 依叙列算子定义可知

$$\forall e < w[f(e) = \mathrm{tm}_e(\mathrm{seq}_{e_1\to w} f(e_1))]$$

故应有

$$\underset{e\to u}{\alpha} f(e) = \underset{e\to u}{\alpha} \mathrm{tm}_e(\mathrm{seq}_{e_1\to w} f(e_1)) \quad (*)$$

设命α的示性函数为 $M(u,v)$, 则

$$\mathrm{tm}_u M(u, \mathrm{seq}_{e_1\to w} f(e_1)) = \underset{e\to u}{\alpha} \mathrm{tm}_e \mathrm{seq}_{e_1\to w} f(e_1)$$

代入(*)式得

$$\underset{e\to u}{\alpha} f(e) = \mathrm{tm}_u M(u, \mathrm{seq}_{e_1\to w} f(e_1))$$

即$\underset{e\to u}{\alpha} f(e)$可由 seq, M, 模w及已知函数而表示. 定理得证.

注意,还可得

$$\underset{e\to u}{\mathrm{seq}}\ \underset{e_1\to e}{\alpha} f(e_1) = M(u, \underset{e_1\to w}{\mathrm{seq}} f(e_1)),$$

即 $\underset{e\to u}{\mathrm{seq}}\ \underset{e_1\to e}{\alpha}$ 亦可由 seq、模w及M而表示.

定理6 任何一个初等算子都可由任何一个叙列算子表示,由于叙列算子本身亦是初等算子,因此,可以说叙列算子是最强的初等算子.

证明 对初等算子α而言,模可用模函数表示,故α可由叙列算子 seq 与模函数(用以表示模w)及α的示性函数而表示,定理得证.

定义 如果α为初等算子,而一切初等算子都可用α表示,则α叫做**最强的初等算子**.

定理7 当算子α的确模为常值函数时,α退化为叠置,甚至于 $\underset{e\to u}{\mathrm{seq}}\ \underset{e_1\to e}{\alpha}$ 亦然.

证明 由上知 $\underset{e\to u}{\mathrm{seq}}\ \underset{e_1\to e}{\alpha} f(e_1) = M(u, \underset{e_1\to w}{\mathrm{seq}} f(e))$,既然$w$为常数, $\underset{e_1\to w}{\mathrm{seq}} f(e)$ 即可表示为w个 $f(e)$ 的叠置(例如表示为 $\mathrm{pg}^w O f(w) f(w$

$-1)\cdots f(1)f(0))$，再与M作叠置即得 $\underset{e\to u}{\mathrm{seq}}\ \underset{e_1\to e}{\hat{\alpha}} f(e_1)$，再与 $\mathrm{tm}_u e$ 叠置即得 $\underset{e_1\to u}{\alpha} f(e_1)$。于是定理得证。

这非常类似于我们上文所说，当所用的旧函数的个数为固定时，所用的派生法便是叠置，这里所论范围较狭(模为常数时所用旧函数值的个数也固定)，但却给出证明。

叙列算子当然是最强的初等算子。此外，很多的初等算子亦是最强的初等算子。

定理 8 下列的初等算子都是最强的初等算子：

$$\prod_{e\to u},\ \underset{e\to\cdot u}{\mathrm{rti}},\ \underset{e\to\cdot u}{\mathrm{rta}},\ \underset{e\to\cdot v,u}{\mathrm{inv}},\ \underset{(e_1,e_2)\to\cdot(v,u_1,u_2)}{\mathrm{rec}},\ \underset{e\to\cdot v,u_1,u_2}{\mathrm{itr}},$$

$$\sum_{e\to u},\ \sum_{e\to u}N,\ \underset{e\to u}{\min},\ \underset{e\to u}{\max}$$

等都是最强的初等算子。

证明 上面说过可取 $\prod_{e\to u}P(e)^{f(e)}$ 为叙列算子，从而 $\prod_{e\to u}$ 为最强初等算子。

但是 $\prod_{e\to u}P(e)^{f(e)}=\underset{e_2\to\cdot c}{\mathrm{rti}}\ \underset{e_1\to u}{\max}\ \mathrm{eq}(\mathrm{ep}_{e_1}e_2,f(e_1))$ 这里 c 表示

$$P(u)^{Su\cdot\max_{e\to u}f(e)}$$

(它使用 $\underset{e\to u}{\max}$)，但是

$$\underset{e\to\cdot u}{\mathrm{rti}}\ f(e)=u\dot{-}\underset{e\to u}{\max}\,(u\cdot Nf(e)\dot{-}e),$$

亦即 rti 可用 max 表示，故 max 为最强初等算子。

此外，又有

$$\underset{e\to u}{\max}f(e)=f(\underset{e\to\cdot u}{\mathrm{rti}}\,(Su\dot{-}\underset{e_1\to\cdot Su}{\mathrm{rti}}\,(Sf(e)\dot{-}f(e_1)))),$$

故 $\underset{e\to\cdot u}{\mathrm{rti}}$ 是最强的初等算子。

rti 又可用下列算子表示

$$\underset{e\to\cdot u}{\mathrm{rti}}\ f(e)=u\dot{-}\underset{e\to\cdot u}{\mathrm{rta}}\ f(u\dot{-}e)Nf(\underset{e\to\cdot u}{\mathrm{rta}}\ f(e)),$$

$$\underset{e\to\cdot u}{\mathrm{rti}}\ f(e)=\underset{(e_1,e_2)\to\cdot(v,0,u)}{\mathrm{rec}}\ (e_2+N^2f(e_2))$$

$$= \operatorname*{itr}_{e_1 \to \cdot (u,0,u)} (e_1 + N^2 f(e_1))$$

$$\operatorname*{rti}_{e \to \cdot u} f(e) = \min_{e \to u}(e + uN^2 f(e)),$$

$$\operatorname*{rti}_{e \to \cdot u} f(e) = \sum_{e_1 \to u} N \sum_{e \to e_1} Nf(e)$$

故 rta, rec, itr, min, $\sum N$(从而 $\sum$)也是最强的初等算子, $\operatorname*{inv}_{e \to \cdot v,u}$ 以 $\operatorname*{rti}_{e \to \cdot u}$ 为特例,故 $\operatorname*{inv}_{e \to \cdot v,u}$ 也是最强的初等算子. 定理得证.

由这定理可知,上面这些算子都可以互相表示. 此外,

$$\{\operatorname*{rtu}_{e \to \cdot u}, \underset{e \to u}{N}\} \text{ 与 } \{\operatorname*{unv}_{e \to \cdot v,u}, \underset{e \to u}{N}\}$$

亦是最强的初等算子组. 因为

$$\operatorname*{rti}_{e \to \cdot u} f(e) = \operatorname*{rtu}_{e \to \cdot u} (f(e) + \max_{e \to 0,u} Nf(e))$$

$$\operatorname*{inv}_{e \to \cdot v,u} f(e) = \operatorname*{unv}_{e \to \cdot Sv,Su} \{Sf \cdot (e) N^2 \min_{e_1 \to 1,e} \operatorname{eq}(f(e), f(e_1))\}$$

前式显然,后式可如下看出. 命括号内的式子记为 $g(e)$, 则有

$$g(e) = \begin{cases} Sf(e) & \text{当 } f \text{ 第一次取得值 } f(e) \text{ 时}, \\ 0 & \text{当 } f \text{ 取值为已取过之值时}. \end{cases}$$

显然, $g(e)$ 取非零值至多一次, 并且当 $f(x)$ 第一次取值 u 时 $g(x)$ 取值 Su. 因此有

$$\operatorname*{inv}_{e \to \cdot v,u} f(e) = \operatorname*{unv}_{e \to \cdot Sv,Su} g(e).$$

而这便是上式所断定的.

此外,还可给出一大类的叠函算子也是最强的初等算子(见拙著《递归函数论》第 131 页),这里就不多说了.

上面我们把任何一个容许参数的算子改用一个不容许参数的 (1,1,1) 型算子来表示. 但这个算子 (可取为加撇算子或加星算子)与原来的算子相差较大 (可以说是另一个算子). 能否就用不容许参数的同名算子来表示呢?

有一大批算子是可以用不容许参数的同名算子来表示的, 下文的算子 α^+ 便是一例.

定义 设有一算子 $\underset{e \to u}{\alpha}$,则 $\underset{e \to m,u}{\alpha^+}$ 将表示:

$$\underset{e\to m,u}{\alpha^+} f(e) = \underset{e\to u}{\alpha} f(m+e)$$

上文已说过我们有具平梯性的配对函数组 K,L，使得当 $KSx \neq 0$ 时恒有 $KSx = SKx$，而 $LSx = Lx$。试令 A 表示 $\mathrm{pg}(M,v) \dot{-} M$（$M$ 表示 α 的模），容易证明必有：

$0 \leqslant t \leqslant M$ 时有 $K(A+t) = t$ 而 $L(A+t) = v$。

故知

$$\underset{e\to u}{\alpha} f(e,v) = \underset{e\to u}{\alpha} f(K(A+e),\ L(A+e))$$
$$= \underset{e\to M,u}{\alpha^+} f(Ke, Le)$$

（这式所以成立，因在计算 $\underset{e\to u}{\alpha} f(e,v)$ 时，所用的第一变目之值不可能超过 M），即容许参数的 α 可用无参数的 α^+ 表示。此外，α^+ 本身也可用无参数的 α^+ 表示如下（A 表示 $\mathrm{pg}(m+M,v) \dot{-} (M+m)$，$M$ 为 α 的模数）：

$$\underset{e\to m,u}{\alpha^+} f(e,v) = \underset{e\to u}{\alpha} f(m+e,v) = \underset{e\to A,u}{\alpha^+} f(Ke,\ Le)$$

换言之，容许参数的 α^+ 可用不容许参数的 α^+ 而表示。这便是上文所说的。

如果不容许参数的 α^+ 可用不容许参数的 α 表示，那末容许参数的 α 也可用不容许参数的 α 表示。$\sum$ 便是一例，因为：

$$\sum_{e\to m,u}^{+} f(e) = \sum_{e\to u} f(m+e) = \sum_{e\to m+u} f(e) \dot{-} \sum_{e\to m} f(e)$$

表面看来，似乎也可以有：

$$\prod_{e\to m,u}^{+} f(e) = \left[\prod_{e\to m+u} f(e) / \prod_{e\to m} f(e)\right]$$

但当 $\prod_{e\to m} f(e)$ 为 0 而 $\prod_{e\to m,u}^{+} f(e)$ 非 0 时，这式便不成立。要想加以修改比较困难。

此外我们又有：

$$\underset{e\to m,u}{\mathrm{rta}^+} f(e) = \underset{e\to u}{\mathrm{rta}} f(m+e)$$

故

$$\operatorname*{rta^{+}}_{e\to m,u} f(e) = \begin{cases} \operatorname*{rta}_{e\to\cdot m+u} f(e) & \text{当其值} \geqslant m \text{ 时} \\ m+u & \text{当} \operatorname*{rta}_{e\to\cdot m+u} < m \text{ 时} \end{cases}$$

故容许参数的 rta 也可用不容许参数的 rta 表示.

我们再证，有参数的原始递归式可用无参数的原始递归式来表示.

首先，我们再次指出，如果容许参数可以只容许一个参数. 因为显然有：

$$\operatorname*{rec}_{(e_1,e_2)\to(u,n)} f(e_1,e_2,\cdots,e_k) = \operatorname*{rec}_{(e_1,e_2):e_3\to(u,n)(e_3,\cdots,e_k)} \cdot f(e_1;e_2,K_1e_3,\cdots,K_{k-2}e_3).$$

所以，下面只就容许一个参数的情形立论.

定理 9 引进任意一组配对函数后，容许参数的原始递归式可用不容许参数的原始复迭式来表示.

证明 设配对函数组为 pg, K, L. 设由下列原始递归式而定义 f:

$$\begin{cases} f(u,v,0) = v, \\ f(u,v,Sx) = B(u,x,f(u,v,x)). \end{cases}$$

设命 $g(u,v,x)$ 表 $\mathrm{pg}^3uvxf(u,v,x)$，则显然有：

$$K^3g(u,v,x) = u,\ LK^2g(u,v,x) = v,$$

$$LKg(u,v,x) = x,\ Lg(u,v,x) = f(u,v,x).$$

此外，$g(u,v,x)$ 满足下列方程：

$$g(u,v,0) = \mathrm{pg}^3uv0f(u,v,0) = \mathrm{pg}^3uv0v,$$

$$\begin{aligned} g(u,v,Sx) &= \mathrm{gp}^3uv(Sx)f(u,v,Sx) \\ &= \mathrm{pg}^3uv(Sx)B(u,x,f(u,v,x)) \\ &= \mathrm{pg}^3K^3eLK^4eSLKeB(K^3e,LKe,Le) \\ &\quad \cdot(g(u,v,x)). \end{aligned}$$

故 $g(u,v,x)$ 可由原始复迭式定义，即

$$g(u,v,x) = \operatorname*{itr}_{e\to\mathrm{pg}^3uv0v,x} \mathrm{pg}^3K^3eLK^2eSLKeB(K^3e,LKe,Le),$$

即得 $g(u,v,x)$，再由

$$f(u,v,x) = Lg(u,v,x)$$

而得 f. 这样定理得证.

定理 10 有了 $\mathrm{alt}(x, y, z)$ 及从零起的具平梯性的配对函数组后,容许参数的原始递归式,可用不容许参数的从 0 起的原始复迭式表示.

证明 容许参数的原始递归式可用不容许参数的原始复迭式表示. 设用后者由 B 而作 g 如下:

$$g(u,x)=\underset{e\to u,x}{\mathrm{itr}}\ B(e)$$

今用 $h(e)$ 表示 $\mathrm{pg}(g(Le, Ke), e)$ 则 $e=Lh(e)$, $g(Le, Ke)=Kh(e)$. 且 h 满足下列方程:

$$h(0)=\mathrm{pg}(g(L0,K0),0)=\mathrm{pg}(g(0,0),0)=\mathrm{pg}(0,0)=0$$

$$h(Sx)=\mathrm{pg}(g(LSx,KSx),Sx)$$

当 $KSx=0$ 时,

$$g(LSx,KSx)=g(LSx,0)=LSx=LSLh(x).$$

当 $KSx\neq 0$ 时, $KSx=SKx$, $LSx=Lx$, 故

$$g(LSx,KSx)=g(Lx,SKx)=Bg(Lx,Kx)=BKh(x).$$

因得

$$\begin{aligned}g(LSx,KSx)&=\mathrm{alt}(KSx,LSLh(x),BKh(x))\\&=\mathrm{alt}(KSLh(x),LSLh(x),BKh(x))\end{aligned}$$

代入上式得 $h(Sx)=\mathrm{pg}(\mathrm{alt}(KSLe, LSLe, BKe), SLe)h(x)$. 故 $h(x)$ 可如下作出:

$$h(x)=\underset{e\to 0,x}{\mathrm{itr}}\ \mathrm{pg}(\mathrm{alt}(KSLe, LSLe, BKe), SLe).$$

既得 h, g 可如下定义: $g(u,x)=Kh(\mathrm{pg}(x,u))$. 定理得证.

定理 11 容许参数的一般递归式,可用不容许参数的一般递归式来表示.

证明 设用有参数的一般递归式引入函数 f:

$$f(u,v,0)=v$$

$$f(u,v,Sx)=B(u,v,f(u,v,g(u,x)))$$

今用 $h(x)$ 表示 $f(KLx, L^2x, Kx)$, (选用从 0 起具平梯性的配对函数组),则有:

$$h(0)=f(KL0,L^2 0,K0)=f(0,0,0)=0$$
$$h(Sx)=f(KLSx,L^2Sx,KSx)$$
当 $KSx=0$ 时
$$f(KLSx,L^2Sx,KSx)=f(KLSx,L^2Sx,0)=L^2Sx,$$
当 $KSx\neq 0$ 时
$$f(KLSx,L^2Sx,KSx)=f(KLx,L^2x,SKx)$$
$$=B(KLx,Kx,f(KLx,L^2x,g(KLx,Kx)))$$
暂将 $f(KLx,L^2x,g(KLx,Kx))$ 记为 A，则当 $g(KLx,Kx)=0$ 时，$A=B(KLx,Kx,L^2x)$. 当 $g(KLx,Kx)\neq 0$ 时，试命
$$g_1(x)=\mathrm{pg}(g(KLx,Kx),\ \mathrm{pg}(KLx,L^2x))N^2g(KLx,Kx),$$
由于 $g(KLx,\ Kx)\neq 0$，故 $g_1(x)=\mathrm{pg}(g(Lx,\ Kx),\ Lx)$，从而 $KLg_1(x)=KLx$，$L^2g_1(x)=L^2x$，$Kg_1(x)=g(Lx,Kx)$. 故
$$A=f(KLe,L^2e,Ke)g_1(x)=h(g_1(x)).$$
因得:
$$\begin{cases}h(0)=A(0)\\ h(Sx)=\mathrm{alt}(KSx,L^2Sx,B(KLx,Kx,\mathrm{alt}(g(KLx,Kx),\\ \qquad L^2x,h(g_1(x))))))\end{cases}$$
而这是无参数的一般递归式. 即得 h，再由
$$f(u,v,x)=h(\mathrm{pg}(x,\mathrm{pg}(u,v)))$$
而得 f. 故有参数的一般递归式可用无参数的一般递归式而表示.

定理 12 有参数的归宿步数式亦可用无参数的归宿步数式表示.

证明 设用有参数的归宿步数式由 g 而作出 $\mathop{\mathrm{stp}}\limits_{e\to x} g(u,\ e)$. 今用无零编号的配对函数组定义:
$$g_1(x)=\mathrm{pg}(g(Lx,Kx),Lx)N^2g(Lx,Kx)$$
显然有:
$$g_1^2(x)=\mathrm{pg}(g(Lx,g(Lx,Kx)),Lx)N^2g(Lx,g(Lx,Kx))$$
一般地:
$$g_1^t(x)=\mathrm{pg}(g_{Lx}^tKx,Lx)N^2g_{Lx}^tKx.$$
由于配对函数组无零编号，故

$$g_1^f(x)=0 \quad \text{恰当} \quad g_{L,x}^f Kx=0$$

故 $\underset{e\to x}{\mathrm{stp}}\, g(u,e)$ 有定义时，$\underset{e\to \mathrm{pg}(x,u)}{\mathrm{stp}}\, g_1(e)$必有定义，且：

$$\underset{e\to x}{\mathrm{stp}}\, g(u,e)=\underset{e\to \mathrm{pg}(x,u)}{\mathrm{stp}}\, g_1(e)$$

故知有参数的归宿步数式可化归为无参数的.

定理 13 有参数的求逆算子可用无参数的求逆算子表示.

证明 设用有参数的求逆算子由 f 而造 g:

$$g(x)=\underset{e\to x}{\mathrm{inv}}\, f(e,u)=\underset{e,u\to,\mathrm{pg}(u,x)}{\mathrm{rti}}\, \mathrm{eq}(f(e,Ku),Lu)$$

如取递增的且一一对应的配对函数组，则在 y 与 z 之间将建立一一对应(将 $\mathrm{eq}(f(e,Ku),Lu)$ 记为 $F(e,u)$).

y: $F(y,u)=0$

z: $F(Kz,Lz)=0\wedge Lz=u$

并且最小的 y 对应于最小的 z. 故得.

(1) $\underset{e}{\mathrm{rti}}\, F(e,u)=K\underset{e\to Su}{\mathrm{inv}}\, SLeNeq(e,\mathrm{pg}(Ke,Le))NF(Ke,Le)$

试命(1)的右端逆函数的值为 z. 这时 z 为

(2) $\qquad SLzNeq(z,\mathrm{pg}(Kz,Lz))NF(Kz,Lz)=Su$

的根，故必 $z=\mathrm{pg}(Kz,Lz)$，且 $SLz=Su$ 故 $Lz=u$. 且 $F(Kz,u)=0$，即 Kz 必为左端的一个零点. 反之，设(1)的左端的零点为 x，则 $\mathrm{pg}(x,u)$ 必为(2)的根. 可见(1)左端零点与右端的 z 值一一对应且最小的 x 对应于最小的 z. 从而(1) 成立. 由于(1)右端使用无参数的求逆算子，断言得证.

还可注意，如原来的 $f(e,u)$ 对 u 有唯一逆函数，则(1)式右端亦是唯一的逆函数，即有：

$$\underset{e\to x}{\mathrm{unv}}\, f(e,u)=K\underset{e\to SA}{\mathrm{unv}}\, SLeNeq(e,\mathrm{pg}(Ke,Le))NF(Ke,Le).$$

§13. 算子的相互表示与化归(下)

除叠置子 ′，* 外，暂时再用 f° 表示 f. 设 α 为(s,m,n)型算子，即(用$\langle e_m\rangle$表示 $(e_1,\cdots,e_m)$，$\langle u_n\rangle$ 表示 $(u_1,\cdots,u_n)$等)：

$$\underset{\langle e_m\rangle\to\langle u_n\rangle}{\alpha}\{f_1,\cdots,f_s\}=g(\langle u_n\rangle)$$

那末用 α^{ij} 表示下列算子:

$$\underset{\langle e\rangle\to\langle u\rangle}{\alpha^{ij}}\{f_1^i,\cdots,f_s^i\}=g^j(\langle u_n\rangle)$$

例如:

$$\underset{e\to u}{\alpha'^*}\{f_1'(e),\cdots,f_s'(e)\}=g^*(u)$$

$$\underset{\langle e_m\rangle\to u}{\alpha^{\circ *}}\{f_1,\cdots,f_s\}=g^*(u)$$

等等,我们知道,如果 f 为 m 元,则由 f 而造 f' 须用 $(m,1^*)$ 叠置,由 f' 而造 f^* 须用$(2^*,1^*)$,反之,由 f^* 而 f' 只须$(1,1)$叠置,由f'而 f,则须用$(1,n^*)$叠置(假定所需用的辅助函数均已作出). 当 α 为$(1,1,1)$型时,作用域 f 是一元函数. 对一元情形来说,只用$(1,1)$叠置,f 与 f' 可以互相定义. 因此,$\alpha^{\circ\circ}$ (即 α), $\alpha^{\circ\prime}$, α'°, α'' 是力量一样的,它们强于 $\alpha^{*\circ}$(及 $\alpha^{*\prime}$) 而弱于 $\alpha^{\circ *}$(及 α'^*),但与 α^{**} 则彼此独立,无强弱可言. 可列成下表:

$$\alpha^{*\prime}=\alpha^{*\circ}\left\langle\begin{matrix}\alpha^{\circ\circ}=\alpha^{\circ\prime}=\alpha'^{\circ}=\alpha''\\ \alpha^{**}\end{matrix}\right\rangle\alpha^{\circ *}=\alpha'^*$$

(左弱右强)

$\alpha^{\circ\circ}$ 即原来的算子 α, 我们把 α^{**} 省写为 α^*. 对$(1,1,1)$型算子而言,α 与 α^* 互相独立而均弱于 $\alpha^{\circ *}$ 及 α'^*. 今后凡可使用 α^* 的地方,均可改用 $\alpha^{\circ *}$ 及 α'^*. 但是可否改用 α,则视情况而定.

对一些特殊算子而言,α^* 可用 α 表示.

对算子 $\underset{e\to 0,u}{\text{itr}}$ 而言,设它将 $f(e)$ 改造成 $g(u)$,即

$$\begin{cases}g(0)=0\\ g(Su)=fg(u)\end{cases}$$

这时 $\underset{e\to u}{\text{itr}^*}$ 则将 $f^*(e)$ 改造成 $g^*(e)$. 今试设法由 f^* 只用 itr 及$(1,1)$而作出 $g^*(e)$.

给出 $f^*(e)$ 后, 用$(1,1)$叠置作出 $f(e)$. 我们先利用 itr 而作 $\text{pg}(I,gK)$ 如下. 命 $h(e)=\text{pg}(I,gK)(e)$. 又选用从 0 起且具平梯性的配对函数组:

$$h(0)=\mathrm{pg}(0,gK0)=\mathrm{pg}(0,0)=0$$
$$h(Sx)=\mathrm{pg}(Sx,gKSx)$$
当 $KSx=0$ 时：$gKSx=g0=0$

当 $KSx\neq 0$ 时：$gKSx=gSKx=fgKx=fLh(x)$

故 $$gKSx=(fLh(x))NKSKh(x)$$
又 $$S_x=SKh(x).$$
从而得：$hS(x)=\mathrm{pg}(SK(e),fL(e)NKSK(e))h(x)$

即
$$h(u)=\underset{e\to 0,u}{\mathrm{itr}}\ \mathrm{pg}(SK(e),fL(e)NKSK(e))$$
既然由 f 用 itr 而定义了 $h(u)$，于是
$$g^*=\mathrm{pg}(K,gL^2)=\mathrm{pg}(LK,L)\mathrm{pg}(I,gK)\mathrm{pg}(L^2,K)$$
$$=\mathrm{pg}(LK,L)h(e)\mathrm{pg}(L^2,K).$$

此外，对求逆算子 inv 而言，inv* 亦可用 inv 表示.设用 inv 由 f 而作出 $g(u)$，即
$$\underset{e\to u}{\mathrm{inv}}\,f(e)=g(u)$$
则 inv* 由 f^* 而作 $g^*(u)$，今给出 f^* 后，试由 inv 及(1,1)而作 $g^*(u)$ 如下：

给出 f^* 即 $\mathrm{pg}(K,fLL)$ 后，由(1,1)可得 $\mathrm{pg}(K,fL)$. 今选用一一对应的配对组 $\{\mathrm{pg},K,L\}$.

先作 $Q(u)=\underset{e\to u}{\mathrm{inv}}\,\mathrm{pg}(K,fL)(e)$，它可写成：
$$\begin{aligned}Q(u)&=\underset{e}{\mathrm{rti}}\,\mathrm{eq}(\mathrm{pg}(K,fL)(e),u)\\&=\underset{e}{\mathrm{rti}}[\mathrm{eq}(Ke,Ku)\oplus\mathrm{eq}(fL(e),Lu)]\\&=\underset{e}{\mathrm{rti}}[\mathrm{eq}(Ke,Ku)\oplus\mathrm{eq}(Le,\underset{e\to Lu}{\mathrm{inv}}\,f(e))]\\&=\mathrm{pg}(Ku,gLu)\end{aligned}$$
即 $Q=\mathrm{pg}(K,gL)$，由它与 $\mathrm{pg}(K,L^2)$ 叠置即得 $\mathrm{pg}(K,gL^2)$. 即 g^*. 由此可见 inv* 可由 inv 表示. 这正是我们所断言的.

§ 14 递归生成集与函数的组成过程

定义 设有一函数集 M，如果可以找出它的一个子集 $\overline{U}$ 及一系列算子 $\alpha_1,\alpha_2,\cdots$，使得一函数属于 M 恰当可由 U 中的函数出发，经过有限次叠置及算子 $\alpha_1,\alpha_2,\cdots$ 而作出，则 M 叫做**递归生成的**，而 $\overline{U}$ 叫做 M **的开始函数集**，诸 α 叫做 M 的**生成算子**，M 中的函数又叫做 **$\alpha_1,\alpha_2,\cdots$ 于 $\overline{U}$ 的函数**. 如果没有生成算子，M 叫做**叠置于 $\overline{U}$ 的函数集**.

递归生成函数集又可定义如下:

定义 以 $\overline{U}$ 为开始函数集，以 $\alpha_1,\alpha_2,\cdots$ 为生成算子的递归生成集 M 是满足下列条件的最小函数集: (1) $\overline{U}$ 为 M 的子集; (2) M 对叠置封闭; (3) M 对算子 $\alpha_1,\alpha_2,\cdots$ 封闭.

读者可验证两定义的等价性.

定义 设有函数序列 $g_1,g_2,\cdots,g_n$，每个 g 都满足下列条件之一: 或者是 M 的开始函数，或者由前面的若干个 g 根据叠置而作出，或者由前面的若干个 g 根据某算子 α 而作出，我们便说该叙列是最后一个 g_n 的(在集 M 中的)**组成过程**，亦说是(在集 M 中的)**定义过程**.

显然，对 $i\leqslant n$ 而言，$g_1,g_2,\cdots,g_i$ 亦是 g_i 的组成过程.

例 $E_1x=x\dot{-}[\sqrt{x}]^2$ 在五则函数集中的组成过程如下(括号中所写的是相应的组成根据):

$g_1: e_1\dot{-}e_2$	(开始函数)
$g_2: e_1\cdot e_2$	(开始函数)
$g_3: Ie$	(本原函数)
$g_4: [\sqrt{e}]$	(开始函数)
$g_5: [\sqrt{e}]^2$	$g_2(g_4,g_4)$
$g_6=E: e\dot{-}[\sqrt{e}]^2$	$g_1(g_3,g_5)$

读者容易看见，这个组成过程可以由 E_e 的表达式 $e\dot{-}[\sqrt{e}]^2$ 得出，从而初学者很容易认为: 要求一函数的组成过程是非常容

易的事．这是不对的，上面 $E(e)$ 的表达式实际上是根据组成过程而写出的，这样当然容易由表达式而求组成过程了．但是组成过程是随函数集而改变的，即随所使用的开始函数以及算子而改变的，如果某函数的表达式中所出现的函数符号或算子符号，在某函数集的组成过程中不允许使用，必须换为别的函数或算子，这时该如何改换，便不是容易看出的了．正如，如果在实元函数

$$\underset{e}{\mathrm{rti}}[(e^5+3e^3)\dot{-}(4e^4+6)]$$

的组成过程中不允许使用算子 $\underset{e}{\mathrm{rti}}$，而只允许使用四则函数及方根函数，那末要找其组成过程(等于解五次方程)便不容易了．

在下文设Δ集对命题联结词与受限量词封闭．

定义 如果 $y=f(x_1,\cdots,x_n)$ 为Δ集谓词，则函数 f 叫做**具有Δ图的**，省称 **Δ 图的函数**．

易见，Δ图函数集不对叠置封闭，亦即，即使 $y=f(x)$ 及 $y=g(x)$ 为Δ集谓词，但 $y=f(g(x))$ 未必为Δ集谓词．因此我们引入定义．

定义 如果 f 为Δ图函数且受界于本原函数，则 f 叫做**准Δ集函数．**

定理 1 设Δ集对受限量词封闭．如果 f 与 $g_1,\cdots,g_n$ 均为准Δ集函数，则 $f(g_1,g_2,\cdots,g_n)$ 亦是准Δ集函数．

证明 首先，$y=f(g_1,g_2,\cdots,g_m)(x_1,\cdots,x_n)$ 是Δ集谓词，因为：

$$y=f(g_1,\cdots,g_m)(x_1,\cdots,x_n)\ \text{恰当（设}\ g_i<A_i\text{）}$$

$$\exists_{e_1\to A_1}\cdots\exists_{e_m\to A_m}(y=f(e_1,\cdots,e_m)\wedge e_1=g_1\wedge\cdots\wedge e_m=g_m)$$

$(x_1,\cdots,x_n)$ 括号中是Δ集谓词而Δ集对受限量词封闭，故 $f(g_1,\cdots,g_n)$ 是Δ图函数．至于受界情形可列成下表，它表示受某种函数所界(其中“后继函数”包括 S^a，某个 a)．

故它们均受界于本原函数．定理得证．

有时我们嫌上面所定义的准Δ集函数包括太少，可以引入另一种准Δ集函数．

g \ f	常值	后继函数	广义么函数
常值	常值	常值	常值
后继函数	常值	后继函数	后继
广义么函数	常值	后继	广义么函数

定义 如果 $f(x_1, \cdots, x_n)$ 为Δ图函数且受界于上升的Δ集函数，则 f 叫做**强准Δ集函数**.

由于Δ集函数必包含本原函数而本原函数又是上升的函数，故知准Δ集函数必为强准Δ集函数. 此外我们还有:

定理 2 强准Δ集函数对叠置封闭.

证明 由于受界于Δ集函数，故叠置以后仍是Δ图函数. 又因上升函数的叠置仍是上升函数，故知强准Δ集函数的叠置仍是强准Δ集函数.

注意，Δ图函数集对叠置不封闭，受Δ集函数所界的Δ图函数集对叠置亦不封闭，因此这两种函数集用处较少. 只有两种准Δ集函数集对叠置封闭，因此用处较大，应该熟悉.

定义 设有递归生成集Δ，如果除Δ的原有开始函数集外，再添 U 中的函数作为开始函数，所得的函数叫做**Δ于 U 的函数**.

Δ于 U 的函数集当然仍是递归生成集.

设 $U=\{f_1, \cdots, f_k\}$，则 $\langle f_1^{\Delta}(e), \cdots, f_k^{\Delta}(e)\rangle$ 记为 $U^{\Delta}(e)$. 我们有

$$\begin{aligned} f_i(x_1, \cdots, x_n) &= t_m(\langle x_1, \cdots, x_n\rangle, f_i^{\Delta}(e)) \\ &= t_m(\langle x_1, \cdots, x_n\rangle, K_i U^{\Delta}(e)). \end{aligned}$$

下文将 $(x_1, \cdots, x_n)$ 记为 x.

下面的替换定理非常重要，它可使"Δ于 U 的函数"的理论基本上化归于"Δ集函数"的理论.

定理 3（替换定理） 如果叙列算子可由Δ的生成算子表示，则一函数 $P(x)$ 为Δ于 U 的函数恰当有一个Δ函数 $P'(t, x)$ 及一数 μ 使得 $P(x)=P'(U^{\Delta}(\mu), x)$,

证明 (←)叙列算子既可由△集的生成算子表示，故 $U^{\Delta}(\mu)$ 为△于U的函数，从而 $P'(U^{\Delta}(\mu),x)$ 即 $P(x)$ 亦然.

(⟶) 必要性可就 $P(x)$ 的组成过程而归纳.

奠基. 如果 $P(x)$ 为△集原来的开始函数，可取 $P'(t,x)$ 为 $P(x)$，与 t 无关故 μ 可任意选取. 如 P 为 U 中函数 $f_i(x)$，因

$$f_i(x)=\mathrm{tm}(\langle x\rangle,K_iU^{\Delta}(\langle x\rangle)),$$

故 $P'(t,x)$ 可取为 $\mathrm{tm}(\langle x\rangle,K_it)$，而 μ 取比$\langle x\rangle$大的任一数.

归纳. 如果 $P(x)$ 由叠置而得，$P=h(l_1,\cdots,l_m)$，依归纳假设，$h(z)=h'(U^{\Delta}(\mu_0),z)$，及 $l_i(x)=l'_i(U^{\Delta}(\mu_i),x)(1\leqslant i\leqslant m)$. 可取 μ 为 $w=\mu_0(l_1(x),\cdots,l_m(x))+\max_{1\leqslant i\leqslant m}\mu_i(x)$. 这时

$$h(l_1,\cdots,l_m)(x)=h'(U^{\Delta}(w),l'_1(U^{\Delta}(w),x),\cdots,l'_m(U^{\Delta}(w),x)),$$

故 $P'(t,x)$ 可取为 $h'(t,l'_1(t,x),\cdots,l'_m(t,x))$.

(注意，堆积函数可任意增大，故$w>\mu$时，只要一公式对 $U^{\Delta}(\mu)$ 成立，自动地也对 $U^{\Delta}(w)$ 成立.)

如果 $P(x)$ 由生成算子 α 而作成，可设 α 为 (1,1,1) 型算子，并设 $P(x)=\alpha_{e\to x_1}h(x,e)$. 依归纳假设有

$$h(x,e)=h'(U^{\Delta}(\mu),x,e),$$

这里 μ 可随 x,e 而变化记为 $\mu(x,e)$，又对算子 α 而言有一模(函数或算子)M. 对 μ 可取 $w=\max\limits_{e\to M}\{\mu(x,e)\}$. 故$w$将大于在算子 α 过程中使用到的一切 μ，从而可将 $U^{\Delta}(\mu)$ 换为 $U^{\Delta}(w)$ 而得

$P(x)=\alpha_{e\to x_1}h'(U^{\Delta}(w),x,e)$. 注意$w$已不随 e 而变化. 故 $P'(t,x)$ 可取为 $\alpha_{e\to x_1}h'(t,x,e)$. 归纳步骤得证. 故必要性得证. 从而定理得证.

§15. 递归生成函数集的典型构成

定义 设有函数集 M，由M中一切 n 元以下的函数所组成的集合记为 M_n.

定理1 设递归生成函数集M含有函数L及

$$G=\mathrm{pg}(LK,KL),\quad H=\mathrm{pg}(I,K),$$

则对任何正整数n而言，M_n是递归生成的.

证明 先讨论$n=1$（一元函数集）. 设M为：$M=\{$开始函数$f_1,f_2,\cdots$，一般叠置；算子 $\alpha_1,\alpha_2,\cdots\cdots\}$.

今证：（甲）：下列函数集Q包含于M_1中.

$$Q=\{L,G,H,f_1^*,f_2^*,\cdots;(1,1);\alpha_1^*,\alpha_2^*,\cdots\}$$

既然M含有G, H故对$*$封闭，从而L, f_1^*, f_2^*, $\cdots$在M_1中. 在M中f与f^*可互相定义，M又对α_1, α_2, $\cdots$封闭，故M必又对$\alpha_1^*,\alpha_2^*,\cdots$封闭. 从而显见$Q$全含于$M_1$中.

须再证（乙）：对M中任何n元函数f，则f^*必在Q中，从而当f为一元函数时，$Lf^*FF=f$亦在Q中，这便证明Q与M_1相同了. 今用归纳法证明（乙）断言（就f的组成过程归纳）.

奠基. 如果f为开始函数之一，则f^*为某个f_i^*，故在Q中.

归纳. 如果f由(m,n)叠置得出，设$f=A(B_1,\cdots,B_m)$，依归纳假设，$A^*,B_1^*,\cdots,B_m^*$在Q中，由它们借助于若干一元函数（可由G,H作出）可作得$(A(B_1,\cdots,B_m))^*$即f^*，故f^*在Q中.

如果f由生成算子α_i作出，设$f=\underset{(e)\to(u)}{\alpha_i}(B_1,\cdots,B_r)$. 依归纳假设，$B_1^*,\cdots,B_m^*$在$Q$中，而$\alpha_i^*$恰由$B_1^*,\cdots,B_r^*$而作出$f^*$，故$f^*$在$Q$中. 依归纳法，断言（乙）得证，从而$Q$与$M_1$全同.

Q显然是递归生成的，于是定理的$n=1$情形得证.

当$n\geqslant 2$时，命

$Q_n=\{Q$的开始函数及算子，$\mathrm{pg}^nOx_nx_{n-1}\cdots x_2x_1,(1,n^*)\}$，则易证$M_n$与$Q_n$全同. 因对$M_n$任一函数$f$而言，$f^*$均在$Q$中，则由

$$Lf^*F\mathrm{pg}^nOx_n\cdots x_2x_1=f'\mathrm{pg}^nOx_n\cdots x_2x_1=f(x_1,\cdots,x_n),$$

显见只须在Q中增加一个开始函数 $\mathrm{pg}^nOx_nx_{n-1}\cdots x_1$ 及 $(1,n^*)$ 叠置，便可作出M中任何一个n元函数$f(x_1,\cdots,x_n)$了. Q_n显为递归生成的，故定理得证.

以上的讨论容许有无穷多个开始函数及无穷多个生成算子。我们当然可以命 $g(i,e)=f_i(e)$,

$$\underset{e\to i,u}{\alpha} f(e)=\underset{e\to u}{\alpha_i} f(e),$$

但合并以后的函数 $g(\nu,e)$ 是否在M中,M是否对算子 $\underset{e\to i,u}{\alpha} f(e)$ 封闭不得而知,故它们是不能用这种方法合并为一的. 但当开始函数或生成算子是有限多个时,却容许再行简化. 我们给出下列定理.

定理 2 如果函数集M只有有限多个开始函数,对叠置子 * 封闭,又含有函数 G,H,L,则无论 M_n 或 M_1 均只使用两个开始函数,一个生成算子以及(1,1)叠置而生成.

证明 根据上面讨论,设开始函数为 $f_1,\cdots,f_h$,而 (1,1,1) 型的一个生成算子为 α,则 M_1 含有 L,G,H(从而有 F)及$f_1^*,\cdots,f_h^*$,对 α^* 封闭,这时 M_1 可如下生成:

开始函数: $K,\langle I,f_1^*,\cdots,f_h^*,G,H\rangle$

生成算子: α^*,(1,1) 叠置,

而 M_n 可如下生成:

开始函数: $K,\langle\langle x_1,\cdots,x_n,0\rangle,f_1^*,\cdots,f_h^*,G,H\rangle$

生成算子及叠置同上. 读者自证.

§ 16. 控制函数与枚举函数

定义 如果 $f(e_1,\cdots,e_n)\leqslant g(e_1,\cdots,e_n)$,则说 f 被 g 所**界**,或说 f 被 g **控制**.

定义 设有一函数集 Δ,又有一函数 $g(e_1, e_2)$ 如果对集中任一函数 $f(e_1,\cdots,e_n)$,恒存在两数 t 及 a (均可随 f 而变)使得 $u=\max(x_1,\cdots,x_n)\geqslant a$ 时有:

$$f(x_1,\cdots,x_n)<g(t,u) \tag{*}$$

则说 g 是集Δ的**控制函数**.

注意,如命 $g_1(e_1,e_2)=g(e_1,\max(a,e_2))$,则有:

$$u = \max(x_1, \cdots, x_n)$$

时，$f(x_1, \cdots, x_n) < g(t, u)$. 因此，只要函数 max 可以使用，那末可以认为条件(＊)对一切 u 成立(不限于 $u \geqslant a$). 我们下文即这样假定(当不允许使用 max 时，再考虑这个限制).

又如果算子 $\max\limits_{e \to x}$ 可用，如命 $g_1(e_1, x) = \max\limits_{e \to x} g(e_1, e)$，则 g_1 对 x 是上升的. 在下文我们又假定 $g(e_1, e_2)$ 对 e_2 上升. (如有必要，同法还可使 g 对 e_1 也上升，但我们暂不要求这点).

定理 1 如果集 Δ 对叠置封闭，对集 Δ 的控制函数 $g(e_1, e_2)$，作为二元函数而言，不可属于 Δ.

证明 如果 $g(e_1, e_2) \in \Delta$，则 $g(e, e) \in \Delta$，这时应有 t 使得 $g(x, x) < g(t, x)$(一切 x). 今令 $x = t$，则得 $g(t, t) < g(t, t)$，不合. 定理于是得证.

定义 如有函数 $G_1(e_1, e_2), G_2(e)$ 使得

$\mathop{\alpha}\limits_{e \to u} f(e) < G_1(u, \max\limits_{e \to G_2(u)} f(e))$，则说 α 为**有界算子**，且以 $\langle G_1, G_2 \rangle$ 为界.

注意，初等算子未必有界，有界算子未必是初等算子.

对于使用有界算子而生成的函数集，其控制函数极易求出，而且易见可用递归式而作成.

试设集 Δ 由开始函数 $A_1, \cdots, A_k$ 利用叠置及有界生成算子 $\alpha_1, \alpha_2, \cdots, \alpha_k$ 而生成. 设 $A_i = A_i(x_1, \cdots, x_s)$. 命

$$g(2i + 1, u) = \max_{e_1 \to Su} \cdots \max_{e_s \to Su} SA_i(e_1, \cdots, e_s),$$

则对开始函数而言，$A_i(x_1, \cdots, x_s) < g(2i + 1, u)$. ($u = \max(x_1, \cdots, x_s)$. 下同). 注意，开始函数的控制函数编码为奇数.

设 f 由叠置而得，即 $f(x_1, \cdots, x_n) = A(B_1, \cdots, B_m)(x_1, \cdots, x_n)$，并设 $A(x_1, \cdots, x_m) < g(i_a, u), B_t(x_1, \cdots, x_n) < g(i_t, u)$，则

$$f_1(x_1, \cdots, x_n) < g(i_a, \max(g(i_1, u), g(i_2, u), \cdots, g(i_m, u))).$$

今用 $g(2^1 3^{i_a} 5^{i_1} \cdots p_{m+1}^{i_m}, u)$ 表示右端的函数，则由叠置而得的函数亦可找出其控制函数.

设 f 由算子 α_t 而得，即 $f(x_1, \cdots, x_n) = \underset{e \to x_1}{\alpha_t} A(e, x_2, \cdots, x_n)$（我们设诸 α 均为(1,1,1)型，且均作用于第一个空位）．命 u 表 $\max(x_1, \cdots, x_n)$，设 $A(x_1, \cdots, x_n) < g(i_a, u)$，由于 α 为有界算子，设其界为 $\langle G_1, G_2 \rangle$，而 $G_1(x_1, x_2) < g(i_1, u)$，$G_2(x) < g(i_2, u)$．则

$$f(x_1, \cdots, x_n) = \underset{e \to x_1}{\alpha_t} A(e, x_2, \cdots, x_n)$$

$$< G_1(x_1, \max_{e \to G_2(x_1)} A(e, x_2, \cdots, x_n)).$$

易见 $\max\limits_{e \to G_2(x_1)} A(e, x_2, \cdots, x_n) < \max\limits_{e \to g(i_2, u)} g(i_a, u) < g(i_a, g(i_2, u))$（因 g 对第二空位上升）．又有 $G_1(x_1, \max\limits_{e \to G_2(x_1)} A(e, x_2, \cdots, x_n)) < g(i_1, \max(u, g(i_a, g(i_2, u))))$．根据叠置时所循的规则，有某个 i 使右端为 $g(i, u)$．

依 f 的组成过程而归纳可知：Δ 集中任一函数 f 均有 i 使得 $f(x_1, \cdots, x_n) < g(i, u)$（其中 $u = \max(x_1, \cdots, x_n)$）．还可看见，对每个 i 而言，$g(i, u)$ 均可由叠置而作得．如果 Δ 集含有函数 max，且对算子 $\max\limits_{e \to u}$ 封闭，则对每个 i 而言，$g(i, u)$ 还是 Δ 集内的函数．不过，上面说过，作为 i, u 的二元函数而言，$g(i, u)$ 不是 Δ 集的函数．这便表明了用递归式生成的函数超出了 Δ 集．

定义 如果 $g(i, x)$ 为 Δ 集的控制函数且对每个具体的 i，$g(i, x)$ 在 Δ 集内，则 $g(i, x)$ 叫做 Δ 集的控制骨干．

定义 设 Δ_n 为 n 元函数集，如果有一个 $n+1$ 元函数 $g(e_0, e_1, \cdots, e_n)$ 使得 Δ_n 中每一函数 $f(x_1, \cdots, x_n)$ 恒有一数 t 满足：$f(x_1, \cdots, x_n) = g(t, x_1, \cdots, x_n)$ 反之，对每一数 t，$g(t, e_1, \cdots, e_n)$ 均属于 Δ_n，则说 g 是函数集 Δ_n 的枚举函数，t 为 f 的编号．

这定义只对 Δ_n，或者只对包含至多 n 元的函数集为有效．但通常我们讨论的函数集其元数都不固定，甚至于其元数是没有上界的，这时上述定义便不能使用．

设选定一个固定的配对函数组，由它能定义出 $K_1, K_2, \cdots, K_n$（一切 n）及 $\langle x_1, x_2, \cdots, x_n \rangle$（一切 n）．我们可使用下列定义．

定义 设有一函数集 Δ，又有一个二元函数 $g(e_1, e_2)$，如果对

于任何 n 及 Δ 中每一个 n 元函数 f 均有一数 t 使得

$$f(x_1,\cdots,x_n)=g(t,\langle x_1,\cdots,x_n\rangle),$$

反之,对于任何 n 及任何 t,$g(t,\langle x_1,\cdots,x_n\rangle)$ 均为 Δ 中的 n 元函数,则说 $g(e_1,e_2)$ 为 Δ 集的枚举函数,而 t 为函数 f 的编号.

注意,这时每个函数只有一个编号,但一个编号可以对应于多个函数. 例如,1 既是函数 $g(1,x)$ 的编号,又是 $g(1,\langle x_1,x_2\rangle)$ 的编号, $g(1,\langle x_1,x_2,x_3\rangle)$ 的编号等等,这些函数的元数不同. 对同元数函数中则只对应于一个函数. 这种不确定并没有妨碍.

又注意,有些书只要求对 Δ 中每个函数均有一 t 使

$$f(x)=g(t,x),$$

并不要求对每个数 t,$g(t,x)$ 必属于 Δ. 这种放宽要求不够合适,这样便容许 $g(t,x)$ 中可含有 Δ 以外的函数甚至于含有一些不相干的东西(非函数的东西). 我们作严格要求,因此下文的讨论便和一些书上不同.

定理 2 如果 Δ 为全函数集对叠置封闭且含有 Se 或 Ne,则 Δ 集的枚举函数 $g(e_1,e_2)$,作为二元函数言决不是 Δ 集的函数,甚至于不是 Δ 图函数.

证明 如果 $g(e_1,e_2)$ 或 $\mathrm{eq}(e_3,g(e_1,e_2))$ 属于 Δ,则 $Sg(e_1,e_2)$ 或 $Ng(e_1,e_2)$ 亦然,故应有 t 使得 $g(t,e)=Sg(e,e)$ 或 $g(t,e)=Ng(e,e)$ 在 e 中填以 t 得 $g(t,t)=Sg(t,t)$ 或

$$g(t,t)=Ng(t,t),$$

不合. 于是定理得证.

定理 3 $g(e_1,e_2)$ 为 Δ 的枚举函数恰当它为 Δ_1 (Δ 中的一元函数集)的枚举函数.

证明 ($\longrightarrow$)如果 $g(e_1,e_2)$ 为 Δ 的枚举函数,则 $f(x)\in\Delta$,恰当有 t 使 $f(x)=g(t,x)$,故 $g(e_1,e_2)$ 为 Δ_1 的枚举函数.

($\longleftarrow$)如果 $g(e_1,e_2)$ 为 Δ_1 的枚举函数,Δ 中任取一个 n 元函数 f,则 $f(K_1e,\cdots,K_ne)$ 为一元函数,应有 t 使

$$g(t,e)=f(K_1e,\cdots,K_ne),$$

故 $g(t,\langle x_1,\cdots,x_n\rangle)=f(x_1,\cdots,x_n)$. 由于对每个 t, $g(t,\langle x_1,$

$\cdots, x_n\rangle)$ 显为 n 元函数，故 $g(e_1, e_2)$ 为Δ的枚举函数.

由这两点定理得证.

定理 4 如果Δ是递归生成的函数集，含有配对函数组 $\{\mathrm{pg}, K, L\}$，那末Δ的枚举函数必存在，且可用单重递归式而定义.

证明 由上定理知Δ的枚举函数即 Δ_1 的枚举函数．而 Δ_1 可如下组成：由开始函数 Kx 及某一个一元函数 $A(x)$，利用 (1,1) 叠置与(1,1,1)型生成算子 α 而作成．今作出其枚举函数如下.

$$g(t, x) = \begin{cases} Kx & \text{当 } t = 0 \text{ 时}, \\ Ax & \text{当 } t = 1 \text{ 时}, \\ g\left(K\left[\dfrac{t \dot{-} 2}{2}\right], g\left(L\left[\dfrac{t \dot{-} 2}{2}\right], x\right)\right) & \text{当 } t \geqslant 2 \text{ 且为偶时}, \\ \underset{e \to x}{\alpha}\, g\left(\left[\dfrac{t \dot{-} 2}{2}\right], e\right) & \text{当 } t \geqslant 2 \text{ 且为奇时}. \end{cases}$$

现在依次证明下列引理.

引理 1 任给 $t, g(t, x)$ 为 Δ_1 中的函数.

证明 $t = 0, 1$，显然，因 Kx, Ax 在Δ中．如果 $t_0 \geqslant 2$，且(强归纳假设) $t < t_0$ 时引理 1 成立，则无论 t_0 为奇为偶，由第三、四式均知 $g(t_0, x)$ 亦在 Δ_1 中．故由强归纳法引理 1 成立.

引理 2 任取 Δ_1 中一函数 $f(x)$，必有一数 t 使得

$$g(t, x) = f(x).$$

证明 根据 $f(x)$ 的组成过程而归纳.

奠基．当 f 是开始函数时，可取 t 为 0 或 1.

归纳．如果 f 由叠置生成，即 $f = C(B)(e)$，依归纳假设，有 t_1, t_2 使 $C(e) = g(t_1, e)$，$B(e) = g(t_2, e)$，易见由第三式有：

$$\begin{aligned} g(2\mathrm{pg}(t_1, t_2) + 2, x) &= g(K\mathrm{pg}(t_1, t_2), g(L\mathrm{pg}(t_1, t_2), x)) \\ &= g(t_1, g(t_2, x)) = C(B(x)) \end{aligned}$$

故知这时 f 的编号为 $2\mathrm{pg}(t_1, t_2) + 2$.

如果 f 由算子 α 生成，即 $f(x) = \underset{e \to x}{\alpha} B(e)$，依归纳假设，有 t_1 使 $B(x) = g(t_1, x)$．由第四式有：

$$g(2t_1 + 3, x) = \underset{e \to x}{\alpha}\, g(t_1, e) = \underset{e \to x}{\alpha}\, B(e) = f(x).$$

故知这时 f 的编号为 $2t_1 + 3$.

由数学归纳法知本引理得证.

由引理 1 与引理 2 可知，$g(e_1, e_2)$ 确是 Δ_1 的枚举函数，从而为 Δ 的枚举函数. 定理得证.

第二章　初等函数集

§20. 三大函数集

按照上面所说，可将算子分成初等算子、(能行)高等算子、半能行(高等)算子三种(非能行的算子我们不讨论)．初等算子也可能作出偏函数，而且结果函数的定义域未必能够判定，但这种算子很少用，我们就不讨论它们了．

初等算子中有最强的初等算子，而且有多种彼此都可互相表示，但在彼此互相表示中须借助于若干已知函数．目前已知有一个初等算子 $\prod\limits_{e\to(u,v)}$，从本原函数出发即可造出足够的函数用以表示别的初等算子．我们便把从本原函数出发，利用叠置及 $\prod\limits_{e\to(u,v)}$ 而作成的函数集叫做初等函数集．

高等算子最常用的是原始递归算子，从本原函数出发，利用叠置及原始递归算子而作成的函数集叫做原始递归函数集．

半能行算子中有两个非常重要的算子，一是一般递归算子，一是求逆算子．从本原函数出发，利用叠置及一般递归算子而作成的函数集叫做递归函数集．在前半只讨论作成全函数的递归算子，所得的叫做递归全函数集(通常书上叫做一般递归函数集)，到后面再讨论递归偏函数．

从本原函数出发，利用叠置及求递算子而作成的函数集内容极少，不便使用，通常再添函数 e_1+e_2，$e_1\cdot e_2$ (或 $e_1\dot{-}e_2$，$[e_1/e_2]$)，从而得求逆于 e_1+e_2，$e_1\cdot e_2$ 的函数集．下面将证明这个函数集与递归函数集相同．

还应指出，通常书中所说的一般递归函数按定义说实即我们下文所说的可有限计算函数，它和"递归"无关，也很难说是原始递归算子的推广. 所以我们引进一般递归算子并定义递归全函数，而把通常所说的一般递归函数改称为可有限计算函数.当然，可以证明两个函数集实际上是相等的.

§21. 初等函数集

初等函数集的名称是由 Kalmar 提出的，他的定义是:

定义 由本原函数及 $e_1 + e_2$, $e_1 \dot{-}\dot{-} e_2$, $e_1 \cdot e_2$, $[e_1/e_2]$ 出发，经过有限次叠置及迭加 $\sum\limits_{e \to u}$，迭乘 $\prod\limits_{e \to u}$ 所生成的函数集叫做初等函数集.

这个定义有多个新开始函数，又有多个生成算子，显得初等函数相当复杂. 当然，可用上文的方法把开始函数变成两个，生成算子变成一个，但这种人工做作的硬性简化，仍然使得初等函数看起来很复杂. 现在我们给出另一个更简单更自然的定义如下:

定义 从本原函数出发，利用叠置及算子 $\prod\limits_{e \to (m,n)}$ 作成的函数集叫做初等函数集. 这里

$$\prod_{e \to (m,n)} f(e) = \prod_{e \to n \dot{-} m} f(e + m)$$

定理 1 新旧定义是等价的.

证明 设由旧定义所得的函数集记为 Δ_1，由新定义所得到的函数集记为 Δ_2.

Δ_1 对算子 $\prod\limits_{e \to (m,n)} f(e)$ 是封闭的，因在 Δ_1 中可以作出

(1) $$Nx = \left[\frac{x \dot{-}\dot{-} 1 + 1 \dot{-}\dot{-} x}{2}\right],$$

(2) $$uNx = u \cdot Nx,$$

(3) $$u \dot{-} v = (u \dot{-}\dot{-} v)N^2(v \dot{-}\dot{-} u + u \dot{-}\dot{-} v),$$

从而

$$\prod_{e \to (m,n)} f(e) = \prod_{e \to n \dot{-} m} f(e + m)$$

由于 Δ_1 中含有本原函数，因而 Δ_2 为 Δ_1 的子集.

反之，在 Δ_2 中可作出旧定义中的开始函数及算子如下：

(1) $\prod\limits_{e\to n} f(e) = \prod\limits_{e\to(0,n)} f(e)$，

(2) $x^y = \prod\limits_{e\to y} x$，亦记为 $x \upharpoonright y$，

(3) $Nx = 0 \upharpoonright x$，

(4) $N(x \dot{-} y) = \prod\limits_{e\to(y,x)} 0$，

(5) $\mathrm{eq}(x,y) = (0 \upharpoonright N(x \dot{-} y)) \upharpoonright N(y \dot{-} x)$，

(6) $\phi(x,y) = y \upharpoonright \mathrm{eq}(x, Sy)$ （暂用记号）

它 $= y$（当 $x = Sy$ 时）或 $=1$（当 $x \neq Sy$ 时），

(7) $\widetilde{D}x = \prod\limits_{e\to x} \phi(x,e)$ （暂用记号）

它 $= Dx$（当 $x \neq 0$ 时）或 $=1$（当 $x = 0$ 时），

(8) $\underset{e\to n}{\mathrm{rt}} f(e) = (n \upharpoonright Nf(n)) \upharpoonright N^2 \prod\limits_{e\to(1,n)} f(\widetilde{D}e)$

它 $=n$，当 f 的最小零点为 n 时；它 $=1$，当 f 的最小零点非 n 时.

(9) $\underset{e\to n}{\widetilde{\mathrm{rti}}} f(e) = \prod\limits_{e\to n} (\underset{e_1\to e}{\mathrm{rt}} f(e_1))$

它 $=f$ 在 n 以下的最小零点，当存在 n 以下的零点时；它 $=1$，当 f 在 n 以下无零点时.

(10) $x \cdot y = \underset{e\to(2\upharpoonright x)\upharpoonright y}{\widetilde{\mathrm{rti}}} \mathrm{eq}(2 \upharpoonright e, (2 \upharpoonright x) \upharpoonright y)$

(11) $x + y = \underset{e\to(2\upharpoonright x)\cdot(4\upharpoonright y)}{\widetilde{\mathrm{rti}}} \mathrm{eq}(2 \upharpoonright e, (2 \upharpoonright x) \cdot (2 \upharpoonright y))$

(12) $x \mathbin{\dot{=}} y = \underset{e\to x}{\widetilde{\mathrm{rti}}} (e \cdot e + 4 \cdot xy, (x+y) \cdot (x+y))$

(13) $[x/y] = \underset{e\to x}{\widetilde{\mathrm{rti}}} N(y \cdot Se \dot{-} x)$

(14) $\sum\limits_{e\to n} f(e) = \underset{e\to\prod_{e_1\to n}(2\upharpoonright f(e_1))}{\widetilde{\mathrm{rti}}} \left(\mathrm{eq}\left(2 \upharpoonright e, \prod\limits_{e_1\to m} 2 \upharpoonright f(e_1)\right)\right)$

足见旧定义中所有开始函数及算子均在 Δ_2 中作出，故 Δ_1 为 Δ_2 的子集.

合上两点可知 $\Delta_1 = \Delta_2$，亦即两定义等价.

我们再介绍一些初等函数与初等算子：

(15) $\sum\limits_{e \to n} Nf(e)$ 表示在 n 以下 $f(e)$ 的零点个数.

(16) $n! = \prod\limits_{e \to n} Se$

(17) $\mathrm{rs}(u, v) = u - v \cdot [u/v]$

(18) $\widetilde{\mathrm{ep}}(a, n) = \underset{e \to n}{\mathrm{rti}}\, N\mathrm{rs}(n, a^{Se})$

$\widetilde{\mathrm{ep}}$ 表示满足 $\mathrm{rs}(n, a^t) = 0$，$\mathrm{rs}(n, a^{St}) \neq 0$ 的 t 根，可以说是 n 中含有因子 a 的个数（当 a, n 均 $\geqslant 2$ 时）. 当 $a, n \leqslant 1$ 时结果如下：

$\widetilde{\mathrm{ep}}(0, n) = 0$，$\widetilde{\mathrm{ep}}(1, n) = n$，

$\widetilde{\mathrm{ep}}(a, 0) = 0$，$\widetilde{\mathrm{ep}}(a, 1) = N\mathrm{eq}(a, 1)$

(19) $P(n)$（第 n 个质数，而 $P(0) = 2$）

$$P(n) = \underset{e_2 \to \cdot A}{\mathrm{rti}}\, \mathrm{eq}\left(Sn, \sum_{e_1 \to Se_2} N\mathrm{eq}\left(\sum_{e \to e_1} N\mathrm{rs}(e_1, e), 2\right)\right)$$

注意，$\sum\limits_{e \to e_1} N\mathrm{rs}(e_1, e)$ 为 e_1 以下 e_1 因子的个数，而

$$A = \mathrm{eq}\left(\sum_{e \to e_1} N\mathrm{rs}(e_1, e), 2\right)$$

表示 e_1 的因子个数为 2，即 e_1 为质数. $\sum\limits_{e_1 \to Se_2} N\mathrm{eq}(A)$ 表示 Se_2 以下质数的个数，$\mathrm{eq}\left(Sn, \sum\limits_{e_1 \to Se_2} (A)\right)$ 则表示在 Se_2 以下共有 Sn 个质数，最小的 e_2 便必然是第 n 个质数（从第 0 个数起）. 问题在于求 e_2 的上限. 这个上限可取 $2 \uparrow (2 \uparrow n)$，但还可取更小的上限，今不细论.

(20) $\mathrm{ep}(a, n) = \widetilde{\mathrm{ep}}(P_a, n)$（$n$ 中 P_a 的方幂）.

(21) $Hn = n \dot{-} \underset{e\to\cdot n}{\widetilde{\mathrm{rti}}}\, \mathrm{rs}(n, P_{n\dot{-}e})$ （n 中最大质因子的足码）.

由上面的函数可证

$$(22)\quad n = \prod_{e\to SHn}(P(e)\upharpoonright \mathrm{ep}_e n)$$

$$= \prod_{e\to n}(P(e)\upharpoonright \mathrm{ep}_e n)$$

这便是 n 的质因子分解式，也即是算术基本定理.

§22. 初等函数集的分类

如果从别的初等算子出发，则单用本原函数不能作出初等函数集，必须逐步地加入：(1) $x+y$，(2) $x\cdot y$，(3) x^y 为开始函数，最后才得到初等函数集. 从而初等函数集分成三集，ε_0：不加开始函数，ε_1：加入 $x+y$ 为开始函数，ε_2：再加入 $x\cdot y$ 为开始函数，ε_3：再加入 x^y 为开始函数，这时也得到初等函数集了. 由于所用的算子不同，所得到的 ε_0，ε_1，ε_2 也就不同.（但 ε_3 却是相同的.）波兰人 A. Grzegorczyk 用受限原始递归算子：由 g，h，j 而造 f 如下：

$$\begin{cases} f(u,0) = g(u), \\ f(u,Sx) = h(u,x,f(u,x)), \\ f(u,x) \leqslant j(u,x). \end{cases}$$

（参数 u 可有多个.）这个算子基本上和我们的 $\underset{(e_1,e_2)\to(v,u,n)}{\mathrm{rec}}$ 相同.这时 ε_0 特别丰满，虽然在多处有大作用，但例如，x^y 在 ε_3 中但 $u\dot{-}x^y$ 却在 ε_0 中，这似乎不够自然. 如果使用别的算子

$$\underset{e\to n}{\min},\ \underset{e\to n}{\max},\ \sum_{e\to n},\ \underset{e\to\cdot n}{\mathrm{rti}}$$

等等，也分别得到不同的 $\varepsilon_0, \varepsilon_1, \varepsilon_2$. 依作者所见，使用 $\underset{e\to\cdot v,n}{\mathrm{inv}}$ 最好，所得的 $\varepsilon_0, \varepsilon_1, \varepsilon_2$ 最为自然. 今介绍如下.

$\underset{e\to\cdot v,u}{\mathrm{inv}} f(e)$ 指 $\mathrm{eq}(f(e),u)$ 在 v 以下的最小零点（如果存在的

话)或 v (当无此种零点时). 它亦可写成

$$\operatorname*{inv}_{e\to\cdot v,u} f(e) = \operatorname*{rti}_{e}[\mathrm{eq}(f(e),u)\odot\mathrm{eq}(e,v)],$$

(如明知 v 以下有零点,则"$\odot\mathrm{eq}(e,v)$"可省.)

(一) 函数集 ε_0.

(0-1) $Dx = \operatorname*{inv}_{e\to\cdot x,x} Se.$

(0-2) $N^2x = \operatorname*{inv}_{e\to\cdot 1,x} De.$

(0-3) $xNy = \operatorname*{inv}_{e\to\cdot x,N^2y} 1.$

(0-4) $Ny = 1Ny.$

(0-5) $x + Ny = \operatorname*{inv}_{e\to\cdot Sx,Sx} SeN^2y.$

(0-6) $x \dot{-} Ny = \operatorname*{inv}_{e\to\cdot x,x} SeNy.$

(0-7) $\mathrm{eq}(x,y) = \operatorname*{inv}_{e\to\cdot 1,y} xNe.$

(0-8) $\operatorname*{rti}_{e\to\cdot n} f(e) = \operatorname*{inv}_{e\to\cdot v,0} f(e).$

(0-9) $N_{e\to n}f(e)\left(=\min_{e\to n} Nf(e) = \prod_{e\to n} Nf(e)\right)$

$$= Nf(\operatorname*{rti}_{e\to\cdot n} Nf(e)).$$

(0-10) $\max_{e\to n} Nf(e) = Nf(\operatorname*{rti}_{e\to\cdot n} f(e)).$

由(0-3)可知 ε_0 对命题联结词是封闭的,由 (0-9), (0-10) 知 ε_0 对受限量词是封闭的.

(二) 函数集 ε_1 (添入开始函数 $e_1 + e_2$).

(1-1) $x + y$ (新开始函数).

(1-2) $x - y = \operatorname*{inv}_{e\to\cdot x,x}(y + e)$ (当 $x < y$ 时其值为 x).

(1-3) $x \dot{-} y = (x - y)N(x - y + y - x).$

(1-4) $x \dot{\dot{-}} y = (x \dot{-} y) + (y \dot{-} x).$

(1-5) $\min(x,y) = x \dot{-} (x \dot{-} y).$

(1-6) $\max(x,y) = x + (y \dot{-} x).$

(1-7) $[x/a] = \operatorname*{inv}_{e\to\cdot x,0}(Sx \dot{-} aSt),$

(a 为给定正数，aSt 可写成 a 个 St 相加.)

(1-8) $\underset{e\to\cdot n}{\mathrm{rta}} f(e) = n \dot{-} \underset{e\to\cdot n}{\mathrm{rti}}\,(f(n \dot{-} e))Nf(\underset{e\to\cdot n}{\mathrm{rti}} f(e))$.

(1-9) $\underset{e\to n}{\max} f(e) = f(\underset{e\to\cdot n}{\mathrm{rti}}\, N \underset{e_1\to\cdot n}{\mathrm{inv}}\, N^2(Sf(e) \dot{-} f(e_1)))$.

(1-10) $\underset{e\to n}{\min} f(e) = f(0) \dot{-} \underset{e\to n}{\max}(f(0) \dot{-} f(e))$.

(亦可仿(1-9)定义，在 N^2 之后将 e, e_1 对调.)

(三) 函数集 $\mathcal{E}_2$ (再添入开始函数 x^2).

(2-1) x^2 (新开始函数).

(2-2) $x \cdot y = [((x+y)^2 \dot{-} x^2 \dot{-} y^2)/2]$.

(2-3) $[x/y] = (\underset{e\to\cdot x,0}{\mathrm{inv}}\,(Sx \dot{-} y\cdot Se))N^2 y$.

(2-4) $\mathrm{rs}(x,y) = x \dot{-} y \cdot [x/y]$.

(2-5) $[\sqrt{x}\,] = \underset{e\to\cdot x,0}{\mathrm{inv}}\,(Sx \dot{-} (Se)^2)$

(2-6) $Ex = x \dot{-} [\sqrt{x}\,]^2$

(2-7) $T_a x = x + \left[\dfrac{Sa\cdot x(x \dot{-} 1)}{2}\right]$

(2-8) $R_a x = \left[\dfrac{[\sqrt{8Sa\cdot x + (a \dot{-} 1)^2}\,] + a \dot{-} 1}{2a+2}\right]$.

$T_a x, R_a x$ 是 x^2 与 $[\sqrt{x}\,]$ 的推广，以后再讨论.

(2-9) $\mathrm{tm}_x y = \mathrm{rs}(Ky, 1 + Sx\cdot Ly)$.

(这是 tm 函数的一个，在 $\mathcal{E}_2$ 之内的.)

注意，函数＋在 $\mathcal{E}_1$ 内，函数·在 $\mathcal{E}_2$ 内，但 $\sum\limits_{e\to n}$，$\prod\limits_{e\to n}$ 却不能在 $\mathcal{E}_2$ 内表示.

(四) 函数集 $\mathcal{E}_3$. (再添入开始函数 2^x.)

我们今证，这里的 $\mathcal{E}_3$ 即 Grzegorczyk 的 $\mathcal{E}_3$，而且也就是Kalmar所定义的初等函数集. 为此，只须证明，在我们的 $\mathcal{E}_3$ 内可以表示受限原始递归算子，从而可以表示迭乘算子 $\prod\limits_{e\to(m,n)}$ 便够了.

按照 Grzegorczyk 原来的说法，他使用原来形式的原始递归算子(从而是高等算子)，但加入一条件：所获得的新函数受界于已知函数时，该算子允许使用，不受界于已知函数时则不允许使用．问题在于允许不允许使用，对其为高等算子一事没有丝毫影响．我们现在证明，作了这样限制的原始递归算子，可以与一个初等算子互相表示，换言之，它已变成一个初等算子了．这个初等算子便是 $\underset{(e_1,e_2)\to\cdot(v,u_1,u_2)}{\text{rec}}$．

定理 1 受限原始递归算子(暂记为 rec1)与加限的原始递归算子(暂记为 rec2)可以互相表示，从而可以彼此代替．

证明 设用受限算子 rec1 而造一新函数 h_1：

$$\begin{cases} h_1(u,0)=g(u) & (1.1)\\ h_1(u,Sx)=f(u,x,h_1(u,x)) & (1.2)\\ h_1(u,x)\leqslant j(u,x) & (1.3)\end{cases}$$

今用加限算子 rec2 而造函数 h_2 如下：

$$h_2(u,x)=\underset{(e_1,e_2)\to(A,g(u),x)}{\text{rec2}} f(u,e_1,e_2)$$

而 A 表示 $x+\max\limits_{e\to x} j(u,e)$．这个函数满足条件：

$$\begin{cases} h_2(u,0)=g(u) & (2.1)\\ h_2(u,St)=f(u,\min(t,A),\min(A,h_2(u,t))) & (2.2)\end{cases}$$

今证：对一切 x 有 $h_1(u,x)=h_2(u,x)$．我们就 x 而作归纳证明．

奠基．$h_1(u,0)={}_{(1.1)}g(u)={}_{(2.1)}h_2(u,0)$．

归纳．设 $t\leqslant x$ 时已有 $h_1(u,t)=h_2(u,t)$，今讨论 Sx 的情形．我们注意，当 $t\leqslant x$ 时有

$$h_1(u,t)\leqslant j(u,t)\leqslant \max_{e\to x} j(u,e)\leqslant A \qquad (2.3)$$

对 $\leqslant x$ 的任一 t，我们有

$$\begin{aligned} h_2(u,St) &={}_{(2.2)}f(u,\min(A,t),\min(A,h_2(u,t)))\\ &=(\text{归设})f(u,t,\min(A,h_1(u,t)))\\ &={}_{(2.3)}f(u,t,h_1(u,t))\\ &={}_{(1.2)}h_1(u,St)\end{aligned}$$

特别，当 $t=x$ 时有

$$h_2(u,Sx)=h_1(u,Sx)$$

故归纳步骤成立，从而依归纳法知

$$h_1(u,x)=h_2(u,x)$$

注意，我们所以不直接讨论 $h_2(u, Sx)$ 而先讨论 $h_2(u, St)$，$(t\leqslant x)$，因为如直接写 $h_2(u,Sx)$ 则 x 为归纳变元，这时参数空位 $v(\min(v,t),\min(v,h(u,x)))$ 处不能填以 A(因 A 中含有新添变元 x，与归纳变元同名)．这点务须注意．

由这一结果可知，如能使用 rec1，必可用 rec2 来替代．

反之，设用 rec2 而造一新函数 h 如下：

$$\begin{cases}h(v,u,0)=u & (3.1)\\ h(v,u,Sx)=f(u,\min(v,x),\min(v,h(v,u,x))) & (3.2)\end{cases}$$

由于 f 的第二、三空位处的变目不能大于 v，故必有 $h(v,u,Sx)\leqslant \max\limits_{e_1\to v}\max\limits_{e_2\to v}f(u,e_1,e_2)\leqslant j(u,v)$ 故必有

$$h(v,u,x)\leqslant u+j(u,v) \qquad (3.3)$$

因此，$h(v,u,x)$ 可根据(3.1)～(3.3)利用受限算子 rec1 而作成，即 rec2 可用 rec1 而表示．定理得证．

由这一定理可知 rec1 与 rec2 可以彼此替代． 下文我们一般只用 rec2，不用 rec1．今证 rec1 极易由 $\underset{e\to\cdot v,u}{\text{inv}}$ 表示．

设利用 rec1 由(1.1)～(1.3)而作成函数 h_1．今命

$$w_0=\underset{e\to\cdot Sn}{\text{req}}\ h(u,e),$$

从而有 $\text{tm}_t w_0=h(u,t)$．故 w_0 应满足条件：

$$\text{eq}(tm_0w,u)\oplus N^2_{e\to n}\text{eq}(\text{tm}(Se,w),f(u,e,tm(e,w))),$$

(这条件下文记为 $A(u,n,w)$)．由上面孙子定理还得知：如 s 表示 $n+\max\limits_{e_1\to n}\max\limits_{e_2\to n}f(u,e_1,e_2)$，则

$$w_0\leqslant pg(2\upharpoonright((s+2)\upharpoonright 3),2\upharpoonright(s^2))$$

(暂记为 c)．故

$$w_0=\underset{e\to\cdot c}{\text{rti}}\ A(u,n,w)$$

而 $h(u,x)=\text{tm}(x,w_0)=\text{tm}(x,\underset{e\to\cdot c}{\text{rti}}\ A(u,n,w))$ 可见 rec1 可用 rti 及 max 而表示，但上面已经用 $\underset{e\to\cdot v,u}{\text{inv}}$ 而表示了 $\underset{e\to\cdot n}{\text{rti}}$ 及 $\underset{e\to n}{\max}$，故

rec1 可用 $\underset{e\to\cdot v,u}{\mathrm{inv}}$ 表示. 在表示中, w_0 的上限 C 可用 2^x 及平方函数而表示,因此在 $\mathscr{E}_3$ 中 rec1 便可用 $\underset{e\to\cdot v,u}{\mathrm{inv}}$ 而表示了.

既得 rec1, 极易由它而表示 $\prod\limits_{e\to(m,n)}$. 这样, $\mathscr{E}_3$ 与 Grzegorczyk 的 $\mathscr{E}_3$ 相同, 也与 Kalmar 所定义的初等函数集相同. 这正是我们所作的结论.

§23. 初等函数集的另一构成

初等算子是很简单的,但却是不可缺的,亦即当它不退化为叠置时,决不能用叠置来代替. 具体说来,设有一个不退化为叠置的初等算子 α,任意一个叠置子 β,绝不可能成立下列等式

$$\underset{e\to u}{\alpha} f(e) = \underset{e\to u}{\beta} f(e)$$

但出人意外的是: 当适当选取开始函数以后, 初等函数集可以纯用叠置组成,无需使用任何算子. 这时,初等算子便是多余的了. 我们知道,初等函数集是使用最强的初等算子的,最强的初等算子既然无用,别的初等算子也就同样地无用了.现在我们便来证明这个断言.

先讨论一元情形. 我们知道,甚至于初等于 $A_1,\cdots,A_k$ 的一元函数集也是递归生成函数集. 即它可由开始函数 $A_1,\cdots,A_k$ 出发,经过(1,1)叠置及一个(1,1,1)型生成算子 α 而生成.

定理 1 任给一个初等于 $A_1,\cdots,A_k$ 的一元函数 f, 其堆积函数 $f^{\Delta}(e)$ 都可以由下列函数纯用(1,1)叠置而作出:

(1) 开始函数的堆积函数 $A_1^{\Delta}(e),\cdots,A_k^{\Delta}(e)$.

(2) (1,1)叠置的代表函数,其意指下函数:

$$W(u,e,w) = \underset{e\to u}{\mathrm{seq}}\, \mathrm{tm}(\mathrm{tm}(e,v),w).$$

(3) 生成算子 α 的模函数 $B(e)$ 与其示性函数 $M(u,v)$ (即 $\underset{e\to u}{\mathrm{seq}}\, \alpha_{e_1\to e}\mathrm{tm}(e_1,v)$)

证明 今就 f 的组成过程而归纳证明.

奠基. f 为开始函数,则 $f^{\Delta}(e)$ 为 $A_1^{\Delta}(e),\cdots,A_k^{\Delta}(e)$ 之一,定理显然成立.

归纳. 如果 f 由(1,1)叠置生成,设 $f(e)=g(h)(e)$,由归纳假设,$g^{\Delta}(e),h^{\Delta}(e)$ 已经作出. 这时 $h(e)=\mathrm{tm}(e,h^{\Delta}(t))(t\geqslant e)$,$g(e_1)=\mathrm{tm}(e_1,g^{\Delta}(v))(v\geqslant e_1)$,从而

$$g(h(e))=\mathrm{tm}(\mathrm{tm}(e,h^{\Delta}(t)),g^{\Delta}(v))(t\geqslant e,v\geqslant h(e)).$$

$$\begin{aligned}f^{\Delta}(u)&=\underset{e\to u}{\mathrm{seq}}\,g(h(e))\\&=\underset{e\to u}{\mathrm{seq}}\,\mathrm{tm}(\mathrm{tm}(e,h^{\Delta}(t)),g^{\Delta}(v)).\end{aligned}$$

这里由于 $e<u$,故只须 $t\geqslant u,v\geqslant \underset{e\to u}{\max}h(e)$ 便成了,在叙列算子以及堆积函数中,一般都有(至于我们可以取用具有这样性质的叙列算子) $h^{\Delta}(u)\geqslant \underset{e\to u}{\max}h(e)$. 因此只须取 $t=u,v=h^{\Delta}(u)$ 便成了,即:

$$\begin{aligned}f^{\Delta}(u)&=\underset{e\to u}{\mathrm{seq}}\,\mathrm{tm}(\mathrm{tm}(e,h^{\Delta}(u)),g^{\Delta}(h^{\Delta}(u)))\\&=W(u,h^{\Delta}(u),g^{\Delta}(h^{\Delta}(u))).\end{aligned}$$

故 $f^{\Delta}(e)$ 可由 W,h^{Δ} 及 g^{Δ} 叠置而得. 定理成立.

如果 f 由生成算子而作出,设 $f(u)=\underset{e\to u}{\alpha}\,g(e)$,依归纳假设,$g^{\Delta}(e)$ 已作出.我们有:

$$\begin{aligned}f^{\Delta}(u)&=\underset{e\to u}{\mathrm{seq}}\,\alpha_{e_1\to e}g(e_1)\\&=M(u,g^{\Delta}(B(u))\end{aligned}$$

故 f^{Δ} 可由 α 的示性函数 M,模函数 B 及 g^{Δ} 叠置而得. 定理成立.

故由数学归纳法定理得证.

定理 2 任意一个初等于 $A_1,\cdots,A_k$ 的函数集都可以由下列开始函数出发纯用叠置而组成:

(1)~(3) 同定理 1.

(4) $\langle x_1,\cdots,x_n\rangle$(一切 n)或 pg (二元).

证明 取初等于 $A_1,\cdots,A_k$ 的任一函数 f,其 f'($'$ 是上面讨论过的叠置子)都是一元函数,依定理 1,它可由(1)~(3)的函数

叠置而得. 如 f 为 n 元函数,则 $f(x_1,\cdots,x_n)=f'(\langle x_1,\cdots,x_n\rangle)$,故再与$\langle x_1,\cdots,x_n\rangle$叠置后便可得 f 了. (4) 中的函数有无穷多个(因 n 有无穷多个),如用 pg,则可取 $\mathrm{pg}x_1\mathrm{pg}x_2\cdots\mathrm{pg}x_{n-1}x_n$ 为 $\langle x_1,\cdots,x_n\rangle$, 这样,在(1)~(3)之外只须增加一个二元函数 pg 便够了. 故定理便完全得证.

分析上面的证明,可知这种性质不限于初等函数集,任何递归生成集只要满足下列条件都将具有同样性质.

(一) 开始函数只有有限多个.

(二) 生成算子为初等算子,其示性函数与模函数均在该递归生成集内.

(三) 有一个配对函数组在该集内.

(四) 相应于(1,1)叠置的函数(上文的 W) 在该集内.

读者可仿上文而证之.

对递归生成集我们每每以使用生成算子的次数而分类. 亦即: 只利用叠置的叠置于开始函数的属于 $\mathscr{F}_0$, 除叠置外只使用一次生成算子而得的函数属于 $\mathscr{F}_1$, 使用 n 次生成算子而得的函数属于 $\mathscr{F}_n$.

但对只使用初等算子的递归生成集而言,这种分类法不合适,因为不管开始函数如何选取, 只要产生了上述定理中那些函数以后, 纯用叠置便可得到整个该函数集了. 因此该集的分类以使用别的标准为宜.

§24. 初基函数集

以上我们讨论以最强的初等算子为生成算子的函数. 现在我们讨论以极弱的初等算子 $N_{e\to u,v}$ 为生成算子的函数集,它们亦非常重要,因为它们极弱,所包含的函数极少,但表现力量却很强,在很多方面和原始递归函数集甚至于和递归全函数集有同样的作用.

定义 $N_{e\to u,v}$ 叫做初基算子.

定义 以本原函数为开始函数，经过叠置和初基算子而作成的函数集叫做**弱初基函数集**. 再加入开始函数 $e_1\dot{-}e_2$ 及 $[e_1/e_2]$ 便得**强初基函数集**. 如果加入 $A_1,\cdots,A_k$ 为开始函数,所得函数集便称为**初基于 $A_1,\cdots,A_k$ 的函数集.**

由于弱初基函数极少,下文将把强初基函数省称为初基函数，弱初基函数则不作省称.

重要的初基函数有:

(1) $x\dot{-}y$ (开始函数)

(2) $[y/x]$ (开始函数)

(3) $\min(x,y)=x\dot{-}(x\dot{-}y)$

(4) $xNy=[x/Ny]$

(5) $Nx=1Ny=[1/Nx]=1\dot{-}x$

(6) $x\otimes y=\min(N^2x,N^2y)$

(7) $x\oplus y=N\min(Nx,Ny)$

(8) $\mathrm{eq}(x,y)=N(N(x\dot{-}y)N(y\dot{-}x))$

(9) $\min\limits_{e\to u}N^2f(e)=N^2_{e\to1,u}f(e)=\prod\limits_{e\to u}N^2f(e)$

(10) $\max\limits_{e\to u}N^2f(e)=N(N_{e\to1,u}f(e))$

定理 1 初基函数集对命题联结词与受限量词是封闭的.(读者自证.)

初基函数集包含较少,但准初基函数集则包括很大,起着很重要的作用. 今列出准初基函数(及一些初基谓词)如下:

(1) $y\leqslant z$, $y\dot{-}z=0$;

(2) $y<z$, $N(z\dot{-}y)=0$ 或 $Sy\dot{-}z=0$;

(3) $z=x+y$, $(y\dot{-}(z\dot{-}x))\oplus(x\dot{-}(z\dot{-}y))\oplus(z\dot{-}x\dot{-}y)$
$=0$;

(4) $z=x\cdot y$,
$((x\odot y)\oplus z)\odot(Ny\oplus Nx\oplus Nz\oplus\mathrm{eq}([z/x],y)$
$\cdot\oplus\mathrm{eq}([z\dot{-}1/x],y\dot{-}1))=0$;

((3),(4)不是准初基函数,只是初基图函数).

(5) y 为 x 的倍数，

$$(x\oplus y)\odot Nx\oplus \mathrm{eq}([y/x]\dot{-}1,[y\dot{-}1/x])=0;$$

(6) $y=\mathrm{rs}(u,v)$，

$$(\mathrm{eq}(u,v)\oplus y)\odot(N(u\dot{-}y)\oplus ct(y\dot{-}u \text{ 为 } v \text{ 的倍数}))=0;$$

(7) $y=[\sqrt{x}]$，

$$(x\oplus y)\odot((y\dot{-}[x/y])\oplus(S[x/Sy]\dot{-}Sy))=0;$$

(8) y 为平方数 $N^2_{e\to y}\mathrm{eq}(y,e\cdot e)=0$;

(9) $y=Ex$，

$$N^2_{e_1\to x}N^2_{e_2\to x}(\mathrm{eq}(x,\ y+e_1)\oplus \mathrm{eq}(e_1,e_2\cdot e_2)\oplus(y\dot{-}v_2\dot{-}v_2))=0;$$

(10) $y=Lx$，

$$N^2_{e_1\to x}N^4_{e_2\to x}(\mathrm{eq}(e_1,[\sqrt{x}])\oplus \mathrm{eq}(e_2,Ex)\oplus \mathrm{eq}(y,u_1-u_2))=0;$$

(11) $y=\mathrm{tm}(i,w)(=\mathrm{rs}(Ew,1+Si\cdot Lw))$，

$$y=Ew\wedge\left[\frac{Ew\dot{-}1}{Lw}\right]\dot{-}i\dot{-}1=0\cdot V\exists_{e_1\to w}\exists_{e_2\to w}\exists_{e_3\to w}\exists_{e_4\to w}$$

$$y=\mathrm{rs}(e_1,e_2)\wedge e_1=Ew\wedge(e_2\dot{-}1=e_3\cdot e_4)\wedge e_2 \dot{-}1\dot{-}Lw=e_3\wedge e_3=i\cdot e_4\wedge e_4=Lw;$$

(12) $y=\underset{e\to n}{\mathrm{seq}}f(e)$ 是初基于 $f(e)$ 的谓词，

$$\forall_{e\to n}(f(e)=\mathrm{tm}(e,y))\wedge N_{e\to y}N^2_{e_1\to n}N\mathrm{eq}(f(e_1),tm(e_1,e)).$$

很重要的一个事实是：对一些符号叙列所作的变换都可以用初基函数来刻划(其特征函数是初基函数)．我们只举出两例：代入与替换．

假设由编号为 $a_1,a_2,\cdots,a_n$ 的符号组成的符号叙列，其编号为 $\mathrm{sq}(n,a_1,a_2,\cdots,a_n)$

代入．设原式为 E，将 E 中所有变元 X 均代入以符号 A，结果得一式 E'，记为

$$E'=\mathrm{sub}(E,X,A)$$

今设 E,E',X,A 的编号分别是 e,e',x,a，则应有一数论函数 sb，使得 $\mathrm{sb}(e',e,x,a)=0$．今求 sb．

显然，由 E 及 X (即由 e 及 x) 可以找出 X 出现的地方，设 X 出

现于第 $h_1,h_2,\cdots,h_s$ 个符号处，如果 A 只是一个符号，则 e 与 e' 的关系是:

$\mathrm{tm}(0,e)=\mathrm{tm}(0,e')$

$\forall_{i\leqslant \mathrm{tm}(0,e)}(i\neq 0\wedge \mathrm{tm}(i,e)=x\rightarrow\cdot\ \mathrm{tm}(i,e')=a)$

$\forall_{i\leqslant \mathrm{tm}(0,e)}(i\neq 0\wedge \mathrm{tm}(i,e)\neq x\rightarrow\cdot\ \mathrm{tm}(i,e')=\mathrm{tm}(i,e))$.

作合取之后，其特征函数显为初基函数.

如果 A 由 $k+1$ 个符号组成，则应有:

$\mathrm{tm}(0,e)+ks=\mathrm{tm}(0,e')$,

$\forall_{i<h_1}(i\neq 0\rightarrow \mathrm{tm}(i,e)=\mathrm{tm}(i,e'))$,

$\forall_{i<k}\mathrm{tm}(h_t+tk+i,e')=\mathrm{tm}(i+1,a)\ (0\leqslant i\leqslant k)$,

$\forall_i(h_t+tk<i<h_{t+1}+(t+1)k\rightarrow \mathrm{tm}(i,e)=\mathrm{tm}(i,e'))$;

作合取之后，其特征函数也是初基函数.

可按 a 而判定它是哪一种，故 sb 是初基函数.

再讨论替换. 由于替换可只换一处，也可换两处或多处，甚至于全部替换. 为确定起见，我们规定只替换一处且指明从第几个符号起作替换(如需多处替换，可逐次作一处替换而得).

设有一式 E，从第 n 个符号起将子式 A 替换以 B 得结果式子 E'，将 E,A,B,E' 的编号分别设为 e,a,b,e'. 则 e,e' 间的关系应如下，其特征函数可记为 $rp(e,a,b,e')$:

e 中第 $n,n+1,\cdots,n+\mathrm{tm}(0,a)-1$ 个符号应分别与 a 中第 1 个，…第 $\mathrm{tm}(0,a)$ 个符号相同，即

$$\forall_{i\leqslant \mathrm{tm}(0,a)}(i\neq 0\rightarrow \mathrm{tm}(n-1+i,e)=\mathrm{tm}(i,a));$$

e' 中第 $n,n+1,\cdots,n+\mathrm{tm}(0,b)-1$ 个符号应分别与 b 中第 1 个，…第 $\mathrm{tm}(0,b)$ 个符号相同，即

$$\forall_{i\leqslant \mathrm{tm}(0,b)}(i\neq 0\rightarrow \mathrm{tm}(n-1+i,e')=\mathrm{tm}(i,b));$$

e 的从第 1 个到第 $n-1$ 个符号应与 e' 的相同，即

$$\forall_{i<n}(i\neq 0\rightarrow \mathrm{tm}(i,e)=\mathrm{tm}(i,e'));$$

e 中第 $n+\mathrm{tm}(0,a)$ 个符号起应与 e' 中第 $n+\mathrm{tm}(0,b)$ 个符号相同，即

$$\forall_i(n\leqslant i\leqslant \mathrm{tm}(0,e)-\mathrm{tm}(0,a)\rightarrow \mathrm{tm}(i+\mathrm{tm}(0,a),e)$$

$= \mathrm{tm}(i + \mathrm{tm}(0,b),e'))$;

作合取后。其特征函数显为初基函数，它正是 $rp(e,a,b,e')$.

§25. 基底函数集

定义 由函数 $f_1, f_2, \cdots, f_h$ 出发，经过有限次叠置所作成的函数叫做叠置于 $f_1, f_2, \cdots, f_h$ 的函数，$f_1, f_2, \cdots, f_h$ 叫做开始函数，所成的函数组成一个叠置集.

也可用以下定义：

定义 叠置于 $f_1, f_2, \cdots, f_h$ 的函数集M为满足下列两条件的最小函数集：(1) $f_1, f_2, \cdots, f_h$ 属于 M，(2) M对叠置封闭.

我们日常使用的有下列的叠置集：

(1) 以 $e_1 + e_2, e_1 \cdot e_2$ 为开始函数的叠置集叫做多项式集.

(2) 以 $e_1 \dot{-} e_2$, $[e_1/e_2]$ 为开始函数的叠置集叫做基底函数集.(注意，$0 \dot{-} e = [e/0] = 0$.)

(3) 以 $e_1 + e_2, e_1 \dot{-} e_2, e_1 \cdot e_2, [e_1/e_2], [\sqrt{e}]$ 为开始函数的叠置集叫做五则函数集.

现在先讨论基底函数集.

基底函数集的开始函数是加法、乘法的逆函数，但基底函数集中的函数与多项式大不一样. 粗略说来，可有下列函数：

(1) $e_1 \dot{-} e_2$ (开始函数).

(2) $[e_1/e_2]$ (开始函数).

(3) $Ne = 1 \dot{-} e$.

(4) $e_1 N e_2 = [e_1/Ne_2]$.

(5) $\min(e_1, e_2) = e_1 \dot{-} (e_1 \dot{-} e_2)$.

(6) $e_1 \otimes e_2 = \min(N^2 e_1, N^2 e_2)$ (基底乘法).

(7) $e_1 \oplus e_2 = N\min(Ne_1, Ne_2)$ (基底加法).

(8) $\mathrm{eq}(e_1, e_2) = (e_1 \dot{-} e_2) \oplus (e_2 \dot{-} e_1)$.

显见基底函数集对命题联结词是封闭的.

基底函数集中的函数虽然不多，但其中的谓词却是不少的，我们列出一些如下，右面列的是它们的特征函数，显然都是基底函数。

(1) $e_1 = e_2$ $\mathrm{eq}(e_1, e_2)$;

(2) $e_1 \leqslant e_2$ $e_1 \dot{-} e_2$;

(3) $e_1 < e_2$ $N(e_2 \dot{-} e_1)$;

(4) $e_3 = e_1 + e_2$

$$(e_3 \dot{-} e_1 \dot{-} e_2) \oplus (e_1 \dot{-} (e_3 \dot{-} e_2)) \oplus (e_2 \dot{-} (e_3 \dot{-} e_1));$$

(5) $e_3 = e_1 \cdot e_2$，它等价于 $((e_1 = 0 \vee e_2 = 0) \wedge e_3 = 0) \vee (e_1 \neq 0 \wedge e_2 \neq 0 \wedge e_3 \neq 0 \wedge [e_3/e_1] = e_2 \wedge [e_3 \dot{-} 1/e_1] = e_2 \dot{-} 1)$;

(6) e_2 为 e_1 的倍数，它等价于 $(e_2 = 0 \wedge e_1 = 0) \vee (e_1 \neq 0 \wedge [e_2 \dot{-} 1/e_1] = [e_2/e_1] \dot{-} 1)$;

(7) $e_3 = \mathrm{rs}(e_2, e_1)$，它等价于 $(e_1 = 0 \wedge e_2 = e_3) \vee (e_3 < e_2 \wedge e_3 \dot{-} e_2$ 为 e_1 的倍数);

(8) $e_2 = [\sqrt{e_1}]$，它等价于 $(e_1 = 0 \wedge e_2 = 0) \vee (e_2 \leqslant [e_1/e_2] \wedge e_2 \geqslant [(e_1 \dot{-} e_2 \dot{-} e_2)/e_2])$;

(5)～(8) 的特征函数容易从它们的等价的谓词直接作出.

§26. 多 项 式 集

由于加法乘法具有可换律、结合律，乘法对加法又有分配律，因此两多项式(以自然数为系数的)的相加相乘，其结果都是多项式，因此多项式集中每一个元素都是以自然数为系数的多项式.至于多项式谓词则是

$$P(x_1, \cdots, x_n) = Q(x_1, \cdots, x_n),$$

其中 P, Q 为多项式. 由于多项式集中没有函数 eq，故多项式谓词的特征函数未必是多项式.

定理 1 多项式谓词对“或”，“且”封闭，对全称量词(受限或否)封闭，对“否定”及不受限存在量词不封闭(对受限存在量词的封闭性则不知).

证明 设有两多项式谓词 $P \longleftrightarrow A_1 = B_1$ 及 $P_2 \longleftrightarrow A_2 = B_2$,

则有

(1) $P_1 \vee P_2 \longleftrightarrow (A_1 - B_1)\cdot(A_2 - B_2) = 0$

$$\longleftrightarrow (A_1A_2 + B_1B_2) - (A_1B_2 + A_2B_1) = 0$$

$$\longleftrightarrow A_1A_2 + B_1B_2 = A_1B_2 + A_2B_1$$

(2) $P_1 \wedge P_2 \longleftrightarrow (A_1 - B_1)^2 + (A_2 - B_2)^2 = 0$

$$\longleftrightarrow (A_1^2 + B_1^2 + A_2^2 + B_2^2) - (2A_1B_1 + 2A_2B_2) = 0$$

$$\longleftrightarrow A_1^2 + B_1^2 + A_2^2 + B_2^2 = 2A_1B_1 + 2A_2B_2$$

再设 $A_1 = \sum\limits_{e \to r} a_e x^e$, $B_1 = \sum\limits_{e \to r} b_e x^e$ (a_e, b_e 为含有别的变元的多项式),则有

(3) $\forall e_1 P_1(e_1) \longleftrightarrow \forall e_1 (A_1(e_1) = B_1(e_1))$

$$\longleftrightarrow \forall e_1 \left(\sum_{e \to r} a_e e_1^e = \sum_{e \to r} b_e e_1^e \right)$$

$$\longleftrightarrow \forall_{e \to r} (a_e = b_e)$$

$$\longleftrightarrow \sum_{e \to r} (a_e - b_e)^2 = 0$$

$$\longleftrightarrow \sum_{e \to r} (a_e^2 + b_e^2) = \sum_{e \to r} 2a_e b_e$$

(4) $\forall_{e_1 \to u} P_1(e_1) \longleftrightarrow \forall_{e_1 \to u} (A_1(e_1) = B_1(e_1))$

$$\longleftrightarrow \forall_{e_1 \to u} \left(\sum_{e \to r} a_e e_1^e = \sum_{e \to r} b_e e_1^e \right)$$

$$\longleftrightarrow \forall_{e_1 \to u} \left(\sum_{e \to r} (a_e - b_e) e_1^e = 0 \right)$$

$$\longleftrightarrow \sum_{e_1 \to u} \left(\sum_{e \to r} (a_e - b_e) e_1^e \right)^2 = 0$$

$$\longleftrightarrow \sum_{e_1 \to u} \sum_{e \to 2r} c_e e_1^e = 0 \text{ (适当的 } c_e\text{)}$$

$$\longleftrightarrow \sum_{e \to 2r} c_e \left(\sum_{e_1 \to u} e_1^e \right) = 0$$

$$\longleftrightarrow \sum_{e \to 2r} c_e \sum_{e_1 \to Se} d_{e_1 e} u^{e_1} = 0.$$

这里 $d_{e_1 e}$ 为有理数,取其分母的最小公倍数 d,则有

$$\longleftrightarrow \sum_{e \to 2r} \sum_{e_1 \to Se} d c_e d_{e_1 e} u^{e_1} = 0$$

再把带负号的项移到另一边，即得

$$\longleftrightarrow A_3 = B_3$$

至此，封闭性部分得证．如果它对否定封闭，或对不受限存在量词封闭，它将包括一般递归谓词，这不可能．故不封闭性部分得证，从而定理得证．

关于多项式谓词的研究牵涉到自然数系数多项方程的有解问题，即有名的 Hilbert 第十问题，这问题实质上是：给出一个方法用以判定任意给定的具自然数系数的多项方程

$$P(x_1, \cdots, x_n) = Q(x_1, \cdots, x_n)$$

是否对 $x_1, \cdots, x_n$ 有自然数解．要解决这个问题，须对递归谓词及递归枚举谓词(定义见后)作深刻的研究，将在下文讨论．但在目前我们先给出下列结果：

定理 3 谓词 $y = u^v$（方幂函数）可以用添加不受限存在量词于多项式谓词而得．换言之，可以找出两多项式

$$P(y, u, v, x_1, \cdots, x_n), \quad Q(y, u, v, x_1, \cdots, x_n)$$

使得

$$y = u^v \longleftrightarrow \exists x_1 \exists x_2 \cdots \exists x_r (P(y, u, v, x_1, \cdots, x_r)$$
$$= Q(y, u, v, x_1, \cdots, x_n)).$$

这条定理证明之前，我们首先研究有关 Pell 方程的根的一些性质．

Pell 方程是 $x^2 - dy^2 = 1$ 而 d 无平方因子．我们只研究一个特例：$d = a^2 - 1, a > 1$.

有关方程 $x^2 - dy^2 = 1 (d = a^2 - 1, a > 1, xy \geqslant 0)$ 的一些结果将综述如下．

定义 如果 x_0, y_0 为上方程的**根**，则 (x_0, y_0) 可叫做上方程的**根矢量**，而 $x_0 + iy_0$ 可叫做上方程的**根复数**，$x_0 + y_0\sqrt{d}$ 可叫做上方程的**根矩**，根矩特别重要，故下文特将“根矩”省称为“根”．

(1) 任何根 $x + y\sqrt{d}$ 不可能满足

$$1<x+y\sqrt{d}<a+\sqrt{d}.$$

证明 因

$$1=a^2-d=(a+\sqrt{d})(a-\sqrt{d})$$
$$=(x+y\sqrt{d})(x-y\sqrt{d}).$$

如果有 $1<x+y\sqrt{d}<a+\sqrt{d}$,则又有

$$1>x-y\sqrt{d}>a-\sqrt{d},$$

由此可得 $0<2y\sqrt{d}<2\sqrt{d}$,故 $0<y<1$, 这不可能(不可能有自然数在 0,1 之间).

(2) 任取二根 $x_1+y_1\sqrt{d}$ 与 $x_2+y_2\sqrt{d}$,则

$$(x_1+y_1\sqrt{d})(x_2+y_2\sqrt{d}),$$

即 $(x_1x_2+y_1y_2d)+(x_1y_2+x_2y_1)\sqrt{d}$,亦为其根.

证明 因 $(x_1+y_1\sqrt{d})(x_1-y_1\sqrt{d})=1$,

$$(x_2+y_2\sqrt{d})(x_2-y_2\sqrt{d})=1,$$

故

$$(x_1+y_1\sqrt{d})(x_2+y_2\sqrt{d})(x_1-y_1\sqrt{d})(x_2-y_2\sqrt{d})=1,$$

亦即

$$(x_1x_2+y_1y_2d)+(x_1y_2+x_2y_1)\sqrt{d}$$

为其根.

定义 将 $(a+\sqrt{d})^n$ 记为 $x_n+y_n\sqrt{d}$

(3) $x+y\sqrt{d}$ 为根当且仅当有 n 使得 $x+y\sqrt{d}$ 为 $x_n+y_n\sqrt{d}$, 即 $x=x_n$, $y=y_n$.

证明 因 $a+\sqrt{d}$ 为根, 故 $x_n+y_n\sqrt{d}$ 即 $(a+\sqrt{d})^n$ 为根. 充分性得证. 下面证必要性.

如 y 为 0, 则 $x=x_0=1$, 即 $1+0\sqrt{d}$ 为一根, 而 $1+0\sqrt{d}$ 为 $(1+\sqrt{d})^0$,故这时 $n=0$.

如 $y\geqslant 1$,则 $x+y\sqrt{d}>1$ (因 $\sqrt{d}>1$)故必有 n,使

$$(a+\sqrt{d})^n \leqslant x+y\sqrt{d} < (a+\sqrt{d})^{n+1}.$$

如任何 n 均使等号不成立，则

$$1 < (x+y\sqrt{d})(a+\sqrt{d})^{-n} < a+\sqrt{d}$$

但$(x+y\sqrt{d})(a+\sqrt{d})^{-n}$，即$(x+y\sqrt{d})(a-\sqrt{d})^n$，为方程之根，与上文的(1)相矛盾．故必有 n 使等号成立．

(4) 我们有

$$x_{m\pm n} = x_m x_n \pm d y_m y_n$$

$$y_{m\pm n} = x_n y_m \pm x_m y_n$$

证明

$$(x_{m+n} + y_{m+n}\sqrt{d}) = (x_m + y_m\sqrt{d})(x_n + y_n\sqrt{d}),$$

$$(x_{m-n} + y_{m-n}\sqrt{d}) = (x_m + y_m\sqrt{d})(x_n - y_n\sqrt{d}),$$

将其乘出，再比较有理部分即可．

在特例有 $x_{m\pm1} = a x_m \pm d y_m$, $y_{m\pm1} = a y_m \pm x_m$.

(5) $x_{n+1} > x_n$ 故 $a^n \leqslant x_n$,

$y_{n+1} > y_n$ 故 $n \leqslant y_n$ 又 $a^{n-1} \leqslant y_n(n>0$ 时).

证明 由上知 $x_{m+1} \geqslant a x_m > x_m$，又 $x_0 = 1$，故 $x_n \geqslant a^n$. 又 $y_{n+1} > y_n$，又 $y_0 = 0$，故 $y_n \geqslant n$. 又 $y_1 = 1$，故 $y_n \geqslant a^{n-1}$（当 $n > 0$ 时）.

(6) $x_{n+1} = 2a x_n - x_{n-1}$, $y_{n+1} = 2a y_n - y_{n-1}$.

证明 由 $x_{n+1} = a x_n + d y_n$, $x_{n-1} = a x_n - d y_n$，消去 y_n.又由 $y_{n+1} = a y_n + x_n$, $y_{n-1} = a y_n - x_n$，消去 x_n，即得.

由(6)可知，$x_{n+1} < 2a x_n$, $y_{n+1} < 2a y_n$ ($n>1$ 时) 故 $x_n \leqslant (2a)^n$. 同样，$y_n \leqslant (2a)^n$. 由 (6) 可知，x_{n+1} 与 x_{n-1} 同奇偶，y_{n+1} 与 y_{n-1} 同奇偶．由于

$$x_0 = 1,\ x_1 = a,\ y_0 = 0,\ y_1 = 1.$$

故 x_{2n} 奇，y_{2n} 偶，y_{2n+1} 奇，x_{2n+1} 的奇偶与 a 相同.

(7) $x_{2n\pm j} \equiv -x_j (\bmod x_n)$, $y_{2n\pm j} \equiv \pm y_j (\bmod y_n)$.

证明

$$x_{2n\pm j}=x_nx_{n\pm j}+dy_ny_{n\pm j}\equiv dy_n(y_nx_j\pm x_ny_j)(\bmod x_n)$$
$$\equiv dy_n^2x_j(\bmod x_n)\equiv(x_n^2-1)x_j(\bmod x_n)\equiv -x_j(\bmod x_n)$$
$$y_{2n\pm j}=y_nx_{n\pm j}+x_ny_{n\pm j}\equiv x_n(y_nx_j\pm x_ny_j)(\bmod y_n)$$
$$\equiv \pm x_n^2y_j(\bmod y_n)\equiv\pm(dy_n^2+1)y_j(\bmod y_n)$$
$$\equiv \pm y_j(\bmod y_n)$$

(8) $x_{4n\pm j}\equiv x_j(\bmod x_n)$, $y_{4n\pm j}\equiv\pm y_j(\bmod y_n)$

证明 $x_{4n\pm j}\equiv -x_{2n\pm j}\equiv x_j(\bmod x_n)$

$y_{4n\pm j}\equiv y_{2n\pm j}\equiv\pm y_j(\bmod y_n)$

(9) 设 $0<i\leqslant n$.

若 $x_i\equiv x_j(\bmod x_n)$, 则 $j\equiv\pm i(\bmod 4n)$

若 $y_i\equiv y_j(\bmod y_n)$, 则 $j\equiv i(\bmod 4n)$

证明 命 $j=4nq\pm l(0\leqslant l<2n)$,则有

$$x_l\equiv x_j\equiv x_i(\bmod x_n).$$

如果 $a=2$ 且 $n=1$,则 $i=1$. 又因这时有

$$x_0=1,\ x_1=2(=a),\ x_2=4\cdot2-1=7,$$

可知在 x_0,x_1,x_2 中只有 x_1 与 x_i 同余 $(\bmod x_1)$, 故必有 $l=i$. 如果 $n\neq1$ 或 $a\neq2$, 则恒有 $x_n=ax_{n-1}+dy_{n-1}>2x_{n-1}$, 从而 $k<n$ 时永有 $x_k<x_n/2$. 试命 $s=[(x_n-1)/2]$,则(所谓同余均对 x_n 而言)

$$-s,-s+1,\cdots,-1,0,1,2,\cdots,s-1$$

各不同余. 由上知

$$1=x_0<x_1<\cdots<x_{n-1}.$$

又, $x_{n+1},x_{n+2},\cdots,x_{2n-1},x_{2n}$ 与 $-x_{n-1},-x_{n-2},\cdots,-x_1,-x_0(=-1)$ 同余. 由此可知 $x_0,x_1,\cdots,x_{2n}$ 彼此均不同余. 但上文有 $x_l\equiv x_i(\bmod x_n)$, 故必 $l=i$. 亦即,在任何情形之下均有 $l=i$. 从而, $j=4nq\pm i$, 即 $j\equiv\pm i(\bmod 4n)$.

对 y_n 部分仿此得证.

(10) x_n 与 y_n 必互素(因有 $x_n^2-dy_n^2=1$).

定义 a **整除** b (即 $\mathrm{rs}(b,a)=0$) 亦记为 $a|b$.

(11) $y_n|y_t$ 恰当 $n|t$.

证明 $(\Leftarrow)$设 $n|t$,令 $t=nk$. 当 $k=1$ 时显有 $y_n|y_{n-1}$. 如果 $y_n|y_nk$, 由于 $y_{n(k+1)}=x_ny_{nk}+x_{nk}y_n$, 故亦有 $y_n|y_{n(k+1)}$. 由归纳法知 $y_n|y_{nk}$, 即 $y_n|y_t$.

$(\rightarrow)$令 $t=nq+r(0\leqslant r<n)$. 由 $y_n|y_t$ 可得 $y_n|y_r$,但由(5)有 $y_r<y_n$,故必 $r=0$,即 $n|t$.

(12) $y_{nk}\equiv kx_n^{k-1}y_n(\bmod y_n^3)$

证明 $x_{nk}+y_{nk}\sqrt{k}=(x_n+y_n\sqrt{d})^k$

$$=\sum_{j=0}^{k}\binom{k}{j}x_n^{k-j}y_n^jd^{j/2}$$

比较$\sqrt{d}$的系数知

$$y_{nk}=\sum_{j奇}^{k}\binom{k}{j}x_n^{k-j}y_n^jd^{j-1/2}$$

除第一项 $(j=1)$ 外,余均为 y^3 的倍数,而第一项为 $kx_n^{k-1}y_n$. 于是定理得证.

(13) $y_n^2|y_t$ 恰当 $ny_n|t$.

证明 $(\Leftarrow)$在(12)中令 $k=y_n$ 知 $y_n^2|y_{ny_n}$. 再由 (11) 知, $ny_n|t$ 时有 $y_n^2|yt$.

$(\rightarrow)$令 $t=nk$. 因由(12) $y_n^2|kx_n^{k-1}y_n$,故 $y_n|kx_n^{k-1}$,但 x_n,y_n 互素,故必 $y_n|k$. 从而 $ny_n|nk$, 即 $ny_n|t$.

(14) $y_n\equiv n(\bmod a-1)$

证明 $n=0,1$ 时显然. 设已对 n 及 $n-1$ 成立. 那么,

$$y_{n+1}=2ay_n-y_{n-1}\equiv 2n-(n-1)(\bmod a-1)$$
$$=n+1(\bmod a-1)$$

故依归纳法本定理得证.

(15) $x_n(a)\equiv x_n(b)(\bmod a-b)$

$y_n(a)\equiv y_n(b)(\bmod a-b)$

证明 $n=0,1$ 时显然成立(而且成立等式). 设本定理对 n 及 $n-1$ 成立,则有(用 z 表 x 或 y)

$$z_{n+1}(a)=2az_n(a)-z_{n-1}(a)\equiv 2az_n(b)-z_{n-1}(b)(\bmod a-b)$$

$$\equiv x_{n+1}(b)(\bmod a-b).$$

故依归纳法定理得证.

(16) $x_n(a)-y_n(a)(a-t)\equiv t^n(\bmod(2at-t^2-1))$.

证明 $n=0,1$ 时成立(而且对等式成立). 设本定理对 n 及 $n-1$ 成立,则

$$\begin{aligned} x_{n+1}(a)-y_{n+1}(a)(a-e) &= 2ax_n-x_{n-1}-(2ay_n(a-t)\\ &\quad -y_{n-1}(a-t))\\ &= 2a(x_n-y_n(a-t))\\ &\quad -(x_{n-1}-y_{n-1}(a-t))\\ &\equiv 2at^n-t^{n-1}(\bmod(2at-t^2-1))\\ &\equiv t^{n-1}(2at-1)(\bmod(2at-t^2-1))\\ &\equiv t^{n-1}\cdot t^2(\bmod(2at-t^2-1))\\ &\equiv t^{n+1}(\bmod(2at-t^2-1)). \end{aligned}$$

(17) 当 $a>t^n>1$ 且 $n\geqslant 1$ 时, $2at-t^2-1>t^n$

证明 这时 $t>1$,故 $t^2+1<t^{n+1}+t^n$,故

$$\begin{aligned} 2at-t^2-1-t^n &> 2t^{n+1}-t^{n+1}-t^n-t^n=t^{n+1}-2t^n\\ &=t^n(t-2)\geqslant 0, \end{aligned}$$

故得 $2at-t^2-1>t^n$.

(18) 当 $a>t^n>1$ 且 $n\geqslant 1$ 时,有

$$t^n=\mathrm{rs}(x_n(a)-y_n(a)(a-t),2at-t^2-1).$$

有了上面这些结果后,我们便可得到下列定理.

设命

I. $x^2=(a^2-1)y^2+1$;

II. $u^2=(a^2-1)v^2+1$;

III. $s^2=(b^2-1)t^2+1$;

IV. $v=ry^2$;

V. $b=1+4py$;

VI. $b=a+qu$;

VII. $s=x+cu$;

VIII. $t=k+4(d-1)y$;

IX. $y = k + l + 1$.

定理 2 给出 $x, a, k (a > 1)$ 后，我们有：

$$x = x_k(a) \longleftrightarrow \exists(b, c, d, k, l, p, q, r, s, t, u, v, y)(\mathrm{I} \wedge \mathrm{II} \wedge \cdots \wedge \mathrm{IX})$$

证明 (←)设九个方程有联立解，由 I, II, III 知有 i, j, n 使得 $x = x_i(a), u = x_n(a), s = x_j(b)$. 由 IV $y \leqslant v$，故 $i \leqslant n$. 由 VI，$b > a > 1$，且 $b \equiv a(\mathrm{mod} x_n(a))$，故

$$x_j(b) \equiv x_j(a)(\mathrm{mod} x_n(a)).$$

由上面的性质知有 $x_j(b) \equiv x_i(a)(\mathrm{mod} x_n(a))$，合并两者，便得

$$x_i(a) \equiv x_j(a)(\mathrm{mod} x_n(a)).$$

再由上述性质，得

$$j \equiv \pm i(\mathrm{mod} 4n). \tag{1}$$

又由 IV $(y_i(a))^2 | y_n(a)$，故知 $y_i(a) | n$，从而(1)变成

$$j \equiv \pm i(\mathrm{mod} 4y_i(a)). \tag{2}$$

由 V，$b \equiv 1(\mathrm{mod} 4y_i(a))$，再由上述性质

$$y_j(b) \equiv j(\mathrm{mod} 4y_i(a)). \tag{3}$$

由 VIII

$$y_j(b) \equiv k(\mathrm{mod} 4y_i(a)). \tag{4}$$

由(2)，(3)，(4)可得

$$k \equiv \pm i(\mathrm{mod} 4y_i(a)). \tag{5}$$

由 IX，$k \leqslant y_i(a)$，又因 $i \leqslant y_i(a)$，故由(5)知 $k = i$，从而 $x = x_i(a) = x_k(a)$，充分性得证.

(→). 设有 $x = x_k(a)$，取 $y = y_k(a)$，则 I 成立. 取

$$m = 2ky_k(a),$$

命 $u = x_m(a)$，$v = y_m(a)$，则 II 成立. 由上知 v 为 y^2 的倍数，取 $r = v/y^2$，则 IV 成立. 由上知 v 偶而 u 奇，且 u 与 v 互素，故 u 与 $4y$ 互素. (因为，若 $p|u$，$p|4y$，因 u 奇，p 必奇，从而 $p|y$，又因 $y|v$，故 $p|v$，与 u, v 互素矛盾). 故可找到 b，使得

$$b \equiv 1(\mathrm{mod} 4y)$$

且 $b \equiv a(\mathrm{mod} u)$，从而可找到 b 满足 V, VI. 命 $s = x_k(b)$，$t = y_k(b)$，则 III 成立. 因 $b > a$，故 $s > x$，由 VI 知 $s \equiv x(\mathrm{mod} u)$，

故可找到 c 满足 VII. 此外，$t \geqslant k$，故 $t \equiv k(\bmod b-1)$，由 VI，$t \equiv k(\bmod 4y)$，故可找到 d 满足 XIII. 又因 $y \geqslant k$，故可找到 l 满足 IX. 于是，必要性得证. 定理得证.

定理 3 给出 m, n, k 后，$m = n^k \longleftrightarrow$ I ～ XIII 有自然数解，其中 I ～ IX 同上，而

X. $(x - y(a-n) - m)^2 = (f-1)^2(2an - n^2 - 1)^2$

XI. $m + g = 2an - n^2 - 1$

XII. $w = n + k + 1$

XIII. $a^2 = (w^2-1)(w-1)^2 z^2 + 1$

证明 由 I ～ IX，$x = x_k(a)$，$y = y_k(a)$. 由 X,XI，$m < 2an - n^2 - 1$，且 $m = \mathrm{rs}(x - y(a-n), 2an - n^2 - 1)$. 由 XII，XIII，$a > n^k$，故由上述性质可知，$m = n^k$.（详细的推导读者补做.）

§27. 五则函数集

再讨论五则函数. 五则函数中的四则是熟知的，加法、乘法都是递增函数，$e_1 \dot{-} e_2$，e_1/e_2 对第一空位递增，对第二空位递减，这也是大家熟知的. 其中最值得提出的有两个公式:

(1) $e_1 = e_2 \cdot [e_1/e_2] + \mathrm{rs}(e_1, e_2)$,

反之，如果有 $e_1 = e_2 \cdot e_3 + e_4$，而 $e_4 < e_3$，则必有

$$e_4 = \mathrm{rs}(e_1, e_3), \text{ 且 } e_2 = [e_1/e_3].$$

(2) $\mathrm{rs}(Se_1 \cdot e_2 + e_3, Se_1) = \mathrm{rs}(e_3, Se_1)$.

此外还有一条非常重要的定理，在国外曾被叫做中国剩余定理，其实应该叫做孙子定理.

定理 1（孙子定理） 如果各 b_i 两两互素，而 $c_i < b_i (1 \leqslant i \leqslant n)$，则下列方程组

$$\mathrm{rs}(x, b_i) = c_i (1 \leqslant i \leqslant n)$$

必有根，而任两根之差必为 $b_1 b_2 \cdots b_n$ 的倍数.

证明 试将 $(b_1, b_2, \cdots, b_n)$ 叫做**除数矢量**，将各除数 b_i 除 x

后所得的剩余 c_i 组成剩余矢量 $(c_1, c_2, \cdots, c_n)$，这矢量便叫做由 x 所产生的**剩余矢量**. 显然每个数 x 能产生一个也只产生一个剩余矢量. 由于诸 c 必小于相应的诸 b，故可能的剩余矢量(由不同的 x 而产生的)至多只有 $b_1 b_2 \cdots b_n$ 个.

设数 u 与数 v 产生相同的剩余矢量，则有

$\mathrm{rs}(u, b_i) = c_i$ 故 $u = r_i b_i + c_i$ (r_i 为商)

$\mathrm{rs}(v, b_i) = c_i$ 故 $v = s_i b_i + c_i$ (s_i 为商)

故 $u - v = b_i(r_i - s_i)$，因而 $u - v$ 为 b_i 的倍数. 因诸 b 互素，故 $u - v$ 为 $b_1 b_2 \cdots b_n$ 的倍数，亦即上方程组任两根之差必为 $b_1 b_2 \cdots b_n$ 的倍数.

因此，在 $[0, b_1 b_2 \cdots b_n - 1]$ 区间上的不同 x 必产生不同的剩余矢量，由于这个区间内共有 $b_1 b_2 \cdots b_n$ 个不同的 x，故共产生 $b_1 b_2 \cdots b_n$ 个矢量. 上文说到，不同的剩余矢量至多有 $b_1 b_2 \cdots b_n$ 个，故它们都被这区间内的 x 所产生，亦即上联列方程组必有一根在 $[0, b_1 b_2 \cdots b_n - 1]$ 区间上. 定理得证.

当诸 b 不是两两互素时，上方程组未必有根. 但满足下列条件的方程组

$$\mathrm{rs}(c_i - c_j, \mathrm{dv}(b_i, b_j)) = 0$$

(b_i, b_j 的最大公约数能整除 $c_i - c_j$) 必有根. 其证明并不太难，但下文无用，故不再证，读者可自行证明.

当方程组具体给出(即给出具体的 b, c)后，解这个方程组有很巧妙的方法. 还有多种方法，下面的方法最简单.

例 设有一数，二数余 1，五数余 3，七数余 2，九数余 8，问本数.

解 用 $5 \cdot 7 \cdot 9 (=315)$ 的倍数依次用 2 除，求其余 1 的. 由于 $\mathrm{rs}(1 \cdot 315, 2) = 1$，故取 315.

用 $2 \cdot 7 \cdot 9 (=126)$ 的倍数依次用 5 除，求其余 3 的. 由于

$\mathrm{rs}(1 \cdot 126, 5) = 1$, $\mathrm{rs}(2 \cdot 1, 5) = 2$, $\mathrm{rs}(3 \cdot 1, 5) = 3$,

故可取 $3 \cdot 126 = 378$.

用 $2 \cdot 5 \cdot 9 (=90)$ 的倍数依次用 7 除，求其余 2 的. 由于

$rs(1 \cdot 90,7) = 6$, $rs(2 \cdot 6,7) = 5$,

$rs(3 \cdot 6,7) = 4$, $rs(4 \cdot 6,7) = 3$,

$rs(5 \cdot 6,7) = 2$,

故可取 $5 \cdot 90 = 450$.

用 $2 \cdot 5 \cdot 7(=70)$ 的倍数依次用 9 除,求其余 8 的:

$rs(1 \cdot 70,9) = 7$, $rs(2 \cdot 7,9) = 5$,

$rs(3 \cdot 7,9) = 3$, $rs(4 \cdot 7,9) = 1$,

$rs(5 \cdot 7,9) = 8$,

故可取 $5 \cdot 70 = 350$.

现将各数之和再加减 $2 \cdot 5 \cdot 7 \cdot 9(=630)$ 的倍数,得

$$\begin{aligned} x &= 315 + 378 + 450 + 350 \pm 630n_1 \\ &= 1493 \pm 630n_1 \\ &= 233 + 630n, \end{aligned}$$

233 即为所求.

平方函数的很多性质可以推广到 T_a 数去.

定义 $T_a e$ 指 $e + \left[\frac{Sa \cdot e(e \dot{-} 1)}{2}\right]$. $T_a x$ 的值也叫做第 x 个 T_a 数,又名 $(a+3)$ 角数. 它显然是五则函数.

定义 $R_a e$ 指 e 以下非零 T_a 数的个数.

$E_a e$ 指 $e \dot{-} T_a R_a e$ (称为 T_a 数剩余).

当 $a = 0$ 时有(三角数)

$$T_0 x = x + \frac{x(x \dot{-} 1)}{2} = \frac{x(x+1)}{2}.$$

当 $a = 1$ 时有(正方数或平方数)

$$T_1 x = x + \frac{2x(x \dot{-} 1)}{2} = x^2.$$

从而 $R_1 x$ 便是$[\sqrt{x}]$(x 以下非零平方数的个数), 而 $E_1 x = x \dot{-} [\sqrt{x}]^2$(以后省写为 Ex) 都是五则函数.

今证,对任何 $a, R_a x, E_a x$ 都是五则函数.

$R_a x$ 既表 x 以下非零 T_a 数的个数,故 $R_a 0 = 0$. 今设 $x \neq 0$,

并暂用 b 表示 Sa. 这时 $R_ax \neq 0$,可设 $R_ax = St$,即 x 以下有 St 个非零 T_a 数. 于是

$$T_aSt \leqslant x < T_aSSt;$$

将 T_a 的值写出,略作变化便得 (b 即 Sa):

$$(2bt + b + 2)^2 \leqslant 8bx + (b \ddot{-} 2)^2 < (2bt + 3b + 2)^2,$$

两边开平方得

$$2bt + b + 2 \leqslant [\sqrt{8bx + (b \ddot{-} 2)^2}] < 2bt + 3b + 2,$$

两边加 b 再减 2 即得(注意 $b \ddot{-} 2 = a \ddot{-} 1, b \dot{-} 2 = a \dot{-} 1$),

$$2bt + 2b \leqslant [\sqrt{8bx + (a \ddot{-} 1)^2}] + a \dot{-} 1 < 2bt + 4b,$$

故可得

$$St \leqslant \frac{[\sqrt{8bx + (a \ddot{-} 1)^2}] + a \dot{-} 1}{2b} < SSt.$$

即当 $x \neq 0$ 时有(注意: $R_ax = St$)

$$R_ax = \frac{[\sqrt{8bx + (a \ddot{-} 1)^2}] + a \dot{-} 1}{2a + 2}.$$

当 $x = 0$ 时,易验证上式亦成立,故它普遍地成立,从而 R_ax 便是 x 的五则函数.

由于 $E_ax = x \dot{-} T_aR_ax$, 故 E_ax 也是五则函数.

要推导 R_ax 与 E_ax 的性质,用这个公式都是很麻烦的,但可由上面所给的定义而推导. 今列其主要性质于下, 它们显然是平方函数,$[\sqrt{e}]$与 Ee 的性质的推广

(1) $T_ax \dot{-} T_a(x + y) = 0$ (T_ae 是递增函数);

(2) $R_ax \dot{-} R_a(x + y) = 0$ (R_ae 是递增函数);

(3) $R_aT_ax = x$;

(4) $T_aR_ax \dot{-} x = 0$ (即 $T_aR_ax \leqslant x$);

(5) $Sx \dot{-} T_aSR_ax = 0$ (即 $x < T_a(R_ax + 1)$);

(6) $x = T_aR_ax + E_ax$;

(7) $T_a(x + y) = T_ax + T_ay + Sa \cdot x \cdot y$;

(8) $R_a(T_a(x + y) + Sa \cdot x) = x + y$;

(9) 如果 $x = T_a u + v$ 而 $v \leqslant Sa \cdot u$，则

$$R_a x = u, \quad E_a x = v.$$

当 $a = 1$ 时以上九式便是关于平方函数，$[\sqrt{e}]$及 $E_1 e$ 的性质.

有时我们还用到下列两函数（a 为具体数字）：

$$L_a x = R_a x \dot{-} E_a x; \quad \bar{L}_a x = R_a x \dot{-} \left[\frac{E_a x + a}{Sa}\right]$$

至于 $\tilde{L}_a x = E_a R_a x$ 则用处更少.

第三章　原始递归函数

§ 30. 原始递归式及其简化

定义　由本原函数出发，经过叠置与原始递归式所作成的函数叫做**原始递归函数**. 如果再加入开始函数 $A_1, A_2, \cdots, A_h$，便叫做**原始递归于 $A_1, A_2, \cdots, A_h$ 的函数**.

可以指出，原始递归函数集包括初等函数为其特例，因为我们可逐步作出 $\prod\limits_{e\to(m,n)}$ 如下:

(1) $u+x$: $u+0=u$,

$u+Sx=S(u+x)$;

(2) $u\cdot x$: $u\cdot 0=0$,

$u\cdot Sx=ux+u$;

(3) $\prod\limits_{e\to u}$: $\prod\limits_{e\to 0} f(e)=1$,

$\prod\limits_{e\to Sx} f(e)=\left(\prod\limits_{e\to x} f(e)\right)\cdot f(x)$;

(4) Dx: $D0=0$,

$DSx=x$。

(5) $u\dot{-}x$ $u\dot{-}0=u$,

$u\dot{-}Sx=D(u\dot{-}x)$;

(6) $\prod\limits_{e\to(m,n)} f(e)=\prod\limits_{e\to n\dot{-}m} f(e+m)$,

因此，所有初等函数都可在原始递归函数集内作出来.

还可指出，通常所谓原始递归式指的是下列的递归式(把多个参数写成一个)

$$\begin{cases} f(u,0)=A(u), \\ f(u,Sx)=B(u,x,f(u,x)), \end{cases}$$

并把它记为 $f(u, x) = \mathrm{rec}\{A(u), B(u, x, y)\}$，但显然有：

$$f(u, x) = \underset{(e_1, e_2) \to A(u), x}{\mathrm{rec}} B(u, e_1, e_2),$$

试写出两边应满足的条件，即可知之.

显然可见，在通常所写的原始递归式中，使用可变多个 B 函数值，只使用一个 A 函数值，故对 A 而言，实只施行叠置，对函数 B 才使用算子. 通常却认为原始递归式是对两个函数实施的（作用域中有两个函数），这是对原始递归式的误解. 奇怪的是，这种误解一直没有受到人们的注意.

原始递归算子有种种特例. 首先是不允许参数的，其次是原始复迭式（其中被作用函数不含递归变元）即

$$\underset{e \to u, n}{\mathrm{itr}} f(e) = \underset{(e_1, e_2) \to u, n}{\mathrm{rec}} f(e_1)$$

再就是从零起的原始复迭式：$\underset{e \to 0, n}{\mathrm{itr}} f(e)$. 我们将证明，原始递归式可用无参数的复迭式代替，如果增加开始函数 $x \dot{-} y$，从而甚至于可用无参数的从零起的原始复迭式来代替.

上面说过，只要作出一个从 0 起的具平梯性的配对函数组以及函数 alt，便可把原始递归式化归于无参数的从 0 起的原始复迭式了. 这样的配对函数组可选用

$$\mathrm{pg}(e_1, e_2) = ((e_1 + e_2)^2 + e_2)^2 + e_1$$
$$Ke = e \dot{-} [\sqrt{e}]^2$$
$$Le = K[\sqrt{e}]$$

而 $\mathrm{alt}(e_1, e_2, e_3) = e_2 N e_1 + e_3 N^2 e_1$. 因此，只要作出

(1) $e_1 + e_2$,

(2) $e_1 N e_2$,

(3) $e_1 \dot{-} e_2$,

(4) e^2,

(5) $[\sqrt{e}]$

便够了.

定理 1 从本原函数出发，只利用叠置及无参数的原始递归式，可作出原始递归函数集.

证明 我们依次作出上述五函数如下:

*(1) $u+x$ $\quad u+0=u$

$u+Sx=S(u+x)$

*(2) uNx $\quad uN0=u$

$uNSx=0$

(3) Dx $\quad D0=0$

$DSx=x$

*(4) $u\dot{-}x$ $\quad u\dot{-}0=u$

$u-Sx=D(u\dot{-}x)$

*(5) x^2 $\quad 0^2=0$

$(Sx)^2=x^2+x+x+1$

*(6) $[\sqrt{x}]$ $\quad [\sqrt{0}]=0$

$[\sqrt{Sx}]=[\sqrt{x}]+N((S[\sqrt{x}])^2\dot{-}Sx)$

定理得证.

定理 2 从本原函数出发,利用叠置及无参数的原始复迭式,可作出原始递归函数集.

证明 这时的作法困难得多,我们要绕好几道弯子.作法过程如下:

*(1) $u+x$. $\quad u+0=u$,

$u+Sx=S(u+x)$.

*(2) uNx. $\quad uN0=u$,

$uNSx=0$.

我们用 Nx 表 $1Nx$.

(3) $\mathrm{rs}(x, 2)$. $\quad \mathrm{rs}(0, 2)=0$,

$\mathrm{rs}(Sx, 2)=N\mathrm{rs}(x, 2)$.

(4) $\mathrm{rs}(x, c)$ (c 为固定数,逐步作出).

$\mathrm{rs}(0, c)=0$,

$\mathrm{rs}(Sx, c)=S\mathrm{rs}(x, c)N(N\mathrm{rs}(\mathrm{rs}(x, c), (c\dot{-}1)N^2\mathrm{rs}(x, c)))$.

注意,这样逐步作出的 $\mathrm{rs}(x, c)$,其中的 c 不允许代入,例如不允许马上使用 $\mathrm{rs}(x, uNx)$.

(5) $H_c(x)$ $\left(\text{暂用记号, } c \text{ 为固定数. 它为 } x+\left[\frac{x}{c}\right]\right)$.

$$H_c(0)=0,$$

$$H_cSx=SH_cx+Nrs(SSH_cx,\ c+1).$$

(6) $g(x)$ (暂用记号).

$$g(0)=0,$$

$$\begin{aligned}g(Sx)&=2\cdot 23 \quad \text{当 } g(x)=0 \text{ 时},\\&=\left[\frac{69g(x)}{2}\right] \quad \text{当 } 5|g(x)\wedge 2|g(x)\wedge g(x)\neq 0 \text{ 时},\\&=\left[\frac{46g(x)}{5}\right] \quad \text{当 } 5|g(x)\wedge 2\nmid g(x) \text{ 时},\\&=\left[\frac{46g(x)}{3}\right] \quad \text{当 } 5\nmid g(x)\wedge 3|g(x) \text{ 时},\\&=\left[\frac{345g(x)}{2}\right] \quad \text{当 } 5\nmid g(x)\wedge 3\nmid g(x) \text{ 时},\end{aligned}$$

注意,

$$\left[\frac{69g(x)}{2}\right]=33g(x)+H_2g(x),$$

$$\left[\frac{46g(x)}{5}\right]=8g(x)+H_5g(x),$$

$$\left[\frac{46g(x)}{3}\right]=14g(x)+H_3g(x),$$

$$\left[\frac{345g(x)}{2}\right]=171g(x)+H_2g(x).$$

故 $g(x)$ 可以作出(有了加法, $H_c(x)$ 及 uNx 后)

(7) $N^2Ex=Nrs(g(x),\ 3)N^2x$,

(8) G_ax: (暂用, 它为 $x+2[\sqrt{x}\,]$).

$$G_a0=0,$$

$$G_aSx=SG_ax+2NE(G_ax+4).$$

(9) x^2: $0^2=0$,

$$(Sx)^2=G_a(x^2)+1.$$

(10) $F(u, x) = \underset{e \to (u,x)}{\text{itr}} SSeN(\text{rs}(e, 2)NEe)$

(11) $Dx = F(4x^2 + 3x + 1 + \text{rs}(x, 2), x) + N\text{rs}(x, 2)$

注意, $4x^2 + 3x$ 可写为 $x^2 + x^2 + x^2 + x^2 + x + x + x$.

*(12) $u \dot{-} x$: $u \dot{-} 0 = u$

$$u \dot{-} Sx = D(u \dot{-} x)$$

(13) $\left\lfloor \dfrac{x}{c} \right\rfloor = H_c x \dot{-} x$

*(14) $[\sqrt{x}] = [G_a x \dot{-} x/2]$

所需辅助函数既已作出,于是定理得证.

定理 5 只须增加开始函数 $u \ddot{-} x$, 利用叠置与从 0 起原始递归式,可作出原始递归函数集.

注意,不增加二元函数是不够的.

证明 我们依次作出各函数如下:

(1) $2x = \underset{e \to 0, x}{\text{itr}} SSe$.

(2) $2^x - 1 = \underset{e \to 0, x}{\text{itr}} S(2e)$.

(3) $2^x = S(2^x - 1)$.

*(4) $x + y = A \ddot{-} ((A \ddot{-} x) \ddot{-} y)$.

A 为 $2^{2 \cdot 2x} \ddot{-} 2^{2 \cdot 2y+1}$, 它 $\geqslant x + y$.

(5) $N^2 x = \underset{e \to 0, x}{\text{itr}} 1$.

(6) $Nx = 1 \ddot{-} N^2 x$.

(7) $\text{eq}(x, y) = N(N(x \ddot{-} y)N(y \ddot{-} x))$.

(8) $\text{rs}(x, c)$.

$\text{rs}(0, c) = 0$,

$\text{rs}(Sx, c) = N\text{eq}(\text{rs}(x, c), 0) + 2N\text{eq}(\text{rs}(x, c), 1) + \cdots + (c-1)N\text{eq}(\text{rs}(x, c), c-2)$.

(9) $H_c x$ (同上).

(10) $\left\lfloor \dfrac{x}{c} \right\rfloor = H_c x \ddot{-} x$.

(11) $f(x) = 2^{x+1+\text{rs}(x,2)} \ddot{-} 2^{x+1}$ (暂用).

(12) $h(x)=(f(x)\dot{-}(2^x+x))\dot{-}(2^x+x)$ (暂用).

*(13) $uNx=\left[\frac{h(2u+Nx)}{4}\right]$.

(14) $g(x)$ (同上).

(15) NEx (同上).

(16) G_ax (同上).

*(17) x^2 (同上).

*(18) $[\sqrt{x}]$ (同上).

*(19) $u\dot{-}x=(u\dot{-}x)N(x\dot{-}u+u\dot{-}x)$

把原始递归算子化归到无参数的从 0 起的原始复迭算子，可以说已化到最简的了，但只要增加一个二元函数 $x\dot{-}y$，仍能作出整个原始递归函数集.

§31. 单重递归式

以上是从化归方向着眼，现在再从加强方面着眼，有很多表面看来复杂有力得多的递归式，却可用原始递归式来表示，下面我们便介绍这些更强有力的递归式，直到最一般的单重递归式.

(一) 串值递归式.

在 $f(u, Sx)$ 的表达式中，不但需使用 $f(u, x)$，还须使用更前的新函数值 $f(u, x\dot{-}1)$，$f(u, x\dot{-}2)$ 等等. 但只使用有限多个新函数的在前值. 这叫做**串值递归式**. 设有串值递归式

$$\begin{cases}f(u, 0)=A(u),\\ f(u, Sx)=B(u, x, f(u, x_1), \cdots, f(u, x_p))\quad (x_1, x_2, \cdots, x_p\leqslant x).\end{cases}$$

转到堆积函数，便得

$$\begin{cases}f^{\triangle}(u, 0)=A_1(u),\\ f^{\triangle}(u, Sx)=G_2(x, f^{\triangle}(u, x), f(u, Sx)).\end{cases}$$

后一式可化为

$$f^{\triangle}(u, Sx)=G_2(x, f^{\triangle}(u, x), B_1(u, x, f^{\triangle}(u, x))),$$

这便是原始递归式.

（二）联立递归式.

我们同时定义几个函数 $f_1, f_2, \cdots, f_h$. 计算某个 $f_i(u, Sx)$ 时须使用一切 f_i 的在前值(甚至于更在前的值).这叫做**联立递归式**.

只须引用函数 $\langle f_1, f_2, \cdots, f_h\rangle = g$（从而 $f_i = K_i g$）便极易化归到原始递归式去了.

另有一种变型的联立递归式，在计算 $f_i(u, Sx)$ 时，不但用到全体函数的在前值 $f_1(u, x), \cdots, f_h(u, x)$ 等，而且还用到 $f_1(u, Sx), f_2(u, Sx), \cdots, f_{i-1}(u, Sx)$ 等排在前面的(足码较小的)函数的当前值. 对此我们不能用前法化归，而须改用下法，引入函数 $g(u, x)$:

$$f_1(u, x) \quad 表为 \quad g(u, hx)$$
$$f_2(u, x) \quad 表为 \quad g(u, hx+1)$$
$$\cdots$$
$$f_h(u, x) \quad 表为 \quad g(u, hx+h-1)$$

这样，上述的联立递归式便可表成函数 g 的原始递归式.

（三）参数变异递归式及嵌套递归式.

在原始递归式中出现的新函数 f 的在前值，其参数都是一样的，即 u. 所谓"在前的 f 值"只就递归变元 x 主论，并不计较参变元 u 的大小，即不论 u_1, u_2 孰大孰小，我们总认为 $f(u_1, x)$ 在 $f(u_2, Sx)$ 之前. 这样值 $f(u_1, x)$ 永可用来计算 $f(u, Sx)$，这里 u_1 可以是 u, x 的已知的函数，例如 $\varphi(u, x)$，甚至于还可以依赖于在前的 f 值. 例如可以出现 $f(f(u^2, x \dot{-} 1), x)$. 当右端出现参数为 u, x 的已知函数时，这种递归式叫做**参数变异的递归式**，当出现的参数还依赖于新函数的在前值时，便叫做**嵌套递归式**. 可以有一重嵌套甚至于多重嵌套. 例如，

$$f(u, Sx) = B(u, f(f(u, x \dot{-} f(u^2, x)), x))$$

便含有三重嵌套.

我们先讨论参数变异的递归式，最简单的是

$$\begin{cases} f(u, 0) = A(u), \\ f(u, Sx) = B(u, x, f(G(u), x)). \end{cases}$$

这里 $G(u)$ 只依赖于 u 而与 x 无关(但可含别的参数).

命

$$g(u, l, x) = f(G^{l \dot{-} x}(u), x)N(x \dot{-} l)$$

那么

$$g(u, l, 0) = f(G^{l}(u), 0)N(0 \dot{-} l) = A(G^{l}(u))$$

$$\begin{aligned} g(u, l, Sx) &= f(G^{l \dot{-} Sx}(u), Sx)N(Sx \dot{-} l) \\ &= B(G^{l \dot{-} Sx}(u), x, f(GG^{l \dot{-} Sx}(u), x))N(Sx \dot{-} l) \\ &= B(G^{l \dot{-} Sx}(u), x, f(G^{l-x}(u), x)N(x \dot{-} l))N(Sx \dot{-} l) \\ &= B(G^{l \dot{-} Sx}(u), x, g(u, l, x))N(Sx \dot{-} l) \end{aligned}$$

显见, $g(u, l, x)$ 可用原始递归算子而定义. 既定义了 g, 于是

$$\begin{aligned} f(u, x) &= f(G^{x \dot{-} x}(u), x)N(x \dot{-} x) \\ &= g(u, x, x). \end{aligned}$$

由此可见,上面的参数变异递归式可化归为原始递归式及叠置.

由于没有嵌套,最一般的参数变异递归式是:

$$\begin{cases} f(u, 0) = A(u), \\ f(u, Sx) = B(u, x, f(u_1, x_1), \cdots, f(u_p, x_p)). \end{cases}$$

这里各 u_i 与各 x_i 都是 u, x 的已知函数,且有 $x_i \leqslant x$.

利用变目归一法,即引入 f 的堆积函数后, 可将诸 x_i 归一成 x、诸 u_i 归一得与 x 无关. 今具体作出如下(其中 G_1, G_2 两函数见前讨论叙列算子处)

命 $w(u, l) = u + \max\limits_{e_1 \to Su}\max\limits_{e_2 \to Sl}(u_1(e_1, e_2), \cdots, u_p(e_1, e_2))$ 并记为 w_0. 又命 $h(u, x) = \operatorname*{seq}\limits_{e_2 \to Sx}\operatorname*{seq}\limits_{e_1 \to Su} f(e_1, e_2)$, 则有

$$h(u, 0) = \operatorname*{seq}_{e_1 \to Su} f(e_1, 0) = \operatorname*{seq}_{e_1 \to Su} A(e_1) = A_1(u)$$

$$h(u, Sx) = G_2(Sx, h(u, x), \operatorname*{seq}_{e_1 \to Su} f(e_1, Sx)).$$

因 e_1 变值为 $0 \sim u$, 故有(用 $\tilde{u}_i$ 表 $u_i(e_1, x)$ 用 $\tilde{x}_i$ 表 $x_i(e_1, x)$):

$$f(e_1, Sx) = B(e_1, x, f(\tilde{u}_1, \tilde{x}_1), \cdots, f(\tilde{u}_p, \tilde{x}_p)),$$

设 $x \leqslant l$, 显然 $u_i(e_1, x) \leqslant w(u, l)$; 又 $x_i(e, x) \leqslant x \leqslant l$, 故对每个 i, 均有

$$f(\tilde{u}_i, \tilde{x}_i) = \operatorname{tm}(\tilde{x}_i, \operatorname{tm}(\tilde{u}_i, h(w_0, x))),$$

从而

$$f(e, Sx) = B_1(e_1, x, \tilde{u}_1, \tilde{x}_1, \cdots, \tilde{u}_p, \tilde{x}_p, h(w_0, x));$$

又 $h(u, x) = G_1(x, h(w_0, x))$, 故得

$$\begin{aligned} h(u, Sx) &= G_2(Sx, G_1(x, h(w_0, x)), \underset{e_1 \to Su}{\text{seq}} B_1(e_1, x, \tilde{u}_1, \\ &\quad \tilde{x}_1, \cdots, \tilde{u}_p, \tilde{x}_p, h(w_0, x))) \\ &= B_3(u, x, h(G_l(u), x)), \end{aligned}$$

$G_l(u)$ 表示 w_0,即 $w(u, l)$, 它只依赖于 u (及 l) 而与 x 无关. 由前讨论知, $h(u, x)$ 为原始递归函数,故 $f(u, x)$ 亦然.

§ 32. 嵌套单重递归式

要描述嵌套的递归式,须利用叠置子概念.

定义 给定 $A_1, \cdots, A_r$ 函数,则**叠置于 $A_1, \cdots, A_r$ 的函数**可定义如下:

(1) 常值函数,广义么函数, $A_1, \cdots, A_r$ 都是叠置于诸 A 的函数;

(2) 如果 A_i 为 s 元函数,而 $\tau_1, \cdots, \tau_s$ 为叠置于诸 A 的函数,则 $A_i(\tau_1, \cdots, \tau_s)$ 为叠置于诸 A 的函数. 其元数为诸 τ 中的最大元数.

(3) 仅限于根据 (1), (2) 所得的才是叠置于诸 A 的函数.

定义 给定 $A_1, \cdots, A_r$ 函数及一函数 f, 则"**对 f 受限于 n 的叠置于诸 A 及 f 的函数**"可定义如下:

(1) 叠置于诸 A 的函数为对 f 受限于 n 的叠置于诸 A 及 f 的函数(下文省称: "所定义的函数").

(2) 设 f 为 s 元函数, $\tau_1, \cdots, \tau_s$ 为所定义的函数,且 $\tau_1 \leqslant n$, 则 $f(\tau_1, \cdots, \tau_s)$ 亦为所定义的函数.

(3) 仅限于 (1) (2) 所得的才是所定义的函数.

注意, "对 f 受限于 n" 意味着在 f 的第一变目处所填的项均 $\leqslant n$.

最一般的嵌套 (单重) 递归式如下: 设 $S(f)$ 为对 f 受限于 x

的叠置于 $f, A_1, A_2, \cdots, A_r$ 的二元函数:

$$\begin{cases} f(u, 0) = 0, \\ f(u, Sx) = \boldsymbol{S}(f)(x, u). \end{cases}$$

注意, $\boldsymbol{S}(f)$ 中 f 的第一变目处可能填以较 x 更小的项, 但应用变目增大法后, $\boldsymbol{S}(f)$ 中凡 f 的第一变目处均填以 x, 但这点在下文并不强调.

要证明嵌套单重递归式可以化归为原始递归式与叠置, 我们可如下进行.

首先, 在 $\boldsymbol{S}(f)(x, n)$ 中, 不外是诸 A 的填式与 f 的填式彼此互相叠置(常数亦应看作常值函数, 计在诸 A 之内). 我们应定义一函数 g, 使得诸 A 的填式以及 f 的填式均在 g 的值域之内.

我们把少变元函数看作多变元函数, 从而认为诸 A 都是同元数的函数,同为 $h+1$ 之函数,而第一空位处都填以 x, 别的空位不填以 x (如果有 $A_1(x,x)$,则把它叫做 $A_3(x)$,多一个函数 A_i) 今定义函数 $g(u, x)$ 如下:

$$g(u, 0) = 0,$$

$$g(u, Sx) = \begin{cases} u, & \text{当 } \mathrm{tm}_0 Sx = 0 \text{ 时;} \\ A_i(\mathrm{tm}_1 Sx, g(u, \mathrm{tm}_2 Sx), g(u, \mathrm{tm}_3 Sx), \cdots, g(u, \\ \quad \mathrm{tm}_{h+1} Sx)) & \text{当 } \mathrm{tm}_0 Sx = i \text{ 时} (i = 1, 2, \cdots, r); \\ 0, & \text{当 } \mathrm{tm}_0 Sx > r \text{ 时.} \end{cases}$$

根据这个定义,即得

$$\begin{cases} u = g(u, 1), \\ A_i(x, g(u, a_1), \cdots, g(u, a_h)) \\ \qquad = g(u, \mathrm{seq}(i, x, a_1, \cdots, a_h)); \end{cases}$$

还可定义 $k(a, b)$, 使得

$$g(g(u, a), b) = g(u, k(a, b)).$$

其定义如下. 首先有

$$g(g(u, a), 0) = 0 = g(u, 0);$$

其次我们有

$$g(g(u, a), Sb) = g(u, a) \quad \text{当 } \mathrm{tm}_0 Sb = 0 \text{ 时,}$$

但当 $tm_0 Sb = i$ 时则有

$$\begin{aligned}&g(g(u, a), Sb)\\ =\ &A_i(tm_1 Sb, g(g(u, a), tm_2 Sb), \cdots, g(g(u, a), tm_{h+1} Sb))\\ =\ &A_i(tm_1 Sb, g(u, k(a, tm_2 Sb)), \cdots, g(u, k(a, tm_{h+1} Sb)))\\ =\ &g(u, seq(i, k(a, tm_2 Sb), k(a, tm_3 Sb), \cdots, k(a, tm_{h+1} Sb)));\end{aligned}$$

又，$tm_0 Sb > r$ 时，$g(g(u, a), Sb) = 0 = g(u, 0)$，故得

$$k(a, 0) = 0$$

$$k(a, Sb) = \begin{cases} a, & \text{当 } tm_0 Sb = 0 \text{ 时},\\ seq(i, k(a, tm_2 Sb), k(a, tm_3 Sb), \cdots, k(a, tm_{h+1} Sb)) & \\ \qquad \text{当 } tm_0 Sb = i \ (i = 1, 2, \cdots, r) \text{ 时}, & \\ 0 & \text{当 } tm_0 Sb > r \text{ 时};\end{cases}$$

这是串值递归式，它可化归为原始递归式及叠置.

我们还要定义 $l(x)$，使得

$$f(u, x) = g(u, l(x));$$

其定义如下进行. 因为

$$f(u, 0) = 0 = g(u, 0),$$

故 $l(0) = 0$. 其次，我们有

$$g(u, l(Sx)) = f(u, Sx) = \mathbf{S}(f)(x, u).$$

今先证引理.

引理 如果当 $t \leqslant x$ 时已有 $f(u, t) = g(u, l(t))$，则 $\mathbf{S}(f)(x, u)$ 可表示成 $g(u, D)$ 形(适当的 D).

证明 $\mathbf{S}(f)$ 乃由诸 A 及 f 叠置而成，故有一个组成过程，今依组成过程归纳.

对于最内层 (x, u 不算) 的函数而言，有两种可能：

$$A_i(x, u, \cdots, u) = g(u, seq(i, 1, 1, \cdots 1)),$$

$$f(u, x) = g(u, l(x)).$$

如果 A_i 或 f 与别的项叠置，例如，

$$A_i(x, U_1, \cdots, U_h) \text{ 及 } f(U_1, t) \ (t \leqslant x).$$

依归纳假设，U_i 可表成 $g(u, D_i)$，从而得

$$A_i(x, U_1, \cdots, U_h) = A_i(x, g(u, D_1), \cdots, g(u, D_h))$$

$$= g(u, \mathrm{seq}(i, D_1, \cdots, D_h)),$$

及

$$f(U_1, t) = g(U, l(t))$$
$$= g(g(u, D_1), l(t))$$
$$= g(u, k(D_1, l(t))),$$

即归纳步骤成立.

故由归纳法可以断定: $\boldsymbol{S}(f)(x, u)$ 必能表成 $g(u, D)$ 的形状,亦即我们有适当的 D 使

$$l(0) = D$$
$$l(Sx) = g(u, D)$$

而 D 中有 $l(t)$ $(t \leqslant x)$ 出现,故这是串值递归式,它可化归为原始递归式及叠置(借助于 $\boldsymbol{S}(f)$ 中的已知函数 $A_1, \cdots, A_r$). 即 $l(x)$ 为原始递归函数(当诸 A 为原始递归函数时).

由于 $f(u, x) = g(u, l(x))$, 故 $f(u, x)$ 亦可由原始递归式及叠置定义. 这样, 嵌套单重递归式可化归为原始递归式及叠置.

§ 33. 作用域变异的递归式

由旧函数 A 而造新函数 f 都可以看作实施某个算子于旧函数而得,换言之,新函数 f 可以写为

$$f(u, x) = \alpha_{e \to x} A(e).$$

例如,用原始递归式由 $B(e_1, e_2)$ 而造 $f(e_1, e_2)$ 可以写为:

$$f(u, x) = \underset{(e_1, e_2) \to (u, x)}{\mathrm{rec}} B(e_1, e_2).$$

它满足条件:

$$\underset{(e_1, e_2) \to (u, 0)}{\mathrm{rec}} B(e_1, e_2) = u,$$

$$\underset{(e_1, e_2) \to (u, Sx)}{\mathrm{rec}} B(e_1, e_2) = B(\underset{(e_1, e_2) \to (u, x)}{\mathrm{rec}} B(e_1, e_2), x).$$

在右边同样出现了算子 rec, 只是其新添变元由 (u, Sx) 改为 (u, x), x 较 Sx 为小,这是递归式的要求,也是递归式的特点.

如果右边不是把新添变元由 (u, Sx) 改为 (u, x), 而是改为

更小的 (u, t_1), (u, t_2), $(t_1 < x, t_2 < x)$, 我们便得到串值递归式，这时算子 rec 当然应该改写为另一个算子，不再是 rec 了.

假如，B 含有参数 v，而在右边出现的含算子项，其参数却不再为 v，而是 u, v, x 的函数，例如(我们不写 rec，而写为算子 α):

$$\alpha_{(e_1,e_2)\to(u,0)}B(v, e_1, e_2) = u,$$

$$\alpha_{(e_1,e_2)\to(u,Sx)}B(v, e_1, e_2)$$

$$= B(v, \alpha_{(e_1,e_2);v\to(u,x);H(v,x)}B(v, e_1, e_2), x).$$

第二式相当于以前的

$$f(v, u, x) = B(v, f(H(v, x), u, x), x).$$

这便是参数变异的递归式. 如果在 v 处所填入的不是已知函数 $H(v, x)$，而是含有 f 项本身(或含有 α 算子项)，便是嵌套递归式. 上文已详细讨论过.

此外，还有一种可能，那就是：右边出现的 α 项，除新添变元减少，参数变异外，作用域亦可以变异. 例如，设上文第二式为:

$$\alpha_{(e_1,e_2)\to(u,Sx)}B(v, e_1, e_2) = B(v, \alpha_{(e_1,e_2)\to(u,x)}\boldsymbol{S}(B)(v, e_1, e_2), x)$$

这式子亦可以定义 $\alpha_{(e_1,e_2)\to(u,x)}B(v, e_1, e_2)$，因为作用域虽然改为 $\boldsymbol{S}(B)$ 而不再是 B，但新添变元已经减少. 我们再计算 $\alpha_{(e_1,e_2)\to(u,x)}\boldsymbol{S}(B)(v, e_1, e_2)$ 一次，把叠置项"$\boldsymbol{S}(B)$"看作和 B 一样，再用同式而计算. 这样，新添变元逐次减少，最后减少成为 $\alpha_{(e_1,e_2)\to(u,0)}\boldsymbol{S}^*(B)(v, e_1, e_2)$，便可由第一式而获得结果了. 因此作用域变异是允许的. 这种递归式叫做**作用域变异的递归式**(以前作者称它们是**定义算子的递归式**).

现在我们证明，作用域变异的递归式仍可以化归为叠置与原始递归式.

设有递归式:

(1.1) $\alpha_{e\to0}f(e, u) = \boldsymbol{U}_0(f)(0, u).$

(1.2) $\alpha_{e\to Sx}f(e, u) = B(x, u, \boldsymbol{T}_1(f)(x, u), \cdots, \boldsymbol{T}_h(f)(x, u),$
$\alpha_{e\to x}\boldsymbol{U}_1(f)(e, u), \cdots, \alpha_{e\to x}\boldsymbol{U}_k(f)(e, u)).$

这里 $\boldsymbol{T}_i$ 与 $\boldsymbol{U}_i$ 都是叠置子，由 f 与别的一些已知函数 $A_1, \cdots, A_r$ 叠置而得. 下文为简便起见，只写一个 $\boldsymbol{T}$ 和一个 $\boldsymbol{U}$，即写成

(1.2)′ $\alpha_{e\to Sx}f(e,u)=B(x,u,\boldsymbol{T}(f)(x,u),\alpha_{e\to x}\boldsymbol{U}(f)(e,u))$
对一般情况完全可以同法处理.

我们永远认为 $\boldsymbol{T}(f)$ 与 $\boldsymbol{U}(f)$ 都是二元，与 f 同空位数. 因此在 $\boldsymbol{T}(f)$ 或 $\boldsymbol{U}(f)$ 中的 f（它为二元函数变元）可代入以 $\boldsymbol{T}(f)$ 或 $\boldsymbol{U}(f)$ 本身,从而得 $\boldsymbol{T}(\boldsymbol{U}(f))$, $\boldsymbol{T}(\boldsymbol{T}(f))$, $\boldsymbol{U}(\boldsymbol{T}(f))$, $\boldsymbol{U}(\boldsymbol{U}(f))$ 等，而这里的 f 又可再代入以 $\boldsymbol{T}(f)$ 或 $\boldsymbol{U}(f)$，而得出 $\boldsymbol{T}(\boldsymbol{T}(\boldsymbol{T}(f)))$, $\boldsymbol{T}(\boldsymbol{T}(\boldsymbol{U}(f)))$ 等等. 对于这种叠置我们省略括号，并引用叠置方幂记号,即有

$\boldsymbol{T}^3(f)$ 指 $\boldsymbol{T}(\boldsymbol{T}(\boldsymbol{T}(f)))$, $\boldsymbol{T}\boldsymbol{U}^2\boldsymbol{T}(f)$ 指 $\boldsymbol{T}(\boldsymbol{U}(\boldsymbol{U}(\boldsymbol{T}(f))))$
等.

设(1)中右边 α 的作用域共 k 个,我们使用无零 k 进制. 无零 k 进制和通常的 k 进制相似,数零仍表为 0 ,但正整数则用 1 到 k 来表示各位数,不用 0 . 当用通常 k 进制表示时各数位元 0 ,则用无零 k 进制表示时仍然相同;但当数位有 0 时,必须从上一位数中借 1 凑成“10”再写成 k(从高位改起,直到无零为止).

设给定正数 n, n 的位数暂记为 H_n, n 的第 t 位数字记为 n 或 $n:t$, n 的最高位数字记为 G_n. H_n, G_n, $n:t$ 均为初等函数.

现在我们证明下列各引理.

引理 1 设给定 k 个叠置子 $\boldsymbol{U}_1$ $\boldsymbol{U}_2,\cdots,\boldsymbol{U}_k$ 而 ρ 定义如下(ρ 的空位数比 f 的多 1):

(1.3) $$\rho(0,a,u)=f(a,u)$$

(1.4) $$\rho(n,a,u)=\boldsymbol{U}_{n\ H_n-1}\boldsymbol{U}_{n:H_n-2}\cdots\boldsymbol{U}_{n\cdot 2}\boldsymbol{U}_{n:1}(f)(a,u),\quad (n\neq 0)$$

则 ρ 是原始递归于 f 及各叠置子内的函数.

注意,对每个固定的 n 右边均为叠置子,但这里 ρ 是作为三元函数而考虑的,右边叠置次数是可变的,上式的定义式既不是原始递归式又不是叠置式,须详细讨论.

证明 易见 ρ 满足以下条件.

(1.5) $$\rho(Sn,a,u)=\boldsymbol{U}_1(\rho)(Sn-1\cdot k\upharpoonright(HSn-1),a,u)\times Neq(GSn,1)+\boldsymbol{U}_2(\rho)(S_n-2\cdot k\upharpoonright(HSn$$

$- 1, a, u)Neq(GSn, 2) + \cdots + \boldsymbol{U}_k(\rho)(Sn$
$- k \cdot k \upharpoonright (HSn - 1), a, u)Neq(GSn, k)$

因此，如果我们根据叠置子 $\boldsymbol{U}_1, \cdots, \boldsymbol{U}_k$ 的组成而把相应的叠置写出，可以看出，(1.5) 的右边除各叠置子所含有的已知函数外，至多出现有

$$\rho(Sn - 1 \cdot k \upharpoonright (HSn - 1), a, u),$$
$$\rho(Sn - 2 \cdot k \upharpoonright (HSn - 1), a, u),$$
$$\cdots\cdots\cdots\cdots$$
$$\rho(Sn - k \cdot k \upharpoonright (HSn - 1), a, u)$$

故 (1.5) 与 (1.3) 合并便是关于 ρ 的串值递归式,它可化为原始递归式与叠置,亦即 ρ 原始递归于各叠置子 $\boldsymbol{U}$ 中所含的已知函数.

又由 (1.5) 易得.

(1.6) $$\rho(i \cdot k \upharpoonright H(n) + n, a, u) = \boldsymbol{U}_i(\rho)(n, a, u)$$

引理 2 如下所定义的 $\varphi(m, n, u)$ 为原始递归于 f, B 及叠置子诸 $\boldsymbol{T}$ 中的已知函数.

(1.7) $$\varphi(0, n, u) = \boldsymbol{U}_0(\rho)(n, 0, u)$$

(1.8) $$\varphi(Sm, n, u) = B(m, u, \boldsymbol{T}(\rho)(n, m, u), \varphi(m, 1 \cdot k \upharpoonright H(n) + n, u), \varphi(m, 2 \cdot k \upharpoonright H(n) + n, u), \cdots, \varphi(m, k \cdot k \upharpoonright H(n) + n, u))$$

这里 (1.8) 右端与 (1.1) 相同，只是把其中的 $\boldsymbol{T}_i(f)(x, u)$ 改为 $\boldsymbol{T}_i(\rho)(n, m, u)$，把其中的 $\alpha_{l \to x}\boldsymbol{U}_i(f)(e, u)$ 改为 $\varphi(m, i \cdot k \upharpoonright H(n) + n, u)$.

证明 如果根据 (1.7), (1.8) 右边出现的叠置子 $\boldsymbol{U}_0$ 及诸 $\boldsymbol{T}$ 而把各叠置项具体写出,则两式右边只出现 f, ρ (以及叠置子 $\boldsymbol{U}_0$, 诸 $\boldsymbol{T}$ 中的已知函数)以及 φ 的各值. φ 以 m 为递归变元, n 作为参数,由于在参数 n 处可填以 $i \cdot k \upharpoonright H(n) + n$, 所以这是 φ 的参数变异递归式，它可化为原始递归式及叠置. 又因 ρ 原始递归于 f 及叠置子中的已知函数,故引理得证.

注意,当 $n = 0$ 时,由 (1.8) 可得

(1.9) $$\varphi(Sm, 0, u) = B(m, a, \boldsymbol{T}(\rho)(0, m, u), \varphi(m, 1, u), \varphi(m, 2, u), \cdots, \varphi(m, k, u)).$$

这式下文有用.

引理 3 设 α, ρ, φ 如上文所定义,则有

(1.10) $$\alpha_{l\to m}\rho(n, l, u) = \varphi(m, n, u)$$

证明 对 m 作归纳.

奠基. 当 $m = 0$ 时,将有

左 $= \alpha_{l\to 0}\rho(n, l, a) =_{(1.1)} \boldsymbol{U}_0(\rho)(n, 0, u)$

$=_{(1.7)} \varphi(0, n, u) =$ 右,故奠基成立.

归纳.

$\alpha_{l\to Sm}\rho(n, l, u) =_{(1.2)} B(m, u, \boldsymbol{T}(\rho)(n, m, u), \alpha_{l\to m}\boldsymbol{U}_i(\rho)(n, l, u))$

$=_{(1.6)} B(m, u, \boldsymbol{T}(\rho)(n, m, u), \alpha_{l\to m}\rho(i \cdot k \upharpoonright H(n) + n, l, u))$

$=_{(归设)} B(m, u, \boldsymbol{T}(\rho)(n, m, u), \varphi(m, i \cdot k \upharpoonright H(n) + n, u))$

$=_{(1.8)} \varphi(Sm, n, u).$

故归纳步骤成立. 依数学归纳法,本引理得证.

在特例,当 $1 \leqslant n \leqslant k$ 时,由 (1.4) 得

$$\rho(n, x, u) = \boldsymbol{U}_n(f)(x, u).$$

再由 (1.10) 即得

(1.11) $$\alpha_{l\to m}\boldsymbol{U}_n(f)(l, u) = \varphi(m, n, u).$$

这式在下文有用.

引理 4 设 α, ρ, φ 如上所定义,则有

(1.12) $$\alpha_{l\to m}f(l, u) = \varphi(m, 0, u)$$

证明 对 m 归纳.

奠基. $m = 0$ 时

左 $= \alpha_{l\to 0}f(l, u) =_{(1.1)} \boldsymbol{U}_0(f)(0, u) =_{(1.3)} \boldsymbol{U}_0(\rho)(0, 0, u)$

$=_{(1.7)} \varphi(0, 0, u) =$ 右,故成立.

归纳.

$\alpha_{l\to Sm}f(l, u) =_{(1.2)} B(m, u, \boldsymbol{T}(f)(m, u), \alpha_{l\to m}\boldsymbol{U}_i(f)(l, u))$

$=_{(1.11)} B(m, u, \boldsymbol{T}(\rho)(0, m, u), \varphi(m, i, n))$

$$= _{(1.9)}\varphi(Sm, 0, u),$$

故归纳步骤成立．依数学归纳法本引理得证．

定理 1 由 (1.1), (1.2) 所定义的 $\alpha_{l\to n}f(l, u)$, 是原始递归于 f 及叠置子诸 $\boldsymbol{U}$ 诸 $\boldsymbol{T}$ 中的已知函数的．

证明 由引理 2 及引理 4 得证．

还可注意，由引理 4，$\alpha_{l\to m}f(l, u) = \rho(Sm, 0, u)$，左、右两边均可用 m 的单重递归式来定义，但要证明引理 4，即证明两者相等，却必须引进参数 n，并引入 $\rho(m, n, u)$．这是本文证法的一个关键点．

这样便表明，作用域变异的递归式仍可化为原始递归式及叠置．这种作用域变异的递归式仍可有嵌套，即 $\alpha_{l\to x}$ 仍可实施于 $\alpha_{l,x}\boldsymbol{U}_l(f)$ 之上(类似于嵌套递归式的 f 对 f 嵌套)．这种嵌套是否能化归于原始递归式，迄今尚无人探讨．

§ 34. 含有算子的递归式

在串值递归式中，第二递归式的一般形式是

$$f(u, Sx) = B(u, x, f(u, x_1), f(u, x_2), \cdots, f(u, x_k)),$$

这里 $x_i \leqslant x$，但却可随 u, x 而变，即 $x_i = x_i(u, x)$，只须满足条件 $x_i \leqslant x$ 便可．另一方面，x_i 的个数 k 却是固定的(由 B 的空位数来决定)，不随 u, x 而改变．如果所使用的在前 f 值将随 u, x 而改变，那便是含有算子的递归式，例如

$$f(u, Sx) = B(u, x, \sum_{l\to x}f(u, l)),$$

这里算子 $\sum_{l\to x}$ 作用于待求函数 $f(u, l)$，这是含有算子的递归式的情形．

当然算子可以作用于右边式子里的已知函数，但对已知函数使用算子的结果仍得一个新的已知函数，我们可用新已知函数来替换，结果不必考虑这次算子的作用．因此，下文所考虑的都只是算子作用于待求函数的情形．设待求函数为 $f(u, x)$．为求 $f(u, Sx)$ 时，如果须对 f 实施算子，则实施该算子时所使用的 $f(u_i, x_i)$,

必须满足条件 $x_i \leqslant x$，否则便不是递归式．这是在递归式中出现算子时所必须服从的条件．

如果这些算子中有不是初等算子的，例如，有原始复迭算子或原始递归算子、我们已经用它作出了非原始递归函数．从而，含有非初等算子的递归式一般说来不能化归为原始递归算子与叠置．下面我们证明：一个单重迭归式如果只含有初等算子，那么可以代以一个不含任何算子的单重递归式．

例如，设用递归式由 $f(u, l)$ 及一些已知函数而造 $\alpha_{l\to x}f(u,l)$，并且有下列递归式

$$\alpha_{l\to Sx}f(l, u) = B(u, x, \boldsymbol{T}(f)(x, u), \alpha_{l\to x}\boldsymbol{U}(f)(l, u)),$$

它的右边可出现有初等算子（我们没有写出）诸 β．设诸叠置子 $\boldsymbol{T}, \boldsymbol{U}$ 中所使用的已知函数为诸 A．下面只作简单的推导，读者可补成详细的证明．

试考虑 $\mathrm{seq}_{l_1\to Sx}\alpha_{l\to l_1}f(l, u)$，记为 $(\alpha_{l\to l_1}f(l, u))^{\wedge}_{Sx}$，则上式右边取叙列算子后应该能够由 β^{Δ}，f^{Δ}，诸 A^{Δ}，以及诸 β 的示性函数及模函数(及用以作出叠置的一些辅助函数)作出．注意，虽然上式右边有初等算子，但取叙列算子以后，凡出现 β_i 处已一律换为 β 的示性函数及模函数，至于右边出现的"$\alpha_{l\to x}\boldsymbol{U}(f)(l, u)$"，则改为 $(\alpha_{l\to l_1}f(l, u))^{\wedge}_{x}$，其中不出现任何算子 β．这时，应有（$\boldsymbol{W}$ 为适当的叠置子）

$$(\alpha_{l\to l_1}f(l_1, u))^{\wedge}_{Sx} = \boldsymbol{W}(f, f^{\Delta}, (\alpha_{l\to l_1}f(l, u))^{\wedge}_{x})$$

而叠置子 $\boldsymbol{W}$ 中则含有诸 A^{Δ} 及 β 的示性函数、模函数及一些已知的辅助函数．但是，由于 α 作用于 f 从而使右边出现 f^{Δ}，即 $\mathrm{seq}_{l\to l_1}f(l)$，故右边仍出现初等算子 seq，没有达到消除算子的目的．我们可引用新算子 δ，规定

$$\delta_{l\to x}f(l, u)\ \text{表示}\ \mathrm{seq}_{l_1\to x}(\alpha_{l\to l_1}\mathrm{tm}_l f(l, u)),$$

那么，由于 $\delta_{l\to x}f^{\Delta}(l, u) = \mathrm{seq}_{l_1\to x}\alpha_{l\to l_1}f(l, u)$，上式便可写成

$$\delta_{l\to Sx}f^{\Delta}(l, u) = \boldsymbol{W}(f^{\Delta}, \delta_{l\to x}f^{\Delta}(l, u)).$$

右边只有叠置，不再有算子．这便是我们所断言的．求得

$$\delta_{l\to Sx}f^{\Delta}(l, u)$$

后，可由

$$\mathrm{tm}_x \delta_{l\to Sx} f^{\triangle}(l,\ u) = \alpha_{l\to x} f(l,\ u)$$

求得所要的结果.

这样，含有初等算子的递归式可用不含算子的递归式代替. 如果后者可化为原始递归式与叠置，则前者亦然.

§35. 多重递归式

上面所讨论的递归式都有一个特点：设待求函数为 $f(u,\ x)$，则求 $f(u,\ Sx)$ 时所须使用的 f 值，其第二变目均小于 Sx，因此 f 值的前后次序可只由第二变目的大小而看出. 这种递归式叫做单重递归式，第二变目便叫做递归变目.

此外还有别的递归式，在其中要看出右边所使用的 f 值是在前的 f 值，不能只比较某个变目的大小，而须看几个变目的大小. 这几个变目的大小又以字典次序为准. 如果共须比较 n 个变目的大小，便叫做 n 重递归式.

例如，对三重递归式而言，按字典次序法，$f(x_1,\ x_2,\ x_3)$ 在 $f(y_1,\ y_2,\ y_3)$ 之前恰当或者 $x_1 < y_1$ 或者 $x_1 = y_1$ 而 $x_2 < y_2$ 或者 $x_1 = y_1$，$x_2 = y_2$ 而 $x_3 < y_3$.

因此，如果左边是 $f(u,\ Sx_1,\ Sx_2,\ Sx_3)$ (u 为参数)，那么，右边出现的在前的 f 值有下列几种可能：

$$f(u^i,\ \tilde{x}_1,\ x_2^j,\ x_3^k) \quad (\tilde{x}_1 \leqslant x_1);$$
$$f(u^i,\ Sx_1,\ \tilde{x}_2,\ x_3^k) \quad (\tilde{x}_2 \leqslant x_2);$$
$$f(u^i,\ Sx_1,\ Sx_2,\ \tilde{x}_3) \quad (\tilde{x}_3 \leqslant x_3).$$

这里 u^i，x_2^j，x_3^k 可为任意的大小，而且可为 u，x_1，x_2，x_3 的函数，即可有

$$u^i = u^i(u,\ x_1,\ x_2,\ x_3), \quad x_2^j = x_2^j(u,\ x_1,\ x_2,\ x_3),$$
$$x_3^k = x_3^k(u,\ x_1,\ x_2,\ x_3).$$

因此，例如，一般的三重递归式可写成下形(各项中的 u^i，x_2^j，x_3^k 等未必是一样的)：

$$f(u, 0, 0, 0) = A_1(u),$$
$$f(u, 0, 0, Sx_3) = A_2(u, x_3, f(u^i, 0, 0, \tilde{x}_3)),$$
$$f(u, 0, Sx_2, 0) = A_3(u, x_2, f(u^i, 0, \tilde{x}_2, x_3^k)),$$
$$f(u, 0, Sx_2, Sx_3) = A_4(u, x_2, x_3, f(u^i, 0, \tilde{x}_2, x_3^k), f(u^i, 0, Sx_2, \tilde{x}_3)),$$
$$f(u, Sx_1, 0, 0) = A_5(u, x_1, f(u^i, \tilde{x}_1, x_2^j, x_3^k)),$$
$$f(u, Sx_1, 0, Sx_3) = A_6(u, x_1, x_3, f(u^i, \tilde{x}_1, x_2^j, x_3^k), f(u^i, Sx_1, 0, \tilde{x}_3)),$$
$$f(u, Sx_1, Sx_2, 0) = A_7(u, x_1, x_2, f(u^i, \tilde{x}_1, x_2^j, x_3^k), f(u^i, Sx_1, \tilde{x}_2, x_3^k)),$$
$$f(u, Sx_1, Sx_2, Sx_3) = B(u, x_1, x_2, x_3, f(u^i, \tilde{x}_1, x_2^j, x_3^k), f(u^i, Sx_1, \tilde{x}_2, x_3^k), f(u^i, Sx_1, Sx_2, \tilde{x}_3))$$

其中各 f 项可出现多处，各处中的 u^i, $\tilde{x}_1$, $\tilde{x}_2$, $\tilde{x}_3$, x_2^j, x_3^k 等未必相同.

这个递归式太复杂,可简化如下. 设命

$$g(u, x_1, x_2, x_3) = 0, \quad 当\ x_1x_2x_3 = 0\ 时;$$
$$g(u, Sx_1, Sx_2, Sx_3) = f(u, x_1, x_2, x_3).$$

这时，可根据诸 x 是否为 0 而把 f 的式子写成 $f(u, 0, 0, SDx_3)$, $f(u, 0, SDx_2, 0)$, $f(u, 0, SDx_2, SDx_3)$ 等等，再把其相应右端写回 g. 这样,便得到下式:

$$\begin{cases} g(u, x_1, x_2, x_3) = 0, & 当\ x_1x_2x_3 = 0\ 时; \\ g(u, Sx_1, Sx_2, Sx_3) = B_1(u, x_1, x_2, x_3, g(u^i, \tilde{x}_1, x_2^j, x_3^k), \\ \qquad g(u^i, Sx_1, \tilde{x}_2, x_3^k), g(u^i, Sx_1, Sx_2, \tilde{x}_3)). \end{cases}$$

当定义 g 以后,由

$$f(u, x_1, x_2, x_3) = g(u, Sx_1, Sx_2, Sx_3)$$

而得到 f.

根据变目增大法,可把 $\tilde{x}_1$, $\tilde{x}_2$, $\tilde{x}_3$ 等增大为 x_1, x_2, x_3, 同时,还把 u^i 变成同一的 u^*, 它可以有任意的大小，依赖于 u, x_1, x_2, x_3, 又把一切 x_2^j, x_3^k 变成同一的函数 $w(u, x_1, x_2, x_3)$, 它亦可以有任意的大小. 故后面我们即使用下述的多重递归式的标准表达

式:

$$f(u, x_1, x_2, x_3) = 0, \quad \text{当}\ x_1x_2x_3 = 0;$$

$$f(u, Sx_1, Sx_2, Sx_3) = B(u, x_1, x_2, x_3, f(u^*, x_1, w, w), f(u^*, Sx_1, x_2, w), f(u^*, Sx_1, Sx_2, x_3)).$$

其中 u^*, w 均为 u, x_1, x_2, x_3 的函数且 u^*, w 可任意增大等式仍成立.

根据 u^*, w, 可把多重递归式分成下列三种.

(1) u^*, w 都是 u, x_1, x_2, x_3 的已知函数, 不含有待求函数 f, 这叫做**参数变异的多重递归式**. 如果 $u^* = u$, 那么,把它叫做**简易的多重递归式**.

(2) u^* 可含有待求函数 f, 但 w 不含有 u, 亦不含有 f, 而是 x_1, x_2, x_3 的已知函数,这叫做**弱嵌套多重递归式**.

(3) u^* 及 w 至少有一含有待求函数 f, 如 w 不含待求函数 f 则必含有 u, 这叫做**强嵌套多重递归式**.

可以证明,前两种多重递归式可化为原始递归式及叠置.

首先,讨论参数变异的 n 重递归式. 仍以 $n = 3$ 为例而立论. 我们设法把最末一个递归变元 x_3 消去.

这时, $u^*(u, x_1, x_2, x_3)$, $w(u, x_1, x_2, x_3)$ 都是 u, x_1, x_2, x_3 的已知函数.

下文各函数均与 x_1, x_2 有关,暂略而不写.

命 $$\prod_l k = \max_{l_1 \to Sk} \max_{l_2 \to Sl} u^*(l_1, x_1, x_2, l_2),$$

$$\omega_l k = \max_{l_1 \to Sk} \max_{l_2 \to Sl} w(l_1, x_1, x_2, l_2),$$

并将 $f(\prod_l k, x_1, \omega_l k, \omega_l k)$, $f(\prod_l k, Sx_1, x_2, \omega_l k)$ 记为 Q, R.

由于已用变目增大法,故当 $u \leqslant k$, $i \leqslant l$ 时有:

(1) $$f(u, Sx_1, Sx_2, Si) = B(u, x_1, x_2, i, Q, R, f(\prod_l u, Sx_1, Sx_2, i)).$$

今引进一函数 p 如下:

$$\begin{cases} p(u, a, b, 0) = 0 \\ p(u, a, b, Sx_3) = B(u, x_1, x_2, x_3, a, b, p(\prod_l u, a, b, x_3)); \end{cases}$$

在这定义式中,递归变元为 x_3,参数为 u, a, b, x_1, x_2 而 u 变易,故

依上述可化为原始递归式与叠置．今证一引理

引理 当 $u\leqslant k,\ i\leqslant l$ 时，有

$$f(u, Sx_1, Sx_2, i)=p(u, Q, R, i)$$

证明 对 i 归纳．

奠基． $i=0$ 时，

$$f(u, Sx_1, Sx_2, 0)=0=p(u, Q, R, 0).$$

归纳．

$$f(u, Sx_1, Sx_2, Si)={}_{(1)}B(u, x_1, x_2, i, Q, R, f(\prod{}_l u, Sx_1, Sx_2, i))$$

$$=(\text{归设})\ B(u, x_1, x_2, i, Q, R, p(\prod{}_l u, Q, R, i))$$

$$=p(u, Q, R, Si).$$

故归纳步骤成立．依归纳法引理得证．

如将 k 取 u，l 取为 i（并将 i 写为 x_3），得

$$f(u, Sx_1, Sx_2, x_3)=p(u, f(u^*, x_1, w, w), f(u^*, Sx_1, x_2, w), x_3).$$

（注意，当 $k=u$ 而 $l=x_3$ 时，$\prod{}_l k=u^*$，$\omega_l k=w$．）

再写明 p 依赖于 x_1, x_2，即可得

$$\begin{cases} f(u, x_1, x_2, x_3)=0, \quad \text{当 } x_1x_2x_3=0 \text{ 时}; \\ f(u, Sx_1, Sx_2, Sx_3)=p(u, f(q_1, x_1, q_2, q_2), \\ \qquad f(q_1, Sx_1, x_2, q_2), x_1, x_2, x_3). \end{cases}$$

这是有关 x_1, x_2 的参数变异的二重递归式．逐次减少下去，即可见参数变异的 n 重递归式可化为原始递归式与叠置．

定理 1 参数变异的多重递归式可化为原始递归式及叠置．

再讨论弱嵌套 n 重递归式．可照嵌套单重递归式那样处理，简单说来，先引入 $g(u, x)$ 表示 u 及各已知函数，再定义 $h(a, b)$，使得

$$g(g(u, a), b)=g(u, h(a, b)),$$

其方法与单重嵌套递归式无区别．

然后，再引入 $l(x_1, x_2, \cdots, x_n)$，要求

$$g(u, l(x_1, \cdots, x_n))=f(u, x_1, \cdots, x_n),$$

其方法基本上与单重嵌套递归式类似，读者可自己做出．总之，我们有：

定理 2 弱嵌套的 n 重递归式可化为原始递归式与叠置．

一般说来，强嵌套的多重递归式，不能化为原始递归式与叠置（见下），但可化归使之只含一层嵌套，其法如下．（以 $n=4$ 为例）设

$$f(u, x_1, x_2, x_3, x_4)=0, \quad \text{当 } x_1x_2x_3x_4=0 \text{ 时};$$

$$f(u, Sx_1, Sx_2, Sx_3, Sx_4)=\boldsymbol{U}(f, B_1, B_2, \cdots, B_s)$$

这里 $\boldsymbol{U}$ 为叠置子，由 f 与诸 B 叠置而得，依定义，右边 f 的填式必须是在 $f(u, Sx_1, Sx_2, Sx_3)$ 之前的 f 值．再设各 B 最多的空位数为 $h+4$，前四空位填以 x_1, x_2, x_3, x_4．

仿前（如有不同，我们将特别指出），我们引入一函数 $g(u, x_1, x_2, x_3, x_4)$ 如下：

$$\begin{aligned}
&g(u, x_1, x_2, x_3, x_4) \doteq 0, && \text{当 } x_1x_2x_3x_4=0 \text{ 时};\\
&g(u, Sx_1, Sx_2, Sx_3, Sx_4)=u && \text{当 } \mathrm{tm}_0Sx_4=0 \text{ 时};\\
&=B_i(x_1, x_2, x_3, tm_1Sx_4, U_2, U_3, \cdots, U_{h+1}) && \\
& && \text{当 } \mathrm{tm}_0Sx_4=i \text{ 时 } (1\leqslant i\leqslant s);\\
&=g(U_1, x_1, U_2, U_3, l(U_4)) && \text{当 } \mathrm{tm}_0Sx_4=s+1 \text{ 时};\\
&=g(U_1, Sx_1, x_2, U_3, l(U_4)) && \text{当 } \mathrm{tm}_0Sx_4=s+2 \text{ 时};\\
&=g(U_1, Sx_1, Sx_2, x_3, l(U_4)) && \text{当 } \mathrm{tm}_0Sx_4=s+3 \text{ 时};\\
&=0 && \text{当 } \mathrm{tm}_0Sx_4\geqslant s+4 \text{ 时}.
\end{aligned}$$

这里 $U_t=g(u, Sx_1, Sx_2, Sx_3, \mathrm{tm}_tSx_4)$．又这里，$l(x)$ 为一任意函数，但下文将选择 $l(x)$，使得

$$g(u, x_1, x_2, x_3, l(x_4))=f(x_1, x_2, x_3, x_4).$$

下文的结果对任意选择的 $l(x)$ 均适用．

设用 Va 表示 $g(u, Sx_1, Sx_2, Sx_3, a)$，则可以选取 d_1, d_2, d_3, d_4（依赖于诸 a）

$$u=g(u, Sx_1, Sx_2, Sx_3, 1)$$

$$B_i(x_1, x_2, x_3, x_4, Va1, \cdots, Vah)=g(u, Sx_1, Sx_2, Sx_3, d_1)$$

$$g(Va1, x_1, Va2, Va3, l(Va4))=g(u, Sx_1, Sx_2, Sx_3, d_2)$$

$$g(Va1, Sx_1, x_2, Va3, l(Va4)) = g(u, Sx_1, Sx_2, Sx_3, d_3)$$

$$g(Va1, Sx_1, Sx_2, x_3, l(Va4)) = g(u, Sx_1, Sx_2, Sx_3, d_4)$$

再定义 $h(a, b)$ 使得

$$g(g(u, Sx_1, Sx_2, Sx_3, a), Sx_1, Sx_2, Sx_3, b) = g(u, Sx_1, Sx_2, Sx_3, h(a, b))$$

这仿上面的作法即可作出,没有特别困难.

现设法选择 $l(x)$ 使满足上述条件. 由于诸 B 填式以及 f 的在 $f(u, Sx_1, Sx_2, Sx_3)$ 之前的填式均可以表成 $g(u, Sx_1, Sx_2, Sx_3, a)$ 形,逐步作去,即可将 $U(f, B_1, \cdots, B_r)$ 而表成 $g(u, Sx_1, Sx_2, Sx_3, M)$ 形,于是得定义

$$l(0) = 0$$

$$l(Sx) = M$$

如把M详细写出，这是 l 的串值单重递归式，可化为原始递归式及叠置,再由

$$f(u, x_1, x_2, x_3, x_4) = g(u, x_1, x_2, x_3, l(x_4)),$$

即可定义 f.

但是 g 的递归式却是嵌套递归式,但只有一层嵌套. 这样,我们上述的目的便达到了.

定理 3 任意多层的嵌套多重递归式，可化为下列的一层嵌套多重递归式如下(以 $n = 4$ 为例);

$$g(u, x_1, x_2, x_3, x_4) = 0, \qquad \text{当 } x_1x_2x_3x_4 = 0 \text{ 时},$$

$$g(u, Sx_1, Sx_2, Sx_3, Sx_4) = B(u, x_1, x_2, x_3, x_4, g(U_1, x_1, U_2, U_3, l(U_4)), g(U_1, Sx_1, x_2, U_3, l(U_4)), g(U_1, Sx_1, Sx_2, x_3, l(U_4)), g(U_1, Sx_1, Sx_2, Sx_3, x_4)),$$

这里 $U_t = g(u, Sx_1, Sx_2, Sx_3, \mathrm{tm}_t Sx_4)$, $t = 1, 2, 3, 4$.

下文我们证明,即使一层强嵌套,也是不能化为原始递归式与叠置的.

§ 36. 非原始递归函数的一例

当二十世纪人们把初等数论里的函数都用原始递归式及叠置

而作出的时候，便发生一个问题：是不是一切可计算的数论函数都是原始递归函数？亦即，有没有一个数论函数它显然是可计算的但都不是原始递归的？ W. Ackermann 首先给出了一个可计算的非原始递归函数．但是，他作出的是一个三元函数：

$$\begin{cases} f(u, 0, n) = u + n, \\ f(u, Sm, n) = N(m \dot{-} 1) + u \cdot N^2(m \dot{-} 1), \\ f(u, Sm, Sn) = f(u, m, f(u, Sm, n)). \end{cases}$$

可以明确地证明它是可计算的非原始递归函数． 后来 R. Peter 将它改进为二元函数．

$$\begin{cases} f(0, n) = 2n + 1, \\ f(Sm, n) = f(m, 1), \\ f(Sm, Sn) = f(m, f(Sm, n)). \end{cases}$$

最后，R. Robinson 把第一式改为 $f(0, n) = Sn$（后两式照旧)．我们就最后一种形式来证明它所定义的函数 f 是非原始递归的（它显然是可计算的)．

引理 1 $f(m, n) > n$，即 $f(m, n) \geqslant n + 1$．

证明 奠基．$m = 0$ 时显然成立．

归纳．讨论情形 Sm，再对 n 归纳．

小奠基． 当 $n = 0$ 时，$f(Sm, 0) = f(m, 1) \geqslant_{m\text{归设}} 1 + 1 \geqslant 0 + 1$，故成立．

小归纳．$f(Sm, Sn) = f(m, f(Sm, n)) \geqslant_{m\text{归设}} Sf(Sm, n) \geqslant_{n\text{归设}} SSn$

故小归纳步骤成立．依归纳法，大归纳步骤成立．再依归纳法，引理 1 成立．

引理 2 $f(m, Sn) > f(m, n)$，即当 m 固定时，$f(m, n)$ 对 n 严格递增．

证明 当 $m = 0$ 时，$f(0, n) = Sn$．它是 n 的严格递增函数．如果 $m \neq 0$，则 $m = Sm'$，由定义及引理 1，得

$$\begin{aligned} f(m, Sn) &= f(Sm', Sn) \\ &= f(m', f(Sm', n)) > f(Sm', n) = f(m, n). \end{aligned}$$

故 $f(m, n)$ 亦是 n 的严格递增函数.

由穷举法知 $f(m, n)$ 是 n 的严格递增函数.

引理 3 $f(Sm, n) \geqslant f(m, Sn)$ (即 f 对 m 的上升速度快于 f 对 n 的上升速度).

证明 对 n 归纳.

奠基. $n = 0$ 时, $f(Sm, 0) = f(m, S0)$. 故成立.

归纳. 讨论情形 Sn.

$$f(Sm, Sn) =_{\text{定义}} f(m, f(Sm, n)) \geqslant_{\text{归设,引2}} f(m, f(m, Sn))$$
$$\geqslant_{\text{引1,引2}} f(m, SSn),$$

故归纳步骤成立. 依数学归纳法,本引理得证.

引理 4 f 对 m 对 n 都是严格上升函数. 从而, 当 $m_1 > m$, $n_1 > n$ 时, $f(m_1, n_1) > f(m, n)$.

证明 由引理 2 ,引理 3 即得证.

定理 1 这里定义的 $f(m, n)$ 是原始递归函数集的控制函数. 具体说来, 任给一个原始递归函数 $g(x_1, x_2, \cdots, x_n)$, 恒可找出一数 t, 使得

$$g(x_1, x_2, \cdots, x_n) < f(t, \max(x_1, x_2, \cdots, x_n)).$$

在下文中,暂将 $\max(x_1, x_2, \cdots, x_n)$ 记为 u.

证明 上文说过,原始递归函数集可如下作成,从本原函数与 $l_1 \dot{-} l_2$ 出发, 利用叠置及从零起的原始复迭式而作成. 今对所给原始递归函数 g 的组成过程作归纳如下.

如果 g 为本原函数或 $l_1 \dot{-} l_2$, 可如下求 t:

$$Imn(x_1, \cdots, x_m) = x_n \leqslant u < u + 1 = f(0, u),$$
$$O(x) = 0 < 1 \leqslant u + 1 = f(0, u),$$
$$Sx = x + 1 = f(0, x) < f(1, x),$$
$$x_1 \dot{-} x_2 \leqslant \max(x_1, x_2) = u < u + 1 = f(0, u).$$

如果 g 由叠置而得,设

$$g(x_1, \cdots, x_n) = A(B_1, B_2, \cdots, B_m)(x_1, \cdots, x_n),$$

而

$$A(a_1, \cdots, a_m) < f(t_a, \max(a_1, \cdots, a_m)),$$

$$B_i(x_1, \cdots, x_n) < f(t_i, u) \quad (1 \leqslant i \leqslant m).$$

则 $g(x_1, \cdots, x_n) < f(t_a, \max(f(t_1, u), \cdots, f(t_m, u)))$.

试取 $t = \max(t_a, t_1, \cdots, t_m)$，那么

$$g(x_1, \cdots, x_n) \leqslant f(t, f(t, u))$$
$$< f(St, Su) < f(SSt, u).$$

故可取 $\max(t_a, t_1, \cdots, t_m) + 2$ 为所求之 t.

如果 g 由原始复迭算子而得，设 $g(x) = \underset{t \to 0, x}{\text{itr}} B(e)$，而

$$B(x) < f(t_1, x).$$

今证
$$g(x) < f(t_1 + 1, x)$$

奠基．当 $x = 0$ 时，$g(0) = 0 < f(t_1 + 1, 0)$.

归纳．讨论情况 Sx.

$$g(Sx) = B(g(x)) < f(t_1, g(x))$$
$$<_{\text{归设}} f(t_1, f(St_1, x))$$
$$< f(St_1, Sx),$$

故归纳步骤得证．依数学归纳法，断言得证．

综上所述，可知定理 1 成立，即 $f(t, x)$ 为原始递归函数集的控制函数．

定理 2 作为 m, n 的二元函数，$f(m, n)$ 不可能是原始递归函数．

证明 如果它是，则可找出 t_1，使

$$f(m, n) < f(t_1, \max(m, n))$$

取 m, n 均为 t_1，则有

$$f(t_1, t_1) < f(t_1, t_1).$$

这不合，故定理得证．

由定义，显然当 m 固定时，$f(m, n)$ 为 n 的原始递归函数，只有当作为 m 的函数时，$f(m, n)$ 才不是 m 的原始递归函数．

$f(m, n)$ 是二重递归式，但却是强嵌套的二重递归式．这便是上文我们说强嵌套多重递归式未必可化为原始递归式与叠置的依据所在．

又 $f(m, n)$ 可定义如下．先定义 $f(m, 1)$：

$$\begin{cases} f(0, 1) = 2, \\ f(Sm, 1) = f(m, f(Sm, 0)) \dot{-} f(m, f(m, 1)). \end{cases}$$

故 $f(m, 1)$ 可用嵌套单重递归式定义，从而可化为原始递归式及叠置．然后，再定义 $f(m, n)$：

$$\begin{cases} f(0, n) = Sn, \\ f(Sm, n) = \underset{l \to f(m,1), n}{\text{itr}} f(m, l). \end{cases}$$

这是含有算子 itr（非初等算子）的递归式．后者的根据如下．由定义可知：

$$\begin{cases} f(Sm, 0) = \underset{l \to f(m,1), 0}{\text{itr}} f(m, l) = f(m, 1) \\ f(Sm, Sn) = f(m, f(Sm, n)) \end{cases}$$

与前面的定义相同．

$f(m, 1)$ 为原始递归函数，但由含有算子 itr 而定义的 $f(m, n)$ 却不再是原始递归函数，故知，含有非初等算子的递归式，一般说来是不能化归为原始递归式及叠置的．

注意，容易验证（读者自证）．

$$f(0, n) = Sn,$$
$$f(1, n) = n + 2,$$
$$f(2, n) = 2n + 3,$$
$$f(3, n) = 10 \cdot 2^n - 3$$

而当 $m \geqslant 4$ 时，$f(m, n)$ 非初等函数．

§ 37. 原始递归函数的分类

对原始递归函数进一步划分，是由 A. Grzegorczyk 开始的．他的分类是最著名的．其方法如下．先定义 $f_n(x, y)$：

$$f_0(x, y) = Sy$$
$$f_1(x, y) = x + y$$
$$f_2(x, y) = Sx \cdot Sy$$

当 $n \geqslant 2$ 时，

$$f_{n+1}(0, y) = f_n(Sy, Sy),$$

$$f_{n+1}(Sx, y) = f_{n+1}(x, f_{n+1}(x, y)).$$

定义 从本原函数，Sx，$I_{21}(x, y)$，$I_{22}(x, y)$，$f_n(x, y)$ 出发，利用叠置与受限原始递归式而作成的函数集叫做 ε^n.

已经证明，ε^3 恰是初等函数集，而 $\bigcup_n \varepsilon^n$ 恰是原始递归函数集. 此外还有好些有名的性质.

上述分类方法虽然广泛流行，但是有其缺点. 首先，f_0，f_1，f_2 三个函数完全是人工规定，它们不能放入后面 f_n 系统之内，即一般的 f_n 所满足的关系(后两方程)，前三函数并不具备. 因此，好些对 $n \geqslant 3$ 时的 ε^n 成立的性质，对 ε^0，ε^1，ε^2 是否成立，很成问题. Grzegorczyk 便列有一些例子如下.

1. 当 $n \geqslant 3$ 时，在 ε^n 内受限的 rec 与 $\text{rti}_{e\to\cdot n}$ 或 $\Sigma_{l\to n}$ 是等价的，但在 ε^0，ε^1，ε^2 内它们是否等价人们并不知道.

2. 当 $n \geqslant 3$ 时，ε^n 的枚举函数在 ε^{n+1} 内，但 ε^0 的枚举函数是否在 ε^1 内也不知.

3. 当 $n \geqslant 3$ 时，ε^n 内的谓词可由几个谓词(见后)使用命题联结词与受限量词而得，但 ε^0，ε^1，ε^2 内的谓词则不知.

如此等等，都表明 ε^3 以上的集与 ε^0，ε^1，ε^2 之间有很大的不同，从而对 f_0，f_1，f_2 的挑选似乎可以改进. 现在已有人提出多种改进方法.

首先是 P. Axt 提出用使用原始递归算子的次数来分类. 具体说来是:

1. 叠置于本原函数的函数组成 K_0.

2. 由 K_n 的函数作叠置而得的函数仍在 K_n 中.

3. 如 $B(e_1, e_2)$ 为 K_n 的函数，则 $\text{rec}_{(e_1,e_2)\to(u,n)}B(e_1, e_2)$ 属于 K_{n+1}.

可以证明，$n \geqslant 3$ 时，$K_n = \varepsilon^{n+1}$，但 K_2 与 ε^3 互不包含，K_0，K_1 与 ε^0，ε^1，ε^2 的关系也不明显.

因为很重要的函数集 ε^3 (初等函数集) 在 K 系列中没有位置，因此人们又对这个分类作一些小的修改.

2. 或者把算子 rec 改为联立递归算子，所得的系列可记为 K^{sim}.

3. 或者把算子 rec 改为 $B_{e\to u}f(e)$，而 B 与 f 均作为算子的作用域，所得的系列记为 $\mathscr{L}n$，并约定：如果 $f(e)\in\mathscr{L}_m$，$B(e_1, e_2)\in\mathscr{L}_n$，则

$$B_{e\to u}f(e)\in\mathscr{L}_{\max(m,n+1)}$$

即所作成函数与 f 至少同属，而比 B 的属数至少多 1.

作了这样的修正之后，我们有：

$n\geqslant 2$ 时 $K_n^{\text{sim}}=\varepsilon^{n+1}$，$\mathscr{L}_n=\varepsilon^{n+1}$.

即除却 $K_2^{\text{sim}}=\mathscr{L}_2=\varepsilon^3$ 以外，当 $n\geqslant 3$ 时，

$$K_n^{\text{sim}}=\mathscr{L}_n=K_n(=\varepsilon^{n+1}).$$

因此，这样改动影响极微. 当然，下列各函数集

$$K_0,\ K_1,\ K_2,\ K_0^{\text{sim}},\ K_1^{\text{sim}},\ \mathscr{L}_0,\ \mathscr{L}_1,\ \varepsilon^0,\ \varepsilon^1,\ \varepsilon^2$$

之间的关系还未明朗，有待进一步的探讨.

无论如何，当 $n\geqslant 3$ 时有 $\varepsilon^{n+1}=\mathscr{L}_n=K_n=K_n^{\text{sim}}$，这些集合有下列的性质，其证明并不太难，我们暂且从略，读者可参考有关论文(尤其 A. Grzegorczyk 的论文).

下文均就 $n\geqslant 3$ 而立论(有些对一切 n 成立).

性质 1. $\varepsilon^3(=\mathscr{L}_2=K_2^{\text{sim}})$ 是初等函数集.

性质 2. $\varepsilon^n\subset\varepsilon^{n+1}$ (一切 n 也适用).

性质 3. ε^n 内的谓词可用下法生成：

由开始谓词 $e=0$，$e_1=Se_2$，$e_1=e_2\upharpoonright e_3$，$e_1=e_2\dot{-}e_3$ $e_1=f_n(e_2,e_3)$，$e_1\leqslant f_n(Se_2, Se_3)$，$e_1\leqslant f_n(Se_2, Se_2)$并利用命题联结词及受限量词而组成.

性质 4. 集 ε^{n+1} 含有 ε^n 的枚举函数.

性质 5. 原始递归函数集$\mathscr{R}$为各 ε^n 的并集，即 $\mathscr{R}=\bigcup\limits_n\varepsilon^n$.

这些性质的证明今略.

由上所论，可知对原始递归集的分类可以分成初等函数集 ε^3 以及 $\varepsilon^n(n\geqslant 4)$ 至于初等函数集以下的分类到底采用什么标准更好，迄今还没有成熟的一致的看法.

第四章　递归函数集

§ 40. 一般递归式及其简化

定义　**一般递归式**指：由 $f(e_1, e_2)$ 及 $g(e_1)$ 而选 h 如下：

$$\begin{cases} h(u, 0) = u & (1) \\ h(u, Sx) = f(x, h(u, g(x))) & (2) \end{cases}$$

如有参数(我们照上约定,只写一个) v，则是：

$$\begin{cases} h(v, u, 0) = u & (3) \\ h(v, u, Sx) = f(v, x, h(v, u, g(v, x)) & (4) \end{cases}$$

记为 $reg_{(e_1,e_2)\to(u,x)}\{f(v, e_1, e_2), g(v, e_1)\}$. 这是我们使用的标准的一般递归式. 当已作出函数 D 后，由于 x 可写成 DSx，上面第四式为：

$$\begin{aligned} h(v, u, Sx) &= f(v, DSx, h(v, u, g(v, DSx)) \\ &= f_1(v, Sx, h(v, u, g_1(v, Sx)). \end{aligned} \quad (5)$$

这里 $f_1(e_0, e_1, e_2) = f(e_0, De_1, e_2)$, $g_1(e_0, e_1) = g(e_0, De_1)$. 有时为了方便，我们也使用 (5) 代替 (4) (但仍将 f_1, g_1 写成 f, g). g 或 g_1 叫做该递归式的**相(函数)**.

定义　由本原函数出发，经过叠置与一般递归式所作成的函数(集)叫做**递归函数**(集)；如果再加入 $A_1, A_2, \cdots, A_h$ 作为开始函数,则所得的函数(集)叫做**递归于 $A_1, A_2, \cdots, A_h$ 的函数(集)**.

对一般递归式有一种情况需要讨论. 那就是**保全性问题**. 即,当它作用于全函数时,是否得出全函数. 如果得出全函数便说具有**保全性**,否则便不具有保全性. 前者又叫做**正常的算子**,后者便叫做**反常的算子**.

以前讨论的初等算子与原始递归算子(以及多重递归算子)都是保全的. 但一般递归算子与求递算子(摹状算子)却不具有保全

性。

一般递归算子是否具保全性，全由作用域中的相 $g(x)$ 而定．如使用 (5) 式，则计算 $h(u, Sx)$ 时必须计算 $h(u, g_1Sx)$；如 $g_1Sx \neq 0$ 再根据 (5) 式又必须计算 $h(u, g_1^2Sx)$；…；如此递推下去，一直计算到 $g_1^mSx = 0$ 为止，这时根据 (3) 式，$h(u, 0) = u$，以后便可逐步计算 $h(u, Sx)$ 了．因此，$h(u, Sx)$ 是否可计算，是否有值，看是否有 m 使得 $g_1^mSx = 0$ 而定．如有这种的 m 则 $h(u, Sx)$ 有值，否则无值．

定义 如果 $g^m(x) = 0$（指 g 叠置 m 次）则说 g 在 A 处**归宿于0**，而 m 叫做 g 在 x 处的**归宿步数**．如果 g 在处处都归宿于 0 则说 g 为**归宿函数**，而相应的 $m(x)$ 叫做 g 的**归宿步数函数**．由 g 求 m 的算子叫做**归宿步数式**，记为 $m(x) = stp_{e\to x}g(e)$.

注意．由于 $g^0(0) = 0$ 故任何 g 必在 0 处归宿于 0 而相应的归宿步数为 0。

由于 $D_x^x = 0$，故 D 为归宿函数，而相应归宿步数函数为 I_e.

由于上面的讨论可知:

定理 1 要使 $\mathrm{reg}_{(e_1,e_2)\to(u,x)}\{fe_1e_2, ge_1\}$ 具保全性（为正常算子）恰须 (5) 中的相 g_1c（亦即 (3) 中的 gD）为归宿函数，即处处归宿于 0。

注意，如相 g_1 非归宿函数，则当 g_1 在某处归宿于 0 时，结果函数亦在该处有定义．

下文均假定相 g_1 是归宿函数，而求得的函数是全函数．

另外求逆算子与摹状算子(求根算子)亦是未必具保全性的算子． $\mathrm{inv}_{e\to u}f(e)$ 为保全算子的充分必要条件是 $f(e) = u$ 有根，$\mathrm{rti}_ef(e)$ 为保全算子的充分必要条件是 $f(e) = 0$ 有根，这都是容易知道的．这些算子与一般递归算子及其各种特例(一般复迭式，归宿步数式)之间有很密切的关系，具体说来，它们全都可以彼此互相表示．另外，它们与原始递归式之间也有很密切的关系．一般递归式显然是原始递归式的推广，但利用归宿步数函数后，一般递归式极易用原始递归式来表示．这一切我们将首先加以讨论．

定理 2 利用归宿步数函数 $m(x)$，一般递归可用原始递归式表示。

证明 设用一般递归式定义 f 如下。

$$\begin{cases} f(v, u, 0) = u, \\ f(v, u, Sx) = B(u, Sx, f(v, u, g(v, Sx))) \end{cases}$$

试将 $f(v, u, g_v^{m(x) \dot{-} k}(x))N(k \dot{-} m(x))$ 记为 $p(v, u, x, k)$. 这里 $m(x)$ 为 g 的归宿步数函数. 我们有:

$$\begin{aligned} p(v, u, x, 0) &= f(v, u, g_v^{m(x) \dot{-} 0}(x))N(0 \dot{-} m(x)) \\ &= f(v, u, 0) = u \end{aligned} \tag{1}$$

$$p(v, u, x, Sk) = f(v, u, g_v^{m(x) \dot{-} Sk}(x))N(Sk \dot{-} m(x))$$

当 $Sk \dot{-} m(x) = 0$ 时，$k < m(x)$，故 $g_v^{m(x) \dot{-} Sk}(x) \neq 0$ 且有

$$g_v^{m(x) \dot{-} k}(x) = g_v g_v^{m(x) \dot{-} Sk}(x),$$

从而

$$\begin{aligned} p(v, u, x, Sk) &= B(u, g^{m(x) \dot{-} Sk}(x), f(v, u, \\ &\quad g_v g_v^{m(x) \dot{-} Sk}(x)))N(Sk \dot{-} m(x)) \\ &= B(u, g^{m(x) \dot{-} Sk}(x), p(v, u, xk))N(Sk \\ &\quad \dot{-} m(x)) \end{aligned} \tag{2}$$

当 $Sk \dot{-} m(x) > 0$ 时，两边为 0，故 (2) 仍成立. 但 (1) (2) 为原始递归式. 今用原始递归式 (1) (2) 而定义 $p(v, u, x, k)$，再从

$$f(v, u, x) = p(v, u, x, m(x))(= f(v, u, g_v^{m(x) \dot{-} m(x)}(x)))$$

而定义 f. 由此可见定理得证.

但是 $m(x)$ 不是一个固定的函数，而须由 $g(x)$ 求出. 故得

系 一般递归式可用{原始递归式，归宿步数式}或{原始递归式，求根算子}来表示.

证明 给出 $g(x)$ 后，可用 $m(x) = \mathrm{stp}_{e \to x} g(e)$ 或

$$m(x) = \underset{e_1}{\mathrm{rti}}\ \mathrm{itr}_{e \to x, e_1} g(e)$$

而求得，但 itr 为原始递归式的特例. 故断言得证.

但是原始递归式本身可由归宿步数式或求根算子而表示. 因此再得

定理 3 一般递归式可由 $\left(\text{借助于 } x \dot{-} y \text{ 及 } \left[\frac{y}{x}\right]\right)$ 求根算子而表示.

证明 根据前定理，只须证明原始递归式可用求根算子而表示便够了. 设用原始递归式而定义 f 如下:

$$\begin{cases} f(v, u, 0) = u, \\ f(v, u, Sx) = B(u, x, f(v, u, x)) \end{cases}$$

今令 $\text{seq}_{e\to Sx} f(v, u, x) = w$, 则

$$\text{tm}(0, w) = u,$$

$$\text{tm}(Si, w) = B(u, i, \text{tm}(i, w)) \quad (i < x \text{ 时})$$

故

$$w = \underset{e}{\text{rti}}\{\text{eq}(u, \text{tm}(0, w)) \oplus \text{eq}(x, \underset{e_1\to x}{\text{rti}} N\text{eq}(\text{tm}(Si, w), B(u, i, \text{tm}(i, w))))\}$$

既得 w,

$$f(v, u, x, = \underset{e}{\text{rti}}(e, \text{tm}(x, w)).$$

这里所用各函数都是准初基函数,可用 $x \dot{-} y$ 与 $[x/y]$ 表示. 故定理得证.

我们还不必借助前定理而直接证明: 可用求根算子而表示一般递归式如下.

设用一般递归式而定义 f 如下:

$$\begin{cases} f(v, u, 0) = u, \\ f(v, u, Sx) = B(u, Sx, f(v, u, g(v, Sx))). \end{cases}$$

任给 v, u, x 后，我们必可找出两数 m 及 w 如下:（我们将参数 v 省略不写）

$$\text{tm}(0, w) = x,$$

$$\text{tm}(1, w) = g(x),$$

$$\text{tm}(2, w) = g^2(x),$$

$$\cdots\cdots\cdots\cdots$$

$$\text{tm}(m, w) = g^m(x) = 0,$$

$$\text{tm}(m+1, w) = u,$$

$$\mathrm{tm}(m+2, w) = B(u, g^{m-1}(x), \mathrm{tm}(m+1, w))$$
$$= B(u, \mathrm{tm}(m-1, w), \mathrm{tm}(m+1, w)),$$
$$\mathrm{tm}(m+3, w) = B(u, g^{m-2}(x), \mathrm{tm}(m+2, w))$$
$$= B(u, \mathrm{tm}(m-2, w), \mathrm{tm}(m+2, w)),$$

一般 $\mathrm{tm}(m+Si, w) = B(u, \mathrm{tm}(m-i, w), \mathrm{tm}(m+i, w))$.

而

$$f(v, u, x) = \mathrm{tm}(2m+1, w)$$
$$= B(u, \mathrm{tm}(0, w), \mathrm{tm}(2m, w)).$$

如用 q 表示 $\mathrm{pg}(w, m)$，则 q 应满足条件:

$$\mathrm{tm}(0, k_q) = x,$$
$$\mathrm{tm}(Si, k_q) = g(\mathrm{tm}i, k_q) \quad 当\ i \leqslant L_q\ 时,$$
$$= u \quad 当\ i = L_q\ 时,$$
$$= B(u, \mathrm{tm}(L_{q-i}, k_q), \mathrm{tm}(L_{q+i}, k_q)) \quad 当\ i > L_q\ 时.$$

如依这个条件而求最小的 q，则

$$f(u, x) = \mathrm{tm}(2m+1, w)$$
$$= \mathrm{tm}(2L_{q+1}, k_q).$$

故一般递归式可用求根算子表示（借助于函数 $x \dot{-} y$ 与 $[x/y]$）.

定理 4 一般递归式可用归宿步数式表示.

证明 根据上定理，只须证明求根算子可用归宿步数式而表示便够了.

设用求根算子而定义 h 如下: $h(u) = \mathrm{rt}_e f(u, e)$ 今命

$$g(u, t) = st \cdot N^2 f(u, t).$$

则有:

引理 (1) $h(u) > t$ 时 $g_u^t(1) = st$.

(2) $h(u) > 0$ 时 $g_u^{h(u)}(1) = 0$.

证明 (1) 对 t 归纳（我们把 $g(u, e)$ 写为 $g_u(e)$ 甚至省写为 $g(e)$).

奠基. $t = 0$ 时 $g^0(1) = 1 = S0$，故奠基成立.

归纳. $g^{st}(1) = g(g^t(1)) = g(st) = sst \cdot N^2f(u, st)$
注意，由归纳假设，$g^t(1) = st$，又因在情形 st 时 $h(u) > st$，故 $f(u, st) > 0$. 因得

$$g^{st}(1) = sst \cdot 1 = sst.$$

归纳步骤得证. 故依归纳法得证.

(2) 因 $h(u) > 0$，故 $h(u) = SDh(u)$，即 $h(u) > Dh(u)$，依 $1n$ 所证有

$$g^{Dh(u)} = SDh(u) = h(u)$$

从而

$$\begin{aligned} g^{h(u)}(1) &= g(g^{Dh(u)}(1)) = g(h(u)) \\ &= Sh(u) \cdot N^2f(u, h(u)) = Sh(u) \cdot 0 \\ &= 0. \end{aligned}$$

引理得证.

既证明了引理即知求根算子可用归宿步数式表示如下:

$$h(u) = \mathrm{stp}_{e \to N^2f(u,0)} Se \cdot N^2f(u, e) = \mathrm{stp}_{e \to N^2f(u,0)} g(e).$$

因为，如果 $h(u) = 0$，则 $N^2f(u, 0) = 0$，而 $\mathrm{stp}_{e \to 0} F(e) = 0$（任何 F），故两边相等. 如果 $h(u) > 0$ 则因 $g^{h(u)}(1) = 0$ 故

$$h(u) = \mathrm{stp}_{e \to 1} g(e) = \mathrm{stp}_{e \to N^2f(u,0)} g(e).$$

由上所论即知定理得证.

但是，亦可以直接用归宿步数式表示原始递归式，甚至于直接表示一般递归式而无须借助于求根算子. 读者试自行证明下列结果.

设用复迭式由 $f(x)$ 而造 $f^n(\dot{u})(= A)$. 再令

$$\begin{aligned} g(x) &= pg^3 0(LK^2x)f(LKx)(SLx), \\ &\qquad \text{当 } K^3x = 0 \text{ 且 } Lx < LK^2x \text{ 时;} \\ &= pg^3 1(LK^2x)(LKx)0, \\ &\qquad \text{当 } K^3x = 0 \text{ 且 } Lx \geqslant LK^2x \text{ 时;} \\ &= pg^3 1(LK^2x)(DLKx)0, \\ &\qquad \text{当 } K^3x \neq 0 \text{ 且 } LKx \neq 0 \text{ 时;} \\ &= 0, \quad \text{此外.} \end{aligned}$$

如令 B 表 $pg^3 0nu0$，则有

$$g^n(B) = pg^3 0nAn,\quad g^{n+1}(B) = pg^3 1nA0,$$
$$g^{n+1+i}(B) = pg^3 1n(A-i)0,$$

最后 $g^{n+1+A}(B) = 0$，故 $stp_{e\to B}g(e) = n+2+A$，故

$$A = f^n(u) = stp_{e\to B}g(e) \dot{-} (n+2).$$

如用一般递归式而造 $f(u, x)$ 如下：

$$\begin{cases} f(u, v, 0) = v, \\ f(u, v, Sx) = B(u, Sx, f(u, v, g(u, Sx))) \end{cases}$$

今先用 stp 定义 $d(u, x) = \mathrm{stp}_{e\to x}g(u, e)$，再定义 $h(x)$ 如下：

$$\begin{aligned} h(x) &= pg^4 0(LK^3x)(LK^2x)pg(LKx, Lx)g(LK^3x, Lx), \\ &\qquad \text{当 } K^4x = 0 \text{ 而 } Lx \neq 0 \text{ 时；} \\ &= pg^4 1(LK^3x)B(LK^3x, L^2Kx)(KLKx)(Lx), \\ &\qquad \text{当 } K^4x = 0 \text{ 且 } Lx = 0 \text{ 或 } K^4x = 1 \text{ 且 } LKx \neq 0 \text{ 时；} \\ &= pg^4 2(LK^3x)(DLK^2x)(LKx)(Lx), \\ &\qquad \text{当 } K^4x = 1 \text{ 且 } LKx = 0 \text{ 或 } K^4x = 2 \text{ 且} \\ &\qquad LK^2x \neq 0 \text{ 时；} \\ &= 0, \quad \text{此外.} \end{aligned}$$

设命 $B = pg^4 0uvpg(0, x)x$ 而 d 记 $d(u, x)$ 时则有（c_1, c_2 等为适当值）

$$\begin{aligned} &h^i(B) = pg^4 0uvCg^i(x) \quad (i \leqslant d(u, x) \text{ 时}) \\ &h^{d+i}(B) = pg^4 1uB(v, g^{d-i}(A), C_3)C_20 \\ &h^{2d}(B) = pg^4 1uf(u, v, x)00 \\ &h^{2d+i}(B) = pg^4 2uf(u, v, x) \dot{-} i00 \\ &h^{2d+f}(B) = pg^4 2u000 \end{aligned}$$

故 $f = f(u, v, x) = stp_{e\to B}h(e) \dot{-} 2d(u, x)$，

这就是我们所断言的.

§ 41. 一般递归函数集

定义 从本原函数出发，利用叠置与一般递归式作成的函数

叫做递归函数．其为全函数的叫做**递归全函数**（通常书中亦叫做**一般递归函数**）．未必为全函数的叫做**递归可偏函数**．

因为原始递归式为一般递归式的特例（取 g 为 I 时的特例），故递归全函数集包括原始递归函数集．但递归全函数包括更广，所有多重递归函数都包括在内（这在下面可以看出）．

一般递归式有各种特例，因此递归函数集可以有别的看起来更简单的组成方法．今述如下．

定理 1 由本原函数出发，经过叠置及无参数的一般复迭式可以作出递归函数集．

证明 所谓**一般复迭式**指下列没有递归变元的递归式：

$$\begin{cases} f(u,\ 0)=u \\ f(u,\ Sx)=Bf(g(x)) \end{cases}$$

当取 g 为 I（本原函数）时它便是原始复迭式．从本原函数出发利用叠置与原始复迭式即可作出一切原始递归函数，从而当然可以表示一般递归式了．定理得证．

定理 2 由本原函数及 $e_1 \dot{-} e_2$ 出发，利用叠置与从零起的一般复迭式可以作出递归函数集．

证明 仿上，利用原始递归函数集处的结果，读者自证．

定理 3 加入 $e_1 \dot{-} e_2$，$[e_1/e_2]$ 作为开始函数后，利用叠置与容许参数的求根算子 rti_e 即可作出递归函数集．

证明 因为这样一来即可表示一般递归式．

定理4 加入 $e_1 \dot{-} e_2$，$[e_1/e_2]$ 作为开始函数后，利用叠置与无参数的归宿步数式 $stp_{e\to u}$ 即可作出递归函数集．

证明 同上．

定理 5 加入 e_1+e_2，$e_1\cdot e_2$（或 e_2）及 $\mathrm{eq}(e_1,\ e_2)$ 作为开始函数后，利用叠置与容许参数的求根算子 rti_e，即可作出递归函数集．

证明 由定理 3，只须作出 $e_1 \dot{-} e_2$，$[e_1/e_2]$ 即可．

(0) $x\cdot y=\mathrm{rti}_e\mathrm{eq}(x^2+y^2+e+e,\ (x+y)^2)$

（当加入 e^2 时）

(1) $\mathrm{rti}_{e\to\cdot n}f(u,e)=\mathrm{rti}_e(f(u,e)\cdot\mathrm{eq}(e,n))$

(2) $N^2x=\mathrm{rti}_{e\to\cdot 1}\mathrm{eq}(x\cdot e,x)$

(3) $x \doteq y=\mathrm{rti}_{e\to\cdot x+y}\mathrm{eq}(e^2+4x\cdot y,(x+y)^2)$,

(4) $Nx=1 \doteq N^2x$

*(5) $x \dot{-} y=(x \doteq y)\cdot N^2(y \doteq x+x \doteq y)$,

*(6) $[x/y]=\mathrm{rti}_{e\to\cdot x}(Sx\cdot N^2y \dot{-} Se\cdot y)$,

定理 6 加入 e_1+e_2, $e_1\cdot e_2$ (或 e^2) 作为开始函数，利用叠置与有参数求递算子可作出递归函数集.

证明 如果加入平方函数,则先作

(0) $x \dot{-} y=\mathrm{inv}_{e\to(x+y)^2}(x^2+y^2+e+e)$.

(1) $N^2x=\mathrm{inv}_{e\to x}x\cdot t$.

(2) $\mathrm{eq}(x,y)=N^2(x \doteq y)$.

既已作出 $x\cdot y$ 及 $\mathrm{eq}(x,y)$，而 $\mathrm{rti}_e f(u,e)=\mathrm{inv}_{e\to 0}f(u,e)$，故由前定理即得证明.

关于使用有参数的求根算子，那末用下列任意一组作开始函数即可作出递归函数集:

(1) e_1+e_2, NE_ae,　　(2) e_1+e_2, N^2E_ae,

(3) e_1+e_2, NL_ae,　　(4) e_1+e_2, N^2L_ae,

(5) e_1+e_2, $N\bar{L}_ae$,　　(6) e_1+e_2, $N^2\bar{L}_ae$.

如使用无参数的求逆算子，可用下列开始函数:

(1) e_1+e_2, E_ae,　　(2) e_1+e_2, $\bar{L}_ae$.

关于这些我们就不多说了(见拙著《递归函数论》).

一般递归函数集的名称是 Gödel 提出来的,他根据 Herbrand 一封信的暗示,作出下列定义: 如果有一列的方程(即等式),其中只出现函数与数变元及常数，而只利用代入与替换两运算可把一函数 f 在每个具体的变目处的值计算出来，则函数 f 叫做一般递归函数. 他提出来后，Kleene 证明这样的函数可以由原始递归式及求根算子而作出，因此后来便把一般递归函数集定义为: 由本原函数出发，利用叠置，原始递归式及求根算子而作出的函数集. 这个定义当然无可非议，但由原始递归函数集而推广到一般递归函数集时，是由于添加了求根算子，求根算子很难说是"一般递归"．上面既已证明了，原始递归式与求根算子等价于一般递归式，因此采用我们上文的定义就更为鲜明更为合适了．这是我们改而采用这个新定义的原因．

Gödel 原来所定义的函数集，可以叫做可有限计算的函数集，对此，我们下文将作更详细的讨论．

§ 42. 一般递归式的加强

和原始递归式一样，一般递归式的开始值也可以换为 $A(u)$，即采用下式：

$$f(u, 0) = A(u),$$

$$f(u, Sx) = B(u, x, f(u, g(u, x))).$$

和前面一样，可以证明下列等式：

$$f(u, x) = \mathrm{reg}_{(e_1, e_2) \to A(u), x} B(u, e_1, e_2).$$

所以，表面上推广了，实际上并没有推广．

联立一般递归式，串值一般递归式（这时右端出现 $f(u, g_u^i(x))$，i 可为 u, x 的已知函数），参数变异或作用域变异乃至串值一般递归式等都可以仿前定义．不同的是：前面嵌套多重递归式未必可化为无嵌套的多重递归式，但现在则嵌套的一般递归式恒可化为无嵌套的一般递归式．又含初等算子的亦可化为不含初等算子的，这些都和前面的讨论相类似，不多赘述．

在求最小根时可用下列一般递归式：

$$h(u, v, 0) = u, \tag{1}$$

$$h(v, u, Sx) = h(v, Su, g(v, Su)). \tag{2}$$

这是参数变异的一般递归式，相函数为 $g(v, u)$（与 x 无关），不但 h 的参数 u 改变连梯函数的参数 u 也改变．而

$$\mathrm{rti}_e g(v, e) = h(v, 0, g(v, 0)).$$

要证明这点，可证明下列引理：

引理 （甲）如果 $t < \mathrm{rti}_e g(v, e)$ 则 $h(v, 0, g(v, 0)) = h(v,$

$t, g(v, t))$.

（乙）如果 $t = \mathrm{rti}_e g(v, e)$ 则 $h(v, 0, g(v, 0)) = t$.

证明 (1) 对 t 归纳. 当 $t = 0$ 时,

$$h(v, 0, g(v, 0)) = h(v, 0, g(v, 0))$$

永远成立. 故奠基部分得证. 归纳. 如果 $st < \mathrm{rti}_e g(v, e)$, 当然亦有 $t < \mathrm{rti}_e g(v, e)$, 依归纳假设,有

$h(v, 0, g(v, 0)) = h(v, t, g(v, t)) =$ (由第二式) $h(v, st, g(v, st))$. 故依归纳法得证.

(2) 当 $t = \mathrm{rti}_e g(v, e)$ 时,如果 $t = 0$, 则

$h(v, 0, g(v, 0)) = h(v, 0, 0) =$ (由第一式) $0 = t$.

如果 $t \neq 0$, 则 $Dt < \mathrm{rti}_e g(v, e)$, 故由(甲)

$$\begin{aligned} h(v, 0, g(v, 0)) &= h(v, Dt, g(v, Dt)) \\ &= h(v, t, g(v, t)) \\ &= h(v, t, 0) = t. \end{aligned}$$ 于是定理得证.

下列递归式:

$$\begin{aligned} h(x) &= h(h(x + 1)) && \text{当 } x \leqslant 100 \text{ 时;} \\ &= x - 10 && \text{当 } x > 100 \text{ 时.} \end{aligned}$$

这是嵌套的一般递归式,但也不是很标准的嵌套一般递归式,因为只能勉强地认为梯函数为 I_{e+11}, 而 h 自相嵌套, 要想将它改变成 $h(x) = Bh(g(x))$ 而 B, g 为已知(不依赖于 h) 是很困难的.当然仍是可能的,见后面的详细讨论.

这递归式的解答是:

$$\begin{aligned} h(x) &= 91 && \text{当 } x \leqslant 100 \text{ 时;} \\ &= x - 10 && \text{当 } x > 100 \text{ 时.} \end{aligned}$$

可先讨论 $h(100)$, 再讨论 $h(99)$ 等等,很快便可找出其规律.

上递式还可推广为

$$\begin{aligned} h(x) &= h(h(x + a)) && \text{当 } x \leqslant b \text{ 时;} \\ &= x - e && \text{当 } x > c \text{ 时.} \end{aligned}$$

要解出它并非易事但也不太难. 读者试自作出.

对一般递归式需特别讨论的是有关梯函数 $g(x)$ 的情形.

首先是使用归宿于 $a_0(\neq 0)$ 的函数，这时有

$$f(u, a_0) = A(u),$$
$$f(u, x) = B(u, x, f(u, g(u, x))) \quad (x \neq a_0 \text{ 时}).$$

如命 $h(u,0) = 0$, $h(u, Sx) = f(u, x)$, 又 $g_1(u, 0) = 0$, $g_1(u, Sx) = Sg(u, x)$, 则将有

$$h(u, 0) = 0,$$
$$\begin{aligned} h(u, Sx) &= A(u) \qquad \text{当 } Sx = a_0 \text{ 时} \\ &= f(u, x) = B(u, x, f(u, g(u, x))) \\ &= B(u, x, h(u, Sg(u, x))) \\ &= B(u, x, h(u, g(u, Sx))) \end{aligned}$$

而 g_1 归宿于 0. 这样便化归于通常的一般递归式.

其次，使用有多个归宿的函数，即其中的 g 满足条件：对任何 x 恒有 $m(x)$ 使 $g^{m(x)}(x)$ 为 $a_1, \cdots, a_r$ 之一. 设原来一般递归式为:

$$f(u, a_i) = A_i(u) \quad (i = 1, 2, \cdots, r);$$
$$f(u, x) = B(u, x, f(u, g(u, x))) \quad (x \neq a_1, a_2, \cdots, a_r)$$

则命 $h(u, 0) = 0$, $h(u, Sx) = f(u, x)$; $g_1(u, 0) = 0$, $g_1(u, Sa_i)=0$ $(i=1, \cdots, r)$, $g_1(u, Sx) = Sg(u, x)$ $(x \neq a_1, a_2, \cdots, a_r)$. 仿前 $h(u, x)$ 可由通常的一般递归式定义.

此外，还有多相一般递归式，例如(二相的):

$$\begin{cases} f(u, 0) = A(u), \\ f(u, Sx) = B(u, x, f(u, g_1Sx), f(u, g_2Sx)) \end{cases}$$

当按上式而计算 $f(u, Sx)$ 时，须依次计算下列各值(将参数 u 省略不写):

$$f(g_1Sx),\ f(g_2Sx),$$
$$f(g_1^2Sx),\ f(g_1g_2Sx),\ f(g_2g_1Sx),\ f(g_2^2Sx), \cdots$$

等等，直到其值为 0 时为止. 究竟 g_1, g_2 须满足什么条件才能保证它们必定归宿于 0，对此除下列简单情形外，尚无人知晓. 当 $g_1Sx < Sx$, $g_2Sx < Sx$ 时，多相递归式必把全函数变成全函数.

§ 43. 一般递归式与有序递归式

原始递归式有一个特点，那就是，计算 $f(u, Sx)$ 时，所使用的 f 值 $f(u, Sx)$ 是在 $f(u, Sx)$ 之前（当按第二变目排序时）。而在一般递归式中，计算 $f(u, Sx)$ 所使用的 f 值却是 $f(u, g(x))$，而 $g(x)$ 与 Sx 却很难说孰大孰小，我们所以保证能够计算 $f(u, Sx)$，只在于 gD 在 Sx 处归宿于 0. 但是，按序递归式却很自然而普遍，在下面我们将详细讨论.

定义 设有二元谓词 $P_{e_1e_2}$，如果 P 是非对称的且可传的，则 P 叫做**次序关系**. 如果由 P 所排序的集合中每个非空子集都有一最小元素，则 P 叫做**良序关系**.

就良序关系而言，设有一列 $\{a_i\}$，如果各 a_i 均为某良序集的元素且永有 $a_{i+1} \prec a_i$，则 $\{a_i\}$ 只能有有限个元素.

因此，如果函数 g 满足 $g(x) \prec x$，则必有 m 使 $g^m(x) = 0$.

定义 下列的递归式

$$f(u, 0) = u,$$
$$f(u, Sx) = B(u, x, f(u, g(x))),$$

其中按某种良序 $\prec$ 而言永有 $g(Sx) \prec Sx$，则说上述的定义方式是**有序递归式**或**按 $\prec$ 的有序递归式**.

对良序集而言，虽然满足 $a_{i+1} \prec a_i$ 关系的数列 $\{a_i\}$ 只能有有限项，但一数之前，两数之间可能有无穷多个数. 例如，将一次（自然数为系数）多项式照下列排序：

$$ax + b \prec cx + d \text{ 指 } a < c \text{ 或“} a = c \text{ 而 } b < d \text{”}.$$

这是良序关系（叫做 ω^2 型良序），但在 $1\times$ 之前或 $1\times$ 与 2 之间却有无穷多个元素.

定义 如果按 P 这个良序关系使得任一元素之前或任两元素之间只能有有限多个元素，则说 P 是 **ω 型良序**. 由 ω 型良序所排列的集合便与自然数集形成保序的同构.

现在，我们要证明：给出一个一般递归式后，可以定一种良

序而且是 ω 型良序，使得在该良序之下该一般递归式是有序递归式.

在下文永远假定一般递归式的相函数 g 满足条件：$g(0)=0$，且 g 归宿于 0.

设所给的一般递归式为：

$$\begin{cases} f(u,\ 0)=u, \\ f(u,\ Sx)=B(u,\ Sx,\ f(u,\ g(u,\ Sx))). \end{cases}$$

为简便起见，下文把参数 u 省略不写（如果 g 依赖于参数 u，则所定义的不是一个良序，而是一族良序，依赖于 u 的一族）.

为简便起见，选取从 0 起的一一对应的配对函数组 $\{pg,\ K,\ L\}$（这里 g 归宿于 0，如 g 归宿于别的数，亦可仿此办法处理）.

0 排在最前，为第 0 阶段.

第 $n+1$ 阶段：从前 n 阶段尚未排序的数中取其最小者，设为 $f(n+1)$. 于是作排序如下（m 为 g 在 $f(n+1)$ 处的归宿步数）：

$$f(n)\prec g^{m\dot{-}1}f(n+1)\prec g^{m\dot{-}2}f(n+1)\prec\cdots\prec gf(n+1)\prec f(n+1),$$

并且，如果其中有已经出现的（出现在 $f(n)$ 之左的）则予以删去.

如此逐阶段作去，一切自然数都有一个次序，而且显然是 ω 型良序（每个数之前只有有限个数）. 根据作法还可见必有 $gSx\prec Sx$. 于是，上面的断言得证.

但是这个排序 $\prec$ 却是比较复杂的，亦即“$x\prec y$”的特征函数不是原始递归于 g 的，而只是原始递归于 g 与 m（g 的归宿步数）的. 因为，要刻划 $x\prec y$，必须先求出 x 进入在第几阶段，y 进入时在第几阶段，然后才能比较（不先知道进入时在第几阶段，是很难比较其次序的）. 设 x 在以 $q(x)$ 为首的阶段进入排序，则

$$q(x)=\mathrm{rti}_{e_1\to\cdot Sx}\min_{e\to m(e_1)}e\,q(x,\ g^e(e_1))$$

$q(x)$ 显为原始递归于 $m(e)$ 及 $g(e)$ 的函数（$m(e)$ 为 g 在 e 处的归宿步数）. 于是便有：

$x\prec y$ 恰当 $q(x)<q(y)\vee\cdot q(n)=q(y)\wedge\exists v<m(q(x))$

$\times(x = g^{v}(y))$，可见，$x \prec y$ 的特征函数不能是原始递归式 g 而是原始递归于 g 及 m(g 的归宿步数).

我们可选取另一函数 g_1，使得

(甲) $$\mathrm{stp}_{e\to x}g(e) = (\mathrm{stp}_{e\to pg(x,1)}g_1(e))N^2x.$$

而 g_1 及相应的排序却只原始递归于 g. 办法如下:

仍选取从 0 开始并且一一对应的配对函数组 $\{pg, K, L\}$. 每个数 n 都可以写成 $\mathrm{pg}(Kx, Lx)$.

如果 $Kx \leqslant m(Lx)$，则 x 叫做带头数 (它将为一列数的带头数)，否则当 $Kx > m(Lx)$ 时，x 叫做附属数. 每个附属数必介于两个相邻的带头数之间，我们把它们附属于前面的带头数而组成一段. 因此每一段的带头数必是 $\mathrm{pg}(i, j)$ 形而 $j \leqslant m(i)$，其余的数亦是 $\mathrm{pg}(i, j)$ 形但 $j > m(i)$.

作一排序如下:

(1) 同段间的数依大小排序.

(2) 在各段之间的次序如下:

$\mathrm{pg}(0, m(0))$ 段 $\prec \mathrm{pg}(1, m(1))$ 段 $\prec \mathrm{pg}(1, m(1)\dot{-}1)$ 段 $\prec\cdots$

$\prec \mathrm{pg}(1, 0)$ 段 $\prec \mathrm{pg}(2, m(2))$ 段 $\prec\cdots$

$\prec \mathrm{pg}(i-1, 0)$ 段 $\prec \mathrm{pg}(i, m(i))$ 段 $\prec \mathrm{pg}(i, m(i)\dot{-}1)$ 段

$\prec\cdots\prec \mathrm{pg}(i, 0)$ 段 $\prec \mathrm{pg}(i+1, m(i+1))$ 段 $\prec\cdots$

显然这是 ω 型的良序. 要表示“$x \prec y$”的特征函数，须先求 x 所在的段的带头数 Hx. 显然

$$Hx = \mathrm{rta}_{e_1\to Sx}\max_{e\to Le}Ng^{e}(Ke_1)$$

它原始递归于 g. 既求得 Hx，于是

$x \prec y$ 恰当 $KHx < KHy$

或者 $KHx = KHy$ 而 $LHx > LHy$

或者 $Hx = Hy$ 而 $x < y$.

即或者 x 所在的段在 y 所在的段之前，或者在同一段中但 $x < y$. 它原始递归于 H (从而原始递归于 g).

再定义 g_1 如下(它原始递归于 g):

$g_1(x) = 0$ 当 $(Lx \geqslant m(Kx)$ 即) $g^{Lx}(Kx) = 0$ 时，

$g_1(x) = \mathrm{pg}(Kx, SLx)$ 当 ($Lx < m(Kx)$ 即) $g^{Lx}(Kx) \neq 0$ 时.

即：如将 x 表成 $\mathrm{pg}(i, j)$，则当 $j \geqslant m(i)$ 时，$g_1(x) = 0$，而当 $j < m(i)$ 时，$g_1(x) = \mathrm{pg}(i, j+1)$. 足见，只要 $g(x)$ 处处归宿于 0，则 $g_1(x)$ 亦处处归宿于 0. 而且

当 $x \neq 0$ 而 g 在 x 处的归宿步数 m 时，g_1 作用于 $\mathrm{pg}(x, 1)$ 时逐步得 $\mathrm{pg}(x, 2)$，$\mathrm{pg}(x, 3), \cdots, \mathrm{pg}(x, m)$，0. 其步数恰为 m. 但 g 在 0 处的步数为 0. 于是有上述的(甲)式，我们的断言得证.

换言之，$g(e)$ 的归宿步数完全可用 $g_1(e)$ 的归宿步数而表示. 对于使用无递归变元的一般递归式(即一般复迭式)而定义的函数说来，它只依赖于 $g(e)$ 的归宿步数，而与 $g(e)$ 的值毫无问题. 对于这种一般复迭式来说，$g(e)$ 可完全代以 $g_1(e)$. 即使对一般递归式本身而言，它亦可由一个原始递归式(这式用到 $g(e)$ 函本身)及 g 的归宿步数来表示，后者亦可由 $g_1(e)$ 的归宿步数来代替. 因此，上面的简化在一定意义上说是有用处的.

注意，在定义 $q(x)$ 时或者在求前一个排序的大小关系的特征函数时，我们不能不明确使用到函数 $m(e)$. 这是两种排序的本质区别.

§ 44. 递归函数的典范表示

在作一个函数时，我们总愿意尽量地使用较为简易，较为初等的算子及函数，而少使用较为复杂较为高等的算子及函数. 在这种原则之下，作一个递归函数时至少须使用若干次一般递归算子(归宿步数算子，求根算子)呢？在下文我们将证明，只使用一次便够.

定理 1 每一个递归函数 f 都可表成

$$f(x_1, x_2, \cdots, x_r) = A\mathrm{rtu}_e B(x_1, x_2, \cdots, x_r, e),$$

而 A, B 为准初基函数 (B 甚至于可取为初基函数).

注意. 所谓准初基函数 g 指 $y = g(x_1, \cdots, x_r)$ 为初基谓词，

而 g 且受界于本原函数。

证明 由上面的讨论可知：任何递归函数 f 可由 $x+y$, $x\cdot y$ 出发，利用叠置与无参数的求逆算子而作成。

如果 f 为开始函数，则 $e=e_1+e_2$, $e=e_1\cdot e_2$ 显为初基谓词，记其特征函数为 $G(e_1, e_2, e)$ 及 $H(e_1, e_2, e)$，则有

$$x+y=\mathrm{rtu}_e G(x, y, e), \quad x\cdot y=\mathrm{rtu}_e H(x, y, e)$$

(相应的 A 可取为 I)，符合要求。

由前面的讨论可知，可把叠置限于 (1,1) 叠置(只须先利用 * 叠置子即可)。设 f 由 g 与 h 作 (1, 1) 叠置而得，即

$$f(x)=g(h(x))$$

而依归纳假设有 A, B, C, D 具有定理所述性质，使得

$$g(x)=A\mathrm{rtu}_e B(x, e),$$
$$h(x)=C\mathrm{rtu}_e D(x, e),$$

则有

$$\begin{aligned} g(h(x)) &= A\mathrm{rtu}_e B(h(x), e) \\ &= A\mathrm{rtu}_e B(C\mathrm{rtu}_{e_1} D(x, e_1), e). \end{aligned}$$

今取从 0 起且一一对应的配对函数组 $\{\mathrm{pg}, K, L\}$. 并考虑

$$B(CKw, Lw)\oplus D(x, Kw)=0$$

的任一 w 根(可能不唯一)，记为 w_0. 由于方程 $D(x, y)=0$ 有唯一的 y 根，记为 y_0, 故必 $Kw_0=y_0$, 将此值代入另一方程得

$$B(Cy_0, Lw_0)=0,$$

但据假设，$B(x, e)$ 对任何 x 均有唯一根，故必

$$\mathrm{rtu}_e B(C\mathrm{rtu}_{e_1} D(x, e_1), e)=\mathrm{rtu}_e B(Cy_0, e)=Lw_0.$$

Kw_0 与 Lw_0 均唯一决定，故 w_0 亦唯一决定. 代入上式，得

$$\begin{aligned} g(h(x)) &= A\mathrm{rtu}_e B(C\mathrm{rtu}_{e_1} D(x, e_1), e) \\ &= ALw_0 \\ &= AL\mathrm{rtu}_e\{B(CKe, Le)\oplus D(x, Ke)\}, \end{aligned}$$

AL 为准初基函数，符合要求.

如果 f 由求逆算子作成，设

$$f(x)=\mathrm{inv}_{e\to x} g(e),$$

依归纳假设，有符合定理要求的 A, B, 使得

$$g(x) = A\mathrm{rtu}_e B(x, e).$$

注意，$\mathrm{rtu}_e B(x, e)$ 为 x 的函数但未必是上升函数. 为此，我们引入 $w(x)$ 它是满足条件 $\max_{e\to Sx} B(e, \mathrm{tm}(e, w)) = 0$ 的最小 w 根(从而为 x 的上升函数)，故 w 可由下决定:

$$\max_{e\to Sx} B(e, \mathrm{tm}(e, w)) \oplus \max_{e_1\to w} N \max_{e\to Sx} B(e, \mathrm{tm}(e, e_1)).$$

将此条件记为 $D(x, w)$. 取递增的 pg, 并记 $\mathrm{pg}(x, w(x))$ 为 $q(x)$, 则 q 由下式唯一决定:

$$\mathrm{eq}(x, Kq) \oplus D(x, Lq). \quad \text{暂记为 } C(x, q).$$

此外，又有 $\mathrm{rtu}_e B(t, e) = \mathrm{tm}(t, w(t)) = \mathrm{tm}(Kq(t), Lq(t))$. 故得

$$f(x) = \mathrm{rti}_{e_1} \mathrm{eq}(x, A\mathrm{rtu}_e B(e_1, e))$$
$$= \mathrm{rti}_{e_1} \mathrm{eq}(x, A\mathrm{tm}(Kq(e_1), Lq(e_1))).$$

命 $q(e_1)$ 为 e_2 (最小的 e_1 对应于最小的 e_2), 并列出 $q(e_1)$ 所满足的条件，得

$$f(x) = K\mathrm{rti}_{e_2}[\mathrm{eq}(x, A\mathrm{tm}(Ke_2, Le_2) \oplus C(x, e_2)]$$

再化为 rtu, 即得 (C_1 为适当的初基函数)

$$f(x) = K\mathrm{rtu}_{e_2} C_1(x, e_2),$$

C_1 为初基函数而 K 为准初基函数，符合要求.

依数学归纳法本定理得证.

由于(见上) $\mathrm{rti}_e f(u, e) = \mathrm{stp}^{\cdot}_{e\to N^2 f(u,0)} \mathrm{st} \cdot N^2 f(u, t)$, 故得:

定理 2 一个递归函数 f 都可表成

$$f(x_1, x_2, \cdots, x_r) = A\mathrm{stp}_{e\to\Delta} B(x_1, x_2, \cdots, x_r, e) \ (\Delta \text{ 为适当值})$$

形而 A 为准初基函数, B 为初基函数.

这两定理中的 A 虽然是准初基函数，但是却随 f 而更改. 但可以预先固定，如下述定理.

定理 3 任给一个准初基的配对左函数 K, 都满足下列条件: 每一个递归函数 f 都有一个初基函数 B_1, B_2, 使得

$$f(x_1, x_2, \cdots, x_r) = K\mathrm{rtu}_e B_1(x_1, x_2, \cdots, x_r, e)$$
$$f(x_1, x_2, \cdots, x_r) = K\mathrm{stp}_{e\to\Delta} B_2(x_1, x_2, \cdots, x_r, e)$$

证明 设定理 1 中的唯一根为 w_0, 命 $Kv_0 = Aw_0$ 而 $Lv_0 = w_0$

(即 $v_0=\mathrm{pg}(Aw_0, w_0)$)，则 v_0 满足条件 $Kv=ALv_0\wedge B(x_1,\cdots, x_r, Lv_0)=0$，这仍是初基谓词记为 $B(x_1,\cdots,x_r,v)$. 故

$$f(x_1,\cdots,x_r)=Aw_0=\mathrm{Krti}_e B(x_1,\cdots,x_r,e)$$

再化为 rtu，便得 $f(x_1,\cdots,x_r)=\mathrm{Krtu}_e B_1(x_1,\cdots,x_r,e)$.

第二部分同样证明. 于是定理得证.

§45. 可在有限步骤内计算的函数

Gödel 当时所提出的一般递归函数,并没有提到一般递归式,他所引入的实际上是我们这里所说的可在有限步骤内计算的函数. Gödel 所给的定义如下:

定义 设有函数变元 $\sigma_1,\cdots,\sigma_n$. 设用 E_i 表示下列的方程组:每个方程都是 $\sigma_i(a_1, a_2,\cdots, a_{h_i})=b$ 形,而 σ_i 不出现于诸 a_i 中,诸 a_i 中只出现 $\sigma_1,\cdots,\sigma_{i-1}$. 又用 E_i^* 表示下列的方程组: 都是 $\sigma_i(k_1, k_2,\cdots, k_{h_i})=k$ 形,这里诸 k 都是数字. 今有 $(E_1, E_2,\cdots, E_n)$，如果对于每组数字 $k_1, k_2,\cdots, k_{h_i}$ 都恰巧有一数字 k 使得

$$E_1^*, E_2^*,\cdots, E_{i-1}^*, E_i \vdash_{R_1,R_2} \sigma_i(k_1, k_2,\cdots, k_{h_i})=k.$$

我们便说 $(E_1, E_2,\cdots E_n)$ **递归地定义了** $\sigma_1, \sigma_2,\cdots,\sigma_n$. 能够这样地定义的函数便叫做**一般递归函数**.

这里所谓 R_1, R_2 是两条很重要的规则,如下:

R_1: 将公式 A 换为公式代 ${}_{x_1\cdots x_n\to k_1\cdots k_n}A$，这里诸 x 为变元,而诸 k 为数字.

R_2: 由公式 A 及等式 $\sigma(k_1,\cdots,k_n)=k$，在 A 中将某个 $\sigma(k_1,\cdots,k_n)$ 换为 k.

换言之,只使用代入运算(将一变元处处代入以一个数字),以及替换运算(将 $\sigma(k_1,\cdots,k_n)$ 替换以其值 k)，便可以由 $E_1^*,\cdots, E_{i-1}^*$(给出 $\sigma_1, \sigma_2,\cdots,\sigma_{i-1}$ 的值的方程)及 E_i (利用 $\sigma_1,\cdots,\sigma_{i-1}$ 而表示 σ_i 的方程)而算出 σ_i 的值. 显然,这里要求对函数排序,由前面的函数而计算后面的函数.

通常把这定义改为下列新定义,更为方便.

定义 **函数$\sigma_1, \sigma_2, \cdots, \sigma_n$可用$E$而递归地定义**是指：$E$是一组关于$\sigma_1, \sigma_2, \cdots, \sigma_n$的方程，使得对于每个$i$，$1 \leqslant i \leqslant n$，并每组数字$k_1, k_2, \cdots, k_{h_i}$都恰巧有一数字$k$使得

$$E \vdash_{R_1, R_3} \sigma_i(k_1, k_2, \cdots, k_{h_i}) = k$$

这里R_3是一般的替换规则：

R_3：由$B = C$及A而推得将A中某个B替换为C.（这里B不限定为$\sigma_i(k_1, \cdots, k_{h_i})$形，$C$不限定为数字).

定理1 这两定义是等价的.

证明 如果一函数σ_n依旧定义是递归的，则有方程组$\{E_1, E_2, \cdots, E_n\}$使得$E_1^*, \cdots, E_{i-1}^*, E_i \vdash_{R_1, R_2} \sigma_i(k_1, \cdots, k_{h_i}) = k$.（对任何数字$k_1, \cdots, k_{h_i}$). 这时，当然有$E_1, E_2, \cdots, E_n \vdash_{R_1, R_3} \sigma_i(k_1, \cdots, k_{h_i}) = k$（对任何数字$k_1, \cdots, k_{h_i}$)，故依新定义，$\sigma_n$亦是递归的.

反之，设依新定义一函数σ_n是递归的，则有方程组E使得对任何$i (1 \leqslant i \leqslant n)$，均有

$$E \vdash_{R_1 R_3} \sigma_i(k_1, k_2, \cdots, k_{h_i}) = k.$$

我们必须作出一整套方程$E_1, E_2, \cdots, E_n$使得对任何i而言$(1 \leqslant i \leqslant n)$，恒有$E_1^*, \cdots, E_{i-1}^*, E_i \vdash_{R_1, R_2} \sigma_i(k_1, k_2, \cdots, k_{h_i}) = k$. 即必须对函数$\sigma_i$排序，使得由$E_1$而推出$\sigma_1$函数的值，由$E_1^*$及$E_2$而推出函数$\sigma_2$之值，…，由$E_1^*, E_2^*, \cdots, E_{n-1}^*, E_n$而推出函数$\sigma_n$之值. 下面我们将证明，按新定义为递归的函数$\sigma_n$必可表为$\sigma_n(x_1, \cdots, x_{h_n}) = K\mathrm{rti}_e B(x_1, \cdots, x_{h_n}, e)$而$K$为准初基函数，$B$为初基函数. 无论如何，$K, B$都是原始递归函数. 原始递归函数都可以从本原函数出发，利用叠置与原始递归式而作出. 作用叠置而造新函数σ_i，可以写成：

$$\sigma_i(x_1, \cdots, x_n) = \sigma_s(\sigma_{s_1}, \cdots, \sigma_{s_t})(x_1, \cdots, x_n)$$

形，利用原始递归式而造新函数σ_i可以写成

$$\begin{aligned} &\sigma_i(x_1, \cdots, x_n, 0) = \sigma_{s_1}(x_1, \cdots, x_n) \\ &\sigma_i(x_1, \cdots, x_n, \sigma_0 x_{n+1}) \\ &= \sigma_{s_2}(x_1, \cdots, x_n, x_{n+1}, \sigma_i(x_1, \cdots, x_n, x_{n+1})) \end{aligned}$$

形，利用求根算子而造新函数 σ_i，可以写成：

$$\sigma_{s_1}(x_1, \cdots, x_n, u, 0) = 0,$$

$$\sigma_{s_1}(x_1, \cdots, x_n, u, Sx)$$

$$= \sigma_{s_1}(x_1, \cdots, x_n, Su, \sigma_{s_2}(x_1, \cdots, x_n, Su))$$

$$\sigma_s(x_1, \cdots, x_n) = \sigma_{s_1}(x_1, \cdots, x_n, 0, \sigma_{s_2}(x_1, \cdots, x_n, 0))$$

形，它们都呈

$$\sigma_i(a_1, \cdots, a_{h_1}) = b$$

形，其中诸 a 没有 σ_i，（诸 a 及 b 中可有 $\sigma_1, \cdots, \sigma_{i-1}$，$b$ 中还可有 σ_i）．符合旧定义的要求．根据 K，B 函数的组成过程而把各方程组都写出来，聚合之后便得到方程组（$E_1, \cdots, E_n$）它满足旧定义的要求．故依旧定义，σ_n 亦是递归的，于是定理得证．

如果我们把叠置子、原始递归算子、求根算子都用特制符号表示，那末按旧定义，每一个一般递归函数都可以由本原函数及这三算子而"显式地"表示．

因此，问题在于证明：凡能因方程组 E 及代入、替换两运算而能计算的函数，都可以表成：

$$K\text{rti}_e B(x_1, \cdots, x_n, e)$$

形，而 K 为准初基函数，B 为初基函数．下面我们便详细讨论这一点．我们还再作推广，证明，凡能够在有限步骤内计算的函数都能表成上面的形状．

凡能够计算的，即使是"心算"吧，总可以把其计算过程记录下来，而且逐个步骤逐个步骤地记录、在记录计算过程时，可以使用下列符号．容易看见，只有下列这些符号便很足够了．（例如，"括号"只用一种，不必使用几种括号）．

数字 n	编号为	$5n+2$
变元 x_n		$5n+3$
函数 σ_n		$5n+4$
算子 τ_n		$5n+5$
$=$ ，；$\rightarrow$ （）		1, 6, 11, 16, 21, 26

我们认为，每个数都用不同的数字表示，而且各数字不加分析（例

如,“135”不分析为由数字 1, 3, 5, 毗连而成),看作一个整体新符号. 因此,如果知道一个数的编号为 b,则该数必是 $[(b \dot{-} 2)/5]$. 又为了编号划一以便得出唯一的编号起见,我们规定 (s, m, n) 型算子的填式应写为

$$\tau_n(x_1, x_2, \cdots, x_m) \to (x_1, x_2, \cdots, x_n) \quad (\text{作用域}).$$

即 $e_1, \cdots, e_m$ 等改写为变元(因为我们省略了空位的编码),且在“→”的前后均用括号括出,作用域也用括号括出,其参数空位有代入时也用同法写出.

我们选定一个叙列算子 seq, 但当这个算子不是作用于函数 $f(e)$, 而是作用于任意多项 $a_1, a_2, \cdots, a_n$ 时,我们写为 sq. 我们约定, 由编号为 $a_1, a_2, \cdots, a_n$ 的符号组成的式子编号为 $\mathrm{sq}\{n, a_1, a_2, \cdots, a_n\}$. 由编号为 $a_1, a_2, \cdots, a_n$ 的式子组成的式子叙列编号为 $\mathrm{sq}\{n, a_1, a_2, \cdots, a_n\}$. 这样,我们必须分清式子的编号与式子叙列的编号. 如想由编号本身而区别到底是哪一种,那末,由编号为 $a_1, a_2, \cdots, a_n$ 的符号组成的式子编号为 $\mathrm{sq}(0, n, a_1, u, a_n)$, 由编号为 $a_1, a_2, \cdots, a_n$ 的式子组成的式子序列编号为

$\mathrm{sq}(1, n, a_1, \cdots, a_n)$. 两种方法都可以,我们并不确定,只要求: 给出一编号时必能知道它是哪一种编号, 而且相应的式子是什么,相应的式子叙列是什么.

其次,在计算过程中,必须对各式子作变换亦即必须对一些符号叙列作改变. 根据经验,在计算过程中所作出的各种改变,都可以化归为两个最根本的运算: 代入与替换. 代入还可只限于变元代入以数字;替换可限于一处替换. 因为,我们可以只计算有具体结果的,当各变元均代入以具体数字后,从内而外,可以得知,每次代入都是变元代入以数字,至于替换,如果有多处替换, 可以改为多次的一处替换. 而由上面的初基函数处的讨论,可以得知,代入与替换的特征函数(当选定叙列算子后)都是初基函数.

如果我们还容许别的运算,而且这些运算的特性尚未明确(还不敢断定其特征函数是否原始递归函数, 甚至是否一般递归函数),但仍可以同法讨论如下,

定义 设有一组等式 E（叫做**定义等式组**）及 s 个运算（叫做**容许运算**）．如果可找出满足下列条件的一系列式子 $F_1, \cdots, F_h$，使得

(1) 诸 F 或为组 E 中之一，

(2) 诸 F 或为由前面若干个 F 根据容许运算而得的结果．

(3) 最后一个式子是一等式，等式左端是 $\sigma_0(a_1, \cdots, a_r)$，而右端是一数字（叫做 σ_0 在 $(a_1, \cdots, a_r)$ 处的值）．

则这列式子诸 F 便叫做由等式系 E 根据所容许的运算而对 $\sigma_0 \times (a_1, \cdots, a_r)$ 所作的**计算过程**．亦称，σ_0 在 $(a_1, \cdots, a_r)$ 处是**可计算的**．

定义 如果定义等式组 E 及容许运算是不随 $a_1, \cdots, a_r$ 的选择而更改的（但 $F_1, F_2, \cdots, F_h$ 乃至于 h 的大小则是可以随 $a_1, \cdots, a_r$ 的选择而更改），即用同样的 E 及同样的运算可以对于 σ 有定义的一切地方而计算其值，则说 σ 是**可计算的**．如果 σ 处处有定义，则说 σ 是**可计算全函数**，或说 σ 是**可完全计算的**．

定理 2 如果有一组定义等式，由该组等式及容许运算可以计算出一函数 σ 在每一组有定义的变元 $(a_1, a_2, \cdots, a_r)$ 处的值，而容许运算的特征函数为 $g_1, \cdots, g_s$，则 σ 必是递归于 $g_1, g_2, \cdots, g_s$ 的函数．如果 σ 处处有定义，则它是递归于 $g_1, g_2, \cdots, g_s$ 的全函数，又称**一般递归于** $g_1, g_2, \cdots, g_s$ 的函数．

在特例，如果只使用容许运算代入及替换，或者别的以原始递归函数为特征函数的运算，则它必是递归全函数或一般递归函数．

证明 设该定义等式组 E 的编号为 m，从而每个定义等式的编号便是 $\mathrm{tm}(i, m)(1 \leqslant i \leqslant \mathrm{tm}(0, m))$．

只要在 $(a_1, a_2, \cdots, a_r)$ 处函数 σ 有定义，便可以找出一个计算过程 $F_1, F_2, \cdots, F_h$ 满足上述条件，设这计算过程的编号为 w．由于 F 所满足的条件，可知 w 应满足下列条件：

(1) F_i 为定义等式中的一个：

$$\exists t(1 \leqslant t \leqslant \mathrm{tm}(0, m) \rightarrow \mathrm{tm}(i, w) = \mathrm{tm}(t, m))$$

其特征函数为 m, i, w 的初基函数．

(2) F_i 由前面的 $F_{s_1}, \cdots, F_{s_k}$ 根据某运算 R_j (对应于函数 g_j) 而得. 这可表示为

$$(2j)\quad \exists s_1 < i \cdots \exists s_k < i(g_j(\mathrm{tm}(s_1, w), \mathrm{tm}(s_2, w), \cdots, \mathrm{tm}(s_k, w), \mathrm{tm}(i, w)) = 0.$$

“根据某运算 R_j” 不应表示为“$\exists j$”, 因为作为 j 的函数而言, g_j 未必是初基的, 甚至于未必是一般递归的. 但因为容许运算只有有限多个(共 s 个),我们可以将 j 逐一写成 1, 2,…s, 再作析取,得

$$(2_1)\vee(2_2)\vee\cdots\vee(2_s).\quad \text{将记为 } (2)$$

它将是初基谓词,是 i, w 的初基谓词.

对于一切非零的 i, 均使 F_i 满足第一条件或第二条件则可表示为 $\forall i(1 \leqslant i \leqslant \mathrm{tm}(0, w)) \rightarrow (1)\vee(2).)$ 它亦是初基谓词, 可记为 $Q_1(m, w)$.

(3) 最后一式必是 $\sigma_0(a_1, \cdots, a_r) = l$, 其中 l 是一个数字. 可表示如下. 设暂用 Tw 表 $\mathrm{tm}(\mathrm{tm}(0, w), w)$ (即 w 的最后一项).

$$\exists l < w(\mathrm{tm}(0, Tw) = 2r + 4 \wedge \mathrm{tm}(1, Tw) = 4 \wedge \mathrm{tm}(2, Tw) = 21 \wedge \mathrm{tm}(3, Tw) = 5a_1 + 2 \wedge \mathrm{tm}(4, Tw) = 6 \wedge \mathrm{tm}(5, Tw) = 5a_2 + 2 \wedge \cdots \wedge \mathrm{tm}(2r + 1, Tw) = 5a_r + 2 \wedge \mathrm{tm}(2r + 2, T_w) = 26 \wedge \mathrm{tm}(2r + 3, Tw) = 1 \wedge \mathrm{tm}(2r + 4, Tw) = 5l + 2).$$

其特征函数也是初基函数,记为 $Q_2(a_1, \cdots, a_r, w)$.

必须注意,表面看来, (1), (2) 也与 $a_1, a_2, \cdots, a_r$ 有关,因而 (1), (2) 的特征函数似也应标以 $a_1, a_2, \cdots, a_r$ 作为变元. 事实上,具体实施时,实施什么代入(将 x 代入以 a), 实施什么替换(将 A 替换以 B), 这些都与 $a_1, \cdots, a_r$ 有关. 但由“F_i 到 F_j 是由代入而得”“F_j 到 F_k 是根据 F_t 而替换”这却与 $a_1, \cdots, a_r$ 无关. 因为可刻划为“有 x 有 a 便得将 x 代入以 a 可由 F_i 而得 F_j”, “有 A, B 便得 $A = B$ 为 F_i 而有 n 在 F_j 中将第 n 个符号起的 A 替换以 B 可得 F_h”. 这些话都可对任何变元组 $(a_1, a_2, \cdots, a_r)$ 适用, 不随 $a_1, a_2, \cdots, a_r$ 而改变.

今将 $Q_1(m, w) \oplus Q_2(a_1, \cdots, a_r, w)$ 记为 $B_1(m, a_1, \cdots, a_r, w)$. 如果容许运算对应于函数 $g_1, g_2, \cdots, g_s$, 则它是 $m, a_1, \cdots,$

a_r, w 的初基于 $g_1, g_2, \cdots, g_s$ 的函数. 当只容许代入替换两运算时, 它便是 $m, a_1, \cdots, a_r, w$ 的初基函数.

当 $\sigma(a_1, \cdots, a_r)$ 有定义时 w 必存在, 从而可求

$$w_0 = \mathrm{rti}_e B_1(m, a_1, \cdots, a_r, w).$$

现得 w_0 即可求 l (它是 $\sigma_0(a_1, \cdots, a_r)$ 之值)如下:

计算过程最后一式子的编号为 $Tw_0(=\mathrm{tm}(\mathrm{tm}(0, w_0, w_0)))$, 记为 y_0.

该式子最后一记号的编号为 $Ty_0(=\mathrm{tm}(\mathrm{tm}(0, y_0), y_0))$, 但该编号为 $5l+2$, 故得

$$l = [(TTw_0 \dot{-} 2)/5] \text{ 记为 } V(w_0).$$

它为 w_0 的准初基函数. 于是定理得证.

这里 V 是随所使用的编号法而更改的. 但是不管使用什么编号法, 我们永可选取任何一个预先指定的配对函数组 $\{\mathrm{pg}, K, L\}$. 并命 $v = \mathrm{pg}(V(w), w)$, 则 v 应满足条件 $Kv = VLv \wedge B_1(m, a_1, \cdots, a_r, Lv) = 0 \wedge \forall x < Lv B_1(m, a_1, \cdots, a_r, x) \neq 0$, 这仍是初基于 $g_1, g_2, \cdots, g_s$ 的谓词. 记之为 $B(m, a_1, \cdots, a_r, v)$. 于是便得

$$\sigma_0(a_1, \cdots, a_r) = Vw_0 = Kv_0 = K\mathrm{rti}_e B(m, a_1, \cdots, a_r, e).$$

这里, K 为预先指定的配对左函数, 可取为准初基于诸 g 的函数, 而 B 为初基于诸 g 的函数. 当只容许代入与替换两运算时, "于诸 g" 的字样可省.

定理 3 函数 $\sigma(x_1, \cdots, x_r)$ 为递归函数恰当有一组定义等式, 根据这组等式只用代入与替换两运算便可以计算出该函数在有定义处的值.

证明 充分性是显然的. 因为, 这时 σ 可表示为 $K\mathrm{rti}_e B \times (x_1, \cdots, x_n, e)$, 而对初基(甚至于对原始递归)函数来说, $\mathrm{rti}_e B$ 是递归函数, 再与准初基的 K 叠置, 便是递归函数.

必要性可如下看出. 设 σ 为递归函数, 则 σ 可由本原函数出发, 利用叠置与一般递归式而作成. 设作成 σ 时其中间函数为: $\sigma_0, \sigma_1, \cdots, \sigma_n = \sigma$. 今依次写出各 σ_i 的定义等式, 它们组成定

义等式组 E. 今依 σ 的组成过程而归纳以证明：可就定义等式组 E 纯用代入与替换而计算 σ_n 在有定义处之值.

如果 σ 是本原函数，则只须将自变元之值代入即可算出其值（即使后继函数 Se，当自变元之值 a 给出后，Sa 即是 a 的后继数字，我们认为可以算出）.

如果 σ 由叠置而作出，依归纳假设，当自变元给出后，由函数之值可以算出，再依归纳假设，将各内函数之值代入相应空位后，外函数之值亦可算出，而这必是 σ 之值.

如果 σ 由一般递归式而给出，设（我们将参变数省写不写）

$$\sigma(u, 0) = u$$

$$\sigma(u, Sx) = \sigma_i(Sx, \sigma(u, \sigma_j(Sx))).$$

当 u, x 给出后，如果 $x = 0$，则由第一式可以算出 σ 之值. 当 $x \neq 0$，又当 σ_j 在 x 处归宿于 0 时，依归纳假设，给出 v 后 $\sigma_j(v)$ 之值可以计算，那末可以逐步计算 $\sigma_j(x)$, $\sigma_j^2(x)$, $\cdots$, $\sigma_j^m(x) = 0$. 然后，由第二式可知，只要 σ_i $(u, \sigma_j^l(x))$ 可以计算，再依归纳假设，σ_i 之值亦可以计算，便推得 $\sigma(u, \sigma_j^{l-1}(x))$ 之值亦可计算，然后由归纳法即知 $\sigma(u, \sigma_j^{m-m}(x))$ 之值可以计算，即 $\sigma(u, x)$ 之值可以计算.

依归纳法 $\sigma_n(u, x)$ 可以计算，故定理得证.

由这条定理，足以证明 Gödel 所给的一般递归函数的定义和我们所给的定义是一致的.

这条定理还是前面一条定理的加强. 前面已经讨论过，任何递归函数 σ 永可表成

$$\sigma(x_1, \cdots, x_r) = \mathrm{Krti}_e B(x_1, \cdots, x_r, e),$$

而 B 为初基函数，K 为准初基函数. 这里 K 可以固定，但 B 却随 σ 而改变. 我们当然可以将全体 r 元初基函数枚举. 设枚举函数为 $B(t, x_1, \cdots, x_r, y)$，从而，对 r 元递归函数 $\sigma(x_1, \cdots, x_r)$ 均有一数 i，使得

$$\sigma(x_1, \cdots, x_r) = \mathrm{Krti}_e B(i, x_1, \cdots, x_r, e),$$

但 $B(i, x_1, \cdots, x_r, y)$ 却不是 i, x_1, $\cdots$, x_r 的初基函数. 较本定

理为弱.

不论 Gödel 原来的定义还是后来的推广，都要求对函数的定义使用"等式"，而且只使用函数和数变元，这仍然很有限制. 比如说，我们大量使用的算子，在其中便没有地位. 这种限制看来是没有必要的，首先，它排除了使用新算子以及别的新概念的可能. 例如. 作用域变异的递归式，很难只使用函数及数变元而定义出该新函数. 其次，即使对某些算子而言可以改用只含函数及新变元的等式，但这种等式太繁太复杂不便于使用，由它而进行运算，几乎近于不可能. 由于这种种原因，我们认为最好取消这个限制.

我们只要求：对某函数的计算过程，可以用符号记录下来. 符号当然可用无穷多个，但容易看见，甚至于只用两个符号 0 与 1 便够了. 一般，我们容许使用有限多个 (n 个)符号，$a_1, a_2, \cdots, a_n$，叫做**字母**. 由字母毗连而得的符号串叫做字母表 $\{a_1, a_2, \cdots, a_n\}$ 上的**字**. (没有字母的串也叫做字，**空字**.)字母中还分出一部分叫做**变元字母**. 一部分叫做**常元字母**. 所谓**计算过程**，便指从已知数据(例如，自变元之值)的字开始，一步一步地改变，亦即一步一步地把字改变，最后得到一个满足一个预先规定的条件的字(叫做**终止字**)，并从该字按照一定方法得到的所求的结果，即所求函数的值. 如果这样，我们也就认为该函数是可以**在有限步骤内计算的**.

对符号串的每一步改变，我们都要求能够在有限步内完成，但这又牵涉到"有限步内完成"，所以为明确起见，我们限定于两种改变：其一是对变元字母作**合适代入**，所谓"合适代入"、指所代入的符号串是在该变元字母的变域之内. 其二是根据已出现的等式 $A=B$ 而作替换(将 A 替换以 B). 容易证明，当将字母及字用适当编号后，这两个改变动作的特征函数都是初基函数. 我们给出如下定义：

定义 如果有一系列的字 $P_1, P_2, \cdots, P_k$ 使得每个 P_i 或者是初始字(包括 $(x_1, \cdots, x_n)$ 之值)之一，或者是由前面一个字经过合适代入而得，或者根据前面一个字而对前面另一个字作替换而得，而最后一个字 P_k 则满足终止条件且从 P_k 可以得出值 $f(x_1, \cdots, x_n)$，则说函数 f 在值 $(x_1, \cdots, x_n)$ 处是可以从初始字经过**有限步骤而计算**的．

这些初始字不外是一些在 f 之前已作了定义的函数的值，或者是与 f_1 同时定义的函数或者是别的必需的材料记录．

作了这种推广以后，只要对字母及字作适当的编号，与上面的讨论那样可得下列定理：

定理 4 凡是可以从某些初始字而在有限步骤内计算的函数都是递归函数，也都是可摹状函数．

证明从略．读者可自做，作为练习．

Church 是根据 Gödel 所作的递归函数的定义而提出其论点的．正如上面所说，在 Gödel 的定义中，限制还是太严，很难使人相信可能行计算的函数必有他所说的定义等式．经过我们的推广以后，只要"能够记录下来"，这个要求便包括很广了．

在 Gödel 原来所给的定义中，E_i 是逐个计算的．即按下列次序：

$$E_1 \vdash \sigma_1(k_1, \cdots, k_{n_1}) = l \quad 从而\ E_1 \vdash E_1^*$$

$$E_1^*, E_2 \vdash \sigma_2(k_1, \cdots, k_{n_2}) = l \quad 从而\ E_1^*, E_2 \vdash E_2^*$$

一般，$E_1^*, \cdots, E_{i-1}^*, E_i \vdash E_i^*$

如果我们想定义"可有限步骤计算于 $A_1, \cdots, A_h$ 的函数"，我们便须认为 $A_1, \cdots, A_h$ 诸函数是已知的，应在一切 σ 之前已经算出．为此，Kleene 假定在定义方程组中，列有无穷多个等式用以给出诸 A 之值．这里必须把诸 A 的值全部列出，因为在计算诸 σ 的函数时，不但无法规定所使用的诸 A 的值的上界，而且该定义等式是用以计算诸 σ 的全体变目处的值的，要计算诸 σ 在全体变目处的值，一般是使用诸 A 的无穷多个值(极可能是全部的值)．假定可以写出无穷多个等式作为开始的定义等式，这不是能行的．因此，Kleene 的作法受到了责难，而迄今还没有人作出修正．

其实，要计算诸 σ 的全部的值当然(一般说来)要使用无穷多个(甚至于全部)诸 A 的值，但要计算诸 σ 在某个变目处的值，却

只使用有限多个诸 A 的值也就够了. 因此, 我们可以如下定义:

定义 σ **是有限可计算于** $A_1, \cdots, A_h$ **的函数**是指可以作出一个含有函数 $\sigma_1, \cdots, \sigma_m(=\sigma)$ 及 $A_1, \cdots, A_h$ 的方程组 E, 叫做定义等式组, 使得对于任给的自然数 $k_1, \cdots, k_s$ 均恰有一个 l 使得

$$A_1^*, \cdots, A_h^*, E \vdash \sigma(k_1, k_2, \cdots, k_s) = l$$

这里 A_i^* 是形如 $A_i(a_1, \cdots, a_{s_i}) = b$ 的等式, 其中诸 a 以及 b 为数字.

注意, 当 $k_1, \cdots, k_s$ 改变时, $a_1, \cdots, a_{s_i}$ 亦可以改变, 而且 A_i^* 中的等式个数亦可以改变, 但必须都是有限多个等式.

同法, 我们亦可以用方程组来计算一个算子 α, 设有算子 $\underset{e\to u}{\alpha}$ 它作用于 $f(e)$ 得到 $g(u)$. 如果我们能够作出一个定义方程组用以计算函数 $g(u)$, 其中除有任意多个形为 $f(a)=b$ 的方程(其中 a, b 可为变元)外, 都使用已知函数(或所使用的函数都有等式以计算它的值), 因此当函数 f 给定后(从而 $f(a)=b$ 形的方程可以算出后), $g(u)$ 的值也就可以算出, 我们便说这个定义方程组是**用以计算算子** $\underset{e\to u}{\alpha}$ **的方程组**, 算子 $\underset{e\to u}{\alpha}$ 也叫做**可计算的或能行的.**

§ 46. λ 可定义函数与组合子函数

当 Church 提出他的论点时, 他已经发展了 λ 换位理论, 并且证明了 λ 可定义函数与 Gödel 的一般递归函数是相同的. 因此在他的论点中, 他处处将 λ 可定义函数与一般递归函数并提. 后来人们不大注意 λ 可定义函数, 从而很少提到它了. 但近来, 人们又重新对 λ 可定义函数发生兴趣, 主要把它应用于计算机, 尤其应用于程序设计. 因此 λ 可定义函数的重要性又开始显露出来了. 现在我们便简单地介绍这个理论, 主要集中于证明 λ 可定义函数与组合子函数及一般递归函数的等同.

λ 换位理论如下.

基本符号是: ′, λ (都是二元的), 变元表 $x_1, x_2, \cdots$ (亦写为

$x, y, z, \cdots$)

组成规则:

(1) 变元符号为项.

(2) 如果 A, B 为项,则 $'AB$ 亦为项

(3) 如果 A 为项, x 为变元,则 λxA 为项.

(4) 所谓项仅限于由 (1)～(3) 所得到的.

在内容上, $'AB$ 指把函数 A 作用于项 B 上.(但在系统内, A, B 均叫做项),而 λxA 为把 A 看作 x 的函数而得的函数. 在 Church 理论中, 必须 x 在 A 中自由出现才允许作出 λxA (变元 x 在 A 中的出现,如果是出现在形为 λxM 的部分项中, 这个出现便叫做约束出现, 如果出现在 A 中但不出现在任何形为 λxM 的部分项中, 这个出现便叫做自由出现). 他的 λ 换位理论叫做 λI 理论. 如果取消这个限制, 便叫做 λK 理论. 至少在讨论自然数时, λK 理论不会引起任何疑问, 而有很多方便之处, 因此我们便介绍 λK 理论.

Church 的 λ 理论中,不使用相等词,而使用可互换 (Convertible) 关系,要求这关系具有自反性、对称性、可传性、等换性(即由 $A \operatorname{conv} B$,可得 $'AC \operatorname{conv} 'BC$ 及 $'CA \operatorname{conv} 'CB$ 及 $\lambda xA \operatorname{conv} \lambda xB$).为方便起见,我们引用相等词, 这些性质便全都具备(由逻辑演算处所论),不必作为公理列出了.所须列出的是有关 $'$ 与 λ 的特有性质:

推理规则:

(1) 如 $A = B$ 则 $'AC = 'BC$

(2) 如 $A = B$ 则 $'CA = 'CB$

(3) 如 $A = B$ 则 $\lambda xA = \lambda xB$

(4) 改名. 如果变元 y 不出现(自由或约束)于 A 中则 $\lambda xA = \lambda y$ 代 $x \to yA$.

(5) 代入. 如果 B 中的自由变元以及 x 都不是 A 中的约束变元,则 $'\lambda xAB =$ 代$_{x\to B}$ A.

这里"代$_{x\to y}$"是元数学的符号(不在 λ 换位理论中),代$_{x\to y}A$ 意指: 在 A 中处处将自由出现的 x 代入 y, 由于在 λ 换位理论中最

基本的推理规则要使用元数学的“代$_{x\to y}$”来叙述，因此一般人认为应作如下的改进:

(5.1) $'\lambda xxA = A$.

(5.2) $'\lambda xyA = y(y \neq x)$.

(5.3) $'\lambda x'AB = '\lambda xA\lambda xB$.

(5.4) $'\lambda x\lambda xAB = \lambda xA$.

(5.5) $'\lambda x\lambda yAB = \lambda y'\lambda xAB$ (当 x 不在 A 中自由出现或 y 不在 B 中自由出现时).

(5.6) $'\lambda x\lambda yAB = \lambda z'\lambda x'\lambda yAzB$ (当 x 在 A 中自由出现且 y 在 B 中自由出现时，z 须选得与 x 不同且不在 B 中自由出现).

(4) (改名) $\lambda xA = \lambda y'\lambda xAy$ (当 y 不在 A 中出现时)

以上便是 λ 换位理论.

为了方便，有时把 $\lambda x_1\lambda x_2\cdots\lambda x_nA$ 省写为 $\lambda(x_1,\cdots,x_n)A$，这时在结构上可把 $(x_1,\cdots,x_n)$ 看作一个变元，从而 $\lambda(x_1,\cdots,x_n)A$ 做为一项.

为了方便，经常把最左方的“'”省略. 在推导时，对于不能形成的项的式子可在最左方加上“'”，凑够足够的'以形成一项. 例如，

$c'a'bcde$ 为 $'''c'a'bcde$ 的省略

组合逻辑实际上是 λ 换位理论的子理论. 它不使用全部的 λ，只当利用 λ 作出两个组合子以后，便只使用组合子与'了.

组合逻辑如下:

基本符号: '(二元), K, H(常项), 变元表 $x_1, x_2, \cdots$(亦写为 $x, y, z, \cdots$).

组成规则:

(1) K, H 及变元为项.

(2) 如果 A, B 为项，则 $'AB$ 亦为项.

(3) 所谓项仅限于由 (1), (2) 所得者.

推理规则:

(1) $Habc = ac'bc$ (实即 $'''Habc = ''ac'bc$)

(2) $Kab = a$ (实即 $''Kab = a$)

(3) 如 $A = B$ 则 $'AC = 'BC$

(4) 如 $A = B$ 则 $'CA = 'CB$

(5) 如果 A, B 中不含变元 x, 且 $'Ax = 'Bx$, 则 $A = B$.

以上便是组合逻辑理论.

组合逻辑可以说是 λ 换位理论的子理论，因为 B 与 K 可用 λ 定义为: $H = \lambda a \lambda b \lambda c'' ac'bc$, $K = \lambda a \lambda b a$. H, K 既可在 λ 换位理论中定义,而组成规则又均在 λ 换位理论中,故组合逻辑是一个子理论. 但反之,我们又可以证明:

定理 1 凡 λ 换位理论中的项均可在组合逻辑中定义.

证明 先证，如果公式 A 中不含 λ，则 $\lambda x A$ 可在组合逻辑中定义. 可根据 A 的组成过程归纳.

奠基 (1) $A = x$ 这时可取 $\lambda x A$ 为 $''HKK$,因为: $'\lambda x A x = x$, 而 $'''HKKx = Kx'Kx = x$. 两者相等.

(2) $A = y(\neq x)$ 这时可取 $\lambda x A$ 为 $'KA$ 因为: $\lambda x y x = y$ 而 $''KAx = ''Kyx = y$. 两者相等.

归纳 A 呈 $'BC$ 形. 依归纳假设已有组合子 B_1, C_1 使 $'\lambda x B = B_1$, $'\lambda x C = C_1$ (从而 $'B_1 x = B$, $'C_1 x = C$) 这时可取 $'\lambda x A$ 为 $''HB_1C_1$. 因为:

$$'\lambda x A = '\lambda x' BC = '\lambda x B \lambda x C;\ '\lambda x A x = '\lambda x B x' \lambda x C x = BC.$$

而 $'''HB_1C_1x = ''B_1x'C_1x = 'BC$. 两者相等.

故当 A 无 λ 符号时,定理得证.

后面我们从内到外地逐次把 $\lambda x A$ 变成组合子(即依含 λ 符号的个数而归纳),最后必能将所有 λ 换位理论中的项都写成组合逻辑中的项. 于是定理得证.

由此可见，实际上组合逻辑也包含了 λ 换位理论. 故两者实质上是一致的.

组合逻辑的推理规则 (5) 实际是:

$$\forall x(Ax = Bx) \rightarrow \cdot A = B.$$

在极简单的组合逻辑中居然要使用高级规则（其中使用“硬性变

元"概念，亦即须提到"$Ax = Bx$ 对一切 x 成立"等等)，这是值得改进的. 已经证明，只须列出四个组合子之间的等式便可推导出这条高级规则(5). 如果改用那四个等式作为公理(以代替规则(5))，那么组合逻辑便是一个非常简单的理论. 对此，我们不作详细讨论.

现在，我们发生兴趣的是用 λ 换位理论(亦即组合逻辑)来讨论自然数论. 这两理论看起来是很弱的理论，但它们却完全可以用来讨论自然数.

首先，是自然数的表示.

0 表为 $\lambda(ab)b$， 1 表为 $\lambda(ab)'ab$

2 表及 $\lambda(ab)'a'ab$， 3 表为 $\lambda(ab)'a'a'ab$

一般，n 表为 $\lambda(ab)('a)^n b$.

为明确起见，$\lambda(ab)('a)^n b$ 记为 $\bar{n}$ (在 λ 换位理论中 n 的表达式).

定义 数论函数中如可用'及 λ 而定义的(即表成 λ 换位理论中的项的)叫做**可 λ 定义函数**，如可用'及 HK 而表示的(即表成组合逻辑中的项的)叫做组合子函数.

由上所论，这两类函数实际上是一致的.

$''HKK$ 记为 I. 我们有：$'Ix = x$.

$\lambda(ab)'ba$ 记为 T. 我们有：$''Tab = 'ba$.

下面我们比较详细地发展自然数论.

我们先提出一点，可 λ 定义的函数集显然对叠置封闭. 试设 f(m 元)，$g_1, \cdots, g_m$ (n 元)分别由 $F, G_1, \cdots, G_m$ 表示，则 $f(g_1, \cdots, g_m)$ 显然由 $\lambda(a_1, a_2, \cdots, a_n)'(F'(G_1a_1\cdots a_n)'(G_2a_1\cdots a_n)\cdots '(G_ma_1\cdots a_n))$ 来表示. (这里 $'(G_ia_1\cdots a_n)$ 表示须适当增加撇的个数以使 $G_ia_1\cdots a_n$ 组成一项. 后面均用这个约定).

(1) $''\bar{m}bc = ''\lambda(bc)('b)^m cbc = ('b)^m c$. 一般

$$''\bar{m}AB = ('A)^m B.$$

(2) S 定义为 $\lambda(abc)'b''abc$. 我们有：$S\bar{m} = \overline{m+1}$. 因为：

$'S\bar{m} = '\lambda(abc)'b''abc\bar{m} = \lambda bc'b''\bar{m}bc = \lambda(bc)'b('b)^m c$

$= \lambda(bc)('b)^{m+1}c = \overline{m+1}.$

(3) $'\overline{m}I = I$. 因为:

$$'\overline{m}I = '\lambda(ab)('a)^m bI = \lambda b('I)^m b = \lambda bb = I$$

(4) $'\lambda a''aI0\overline{m} = 0$. 因为:

$$左 = ''\overline{m}I0 = ('I)^m 0 = 0.$$

(5) $'\cdots'\lambda(x_1, x_2\cdots x_n)''x_1I''x_2I\cdots''x_nIx_i\overline{m}_1\overline{m}_2\cdots\overline{m}_n = \overline{m}_i$.

试就 $n = 3$ 立论. 我们有:

$$'''\lambda(x_1x_2x_3)''x_1I''x_2I''x_3Ix_2\overline{m}_1\overline{m}_2\overline{m}_3$$

$$= ''\overline{m}_1I''\overline{m}_2I\overline{m}_3I\overline{m}_2 = ('I)^{m_1}('I)^{m_2}('I)^{m_3}\overline{m}_2 = \overline{m}_2.$$

试暂将 $\lambda(x_4x_5x_6)''xx_4''yx_5x_6$ 省写为 $[xy]$,将 $\lambda a'''xaI$ 写为 x_1,将 $\lambda a'''xIa$ 写为 x_2 我们有:

(6) $[xy]_1 = x$, $[xy]_2 = y$ (x, y 为自然数). 例如:

$$[xy]_1 = \lambda a''[xy]_aI$$

$$= \lambda a\lambda b''\overline{x}a''\overline{y}Ib = \lambda a\lambda b('a)^x('I)^y$$

$$= \lambda(ab)('a)^x b = \overline{x}.$$

暂将 F 表 $\lambda x[x_2, 'Sx_2]$, G 表 $[0,0]$ 则有:

(7) $'FG = [0, 1]$, $('F)^2G = [1, 2]$, $('F)^3G = [2, 3]$, 一般 $('F)^kG = [k-1, k]$

例如, $'FG = [G_2, 'SG_2] = [0, 1]$

如果. $('F)^kG = [k-1, k]$, 则 $('F)^{k+1}G = 'F('F)^kG = 'F[k-1, k] = [k, Sk] = [k, k+1]$. 故依归纳法,断言得证.

定义 D 表示 $\lambda x(''xFG)_1$.

(8) $D\overline{Sx} = \overline{x}$ 而 $D0 = 0$.

$D\overline{Sx}$ 为 $(''\overline{Sx}FG)_1 = (('F)^{Sx}G)_1 = [x, x+1]_2 = \overline{x}$

$D0$ 为 $(''0FG)_1 = (('F)^0G)_1 = G_1 = (0, 0)_1 = \overline{0}$

定义 $+$ 表示 $\lambda ab''bSa$, 又 $\dot{-}$ 表示 $\lambda ab''bDa$

(9) $+\overline{m}\overline{n}$ 即通常的 $\overline{m} + \overline{n}$, $\dot{-}\overline{m}\overline{n}$ 即通常的 $\overline{m} \dot{-} \overline{n}$. 例如, $\dot{-}\overline{m}\overline{n}$ 为 $''\overline{n}D\overline{m} = ('D)^n\overline{m} = \overline{m} \dot{-} \overline{n}$.

我们当然又有: $\min(m, n) = m \dot{-} (m \dot{-} n)$ 及 $\max(m,n) = m + (n \dot{-} m)$. 又有 $Nx = 1 \dot{-} x$ 及 $N^2x = 1 \dot{-} (1 \dot{-} x)$,

根据上面的讨论，可知如果一项不含有自由变元，则可用只含 H，K 的组合子表示. 暂用 E 表示 $\lambda x'''xIII$. 注意，$'EH = '''HIII = ''II'II = I$，$'EK = '''KIII = 'II = I$.

(10) 如果 A 没有自由变元，则有一项 C 使得 $CI = A$ 而 $CE = I$.

证明 当 A 没有自由变元时，可作出一项 A' (只含组合子 H 与 K) 与它相等. 用 C 表示 λy代$_{(H,K)\to('yH,'yK)}A'$. 则有:

$$'CI = 代_{(H,K)\to('IH,'IK)}A' = A' = A.$$

$$'CE = 代_{(H,K)\to('BH,'BK)}A' = 代_{(H,K)\to(I,I)}A' = I$$

(因 A' 中只有 ′ 运算，它对 I 的运算结果只能是 I).

我们有两个组合子 B 与 C，满足下条件:

$$'''Babc = 'a'bc, \qquad '''Cxyz = 'x'zy$$

它们当然可定义为 $\lambda(abc)'a'bc$ 及 $\lambda(abc)'a'cb$. 但亦可用 H, K 表示为 $B = ''H'KHK$ 及 $C = ''H''BBH'KK$.

(11) 任给两个没有变元的项 A_0 及 A_1，永可作出一项 F 使得 $'F0 = A_0$，$'F1 = A_1$.

证明 由 (10) 有 C_0 及 C_1 使得 $'C_iE = I$ 而 $'C_iI = A_i$ ($i = 0, 1$). 今命 $F = \lambda a'''aCBC_0C_1E$，这里 C，B 为上面两个组合子，而 E 同 (10) 中所定. 故有(我们把最左的撇省略).

$$\begin{aligned}'F0 &= 0CBC_0C_1E = ('C)^0BC_0C_1E = BC_0C_1E \\ &= C_0'C_1E = C_0I = A_0, \\ 'F1 &= 1CBC_0C_1E = ('C)'BC_0C_1E = CBC_0C_1E \\ &= BC_1C_0E = C_1'C_0E = C_1I = A_1,\end{aligned}$$ 故断言得证.

(12) 任给一个没有变元的项 F，永有一项 L 使得:

$$Lx = ''FxL$$

证明 由 (11) 取 G 使到 $G0=I$ 而 $G1=\lambda(bc)''Fx\lambda a'''b1ba$ 然后取 L 为 $\lambda a'''G1Ga$. 这时我们有:

$$LX = '''G1Gx = '''G1Gx.$$

根据 $G1 = \lambda(bx)''Fx\lambda a'''b1ba$，可知:

$$'''G1Gx = ''Fx\lambda a'''G1Ga = ''FxL \text{（由 } L \text{的定义）}$$

L满足要求，于是断言得证.

(13) 设两项 G, E 没有变元，则必须有一项 L 使得:

$$L0x_2\cdots x_n = Gx_2\cdots x_n$$
$$L\overline{Sy}x_2\cdots x_n = Ey'(Lyx_2\cdots x_n)x_2\cdots x_n$$

证明 由(11)取 Q 使得 $'Q0 = \lambda ab''a'b0G, 'Q1 = \lambda(abx_2\cdots x_n)'(E'Da'(b'Dax_2\cdots x_n)x_2\cdots x_n)$. 再命 $F = \lambda y''Q'Myy$ (这里 $'My = 1 \dot{-} 1(1 \dot{-} y)$)，根据这个 F 按(12)选取 L，则 L 即满足要求.

$$L0x_2\cdots x_n = F0Lx_2\cdots x_n = Q'M00Lx_2\cdots x_n$$
$$= Q00Lx_2\cdots x_n = 0'L0Gx_2\cdots x_n = 0IGx_2\cdots x_n$$
$$= ('I)^{\circ}Gx_2\cdots x_n = Gx_2\cdots x_n;$$
$$L\overline{Sy}x_2\cdots x_n = F\overline{Sy}Lx_2\cdots x_n = Q'M\overline{Sy}\,\overline{Sy}Lx_2\cdots x_n$$
$$= QI\overline{Sy}Lx_2\cdots x_n = '(E'D\overline{Sy}'(L'D\overline{Sy}x_2\cdots x_n)x_2\cdots x_n)$$
$$= Ey'(Lyx_2\cdots x_n)x_2\cdots x_n;$$

L满足要求，于是断言得证.

(14) 如果 $f(x_1, \cdots, x_n, y)$ 可用 $rx_1\cdots x_ny$ 定义，则 $\mathrm{rti}_e f(x_1, \cdots, x_n, e)$ 亦可定义.

证明 先选 Q 使得

$$Q0 = \lambda(abc)''a0b, \quad Q1 = \lambda(abc)'''a'c'Sb'Sbc,$$

再选 $F = \lambda x'Q'Mx(Mx = 1 \dot{-} (1 \dot{-} x))$，根据(12)而选取 L，我们有:

$$L0yr = F0Lyr = Q'M0Lyr = Q0Lyr$$
$$= ''L0y = 'Iy = y,$$

即当 L 的第一变目为 0 时，其值为第二变目 y.

$$L\overline{Sx}yr = F\overline{Sx}Lyr = Q'M\overline{Sx}Lyr = Q1Lyr$$
$$= L'r'Sy'Syr,$$

即当 L 的第一变目非 0 时，应有

$$L(Sx, y, r) = L(r(Sy), Sy, r).$$

明白 L 的上两个性质后，即得:

$$\mathrm{rti}_e f(x_1, \cdots, x_n, e) = L(r(x_1, \cdots, x_n, 0), 0, r(x_1, \cdots, x_n))$$

即

$$\mathrm{rti}_{e} f(x_1, \cdots, x_n, e) = L'(rx_1\cdots x_n 0)0'(rx_1\cdots x_n)$$

因为

$$\begin{aligned} &L(r(x, 0), 0, r(x)) = L(r(x, 1), 1, r(x)) \\ &= L(r(x, 2), 2, r(x)) = L(r(x, 3), 3, r(x)) \\ &= \cdots = L(0, t, r(x)) = t, \end{aligned}$$

当 t 为 r 的最小零点时，于是断言得证.

定理 2 凡递归函数(以及可摹状函数)都是 λ 可定义函数.

证明. 由上可见本原函数可 λ 定义，可 λ 定义函数，又对叠置封闭，对原始递归式封闭，对求根算子封闭. 故所有可摹状函数及递归函数都是 λ 可定义函数，也都是组合子函数.

定理 3 凡 λ 可定义函数以及组合子函数都是归递函数 (以及可摹状函数).

证明 凡 λ 可定义函数以及组合子函数必可根据其组成过程而记录下来，既能记录故必是递归函数亦是可摹状函数.

于是我们的目的便达到了.

顺便说一句，好些人在定义 $'\lambda xAB$ 或代$_{x\to B}A$ 时，除上文的 (5.1)～(5.5) 外，还多写一句 (5.6)$'\lambda x\lambda yAB = \lambda z'\lambda x'\lambda yAzB$. 当 x 在 A 中自由出现且 y 在 B 中自由出现时，z 须选得与 x 不同且不在 B 中自由出现.

其实，这个性质是可以推导出来的，但它过于繁琐，不够简洁，也不够明白，因此，作为定义(或公理)是不合适的. 人们所以写上它，实际上是希望由此而把一个项化成典范形. (所谓典范形是指其中没有形如$'\lambda xAB$ 的部分.)但是，这个结果尽可由定理而得出，不必写成公理或定义. 况且事实上已经证明并不是任何项均可化为典范形，例如：

$$'\lambda x'xx'\lambda x'xx \quad (甲)$$

便没有典范形. 因为，我们有：$'\lambda x'xxN = 'NN$，当将N取为 $\lambda x'xx$ 时，仍得(甲)原式. 故知(甲)不可能有典范形. 既然如此，则当 x 在 A 中自由出现，y 在 B 中自由出现时，便认为$'\lambda x\lambda yAB$ 为不能再简化，岂不更直捷了当？(至于它满足(5.6)，则作为它的某一性质列为定理好了).

Church 已经证明，什么项有典范形什么项则否，这个问题是不能完全判定的(这是首次得出的一个不能完全判定问题)，既然如此，想要利用定义或公理把 $'\lambda xAB$ 形的子项完全消除，当然是不妥当的. 因此，我们不应把(5.6)写在组成规则之内.

§47. 可用机器计算的函数

所谓用机器计算是指计算过程的机械性. 在以前，我国发明了算筹与算盘，可以使得加减乘除乃至开方等运算基本上机械化了，从而增加了速度. 但这些“机械”，究竟只是极短的计算过程的机械化，从头到尾甚至于过程的绝大部分都离不了人工的参与. 这种机械化的程度是极小的. 二次大战后出现的电子计算机，才真正实现了计算的机械化. 只要依照问题作出程序，以后只须把题给的数据输入机器，机器便能够进行运算，直到问题的结束，把所需的结果输出给人们，在计算过程中从头到尾不需要人工的参考. 这才真正地实现了机械化. 因此从目前来说，所谓“机器计算”便指计算过程的机械化. 亦即，当题设数据给出后，第一步应怎样做，第二步应怎样做，遇到需根据所得中间结果的情况而选择不同的计算过程时，也预先规定好该依据什么标准选择. 换言之，这种计算完全是机械的，任何人，不论聪明或否，都会同样做作，都会得到同样结果. 这是人们长远以来所祈求的目标，如今实现了.

现在的计算机，从诞生以来，已经经历了四代，人们正在纷纷讨论第五代的计算机，希望造出一种速度更快使用更方便，功能更强的计算机来. 但在作理论的探讨时尤其是对能行性问题的探讨来说，却希望探知功能极简的计算机能够作出怎样的事情. 换言之，在探讨能行性问题时，人们要问：现在结构那么复杂、功能那么强大的计算机在多大的程度上能够用结构极其简单，功能极其微弱的计算机来代替？

引起人们兴趣的是，从历史上来说，在现代大功能的计算机出现以前，人们先对结构极其简单的计算机作了充分的研究，我们可以说，正是在这种充分研究的基础上（再结合现代的电子技术），才出现了现代的电子计算机。

1936 年 Turing 提出一种理想的计算机，并提出一个论点（Turing 论点）说，凡是常认为可以计算的函数，都是可用 Turing 计算机计算的。后来证明了，Turing 计算机可计算的函数恰巧和递归函数相同。他这个论点便和 Church 论点合称为 Church-Turing 论点。

原来设计的以及后来大部分人们所修正使用的 Turing 机器都是以处理符号为主的，在数论上，等于主要是对自然数的 k 进制作处理而不是处理自然数本身。这种处理当然也很需要，但对递归性的研究来说，总以处理自然数本身为更好。因此后来人们便渐渐地改用另一种形式的理想计算机了。

在递归论中所讨论的计算机，与现实的计算机有很大的不同，在某方面作了极大的削弱，在另外一些方面又作了极强的假定。因此对理想计算机所作的结论未必能够完全适用于现实的计算机，但可作参考那是毫无疑义的。大体说来两者的区别如下：

现实计算机功能极强，理想计算机功能极弱（在我们的计算机只能实现加 1、减 1 即 S 与 D 两运算）。

现实计算机存储单元有上界，每存储单元所存储内容也有上界，但理想计算机的存储单元无界地多，存储内容也可以无界地大。（这里所说"无界地"并不是"无限"，它仍是有限，但计算不同的问题时可以任意地多，任意地大，而没有上界。）

现在，我们提出下列的理想计算机，它是 H. Schnichtenberg 在 1963 年提出的，叫做 URM（无界存储机器）。

这种机器的存储单元可记为 $R_0, R_1, \cdots$ 可无界地多（但我们不假定无限多，那不是现实所能实现的），每个单元可以存一个自然数，可以无界地大（任意大，但却是有限数），

这机器有三条(或四条)指令:

A_i: 对 R_i 的内容加 1.

S_i: 对 R_i 的内容减 1(如原内容为 0, 则结果仍为 0).

E_iC: 当 R_i 内容$\neq 0$时转到第 c 条指令, 该内容$=0$时转到下条指令.

另外可加一条停机指令 S. 有人不用停机指令, 当 A_i, S_i 后没有别的指令时便停, 或者 E_ic 中的 c 大于所有指令的编号而又转到该指令时便停. 这样可使指令种类少了一条,但却多了人工约定,而讨论停机情况时须考虑各种停机情况. 不如引入停机指令 S,规定在程序中每条指令(除 S 外)均有后继指令,而且转移指令E_ic中的 c 也均在指令的编号之内,因此恰当执行 S 时才停机,这更便于讨论. 要造这种程序也不困难. 只须在程序末端添上指令 S,并把 E_ic 中的 c, 凡大于末端指令 S 的编号的,一律改为该编号便成了.

我们还约定程序的一种标准形式, 即该程序只有一条也只一一条 S 指令,而且都放在程序之末,所有转移指令 E_ic 的 c 都不超出该程序的编号, 因此该程序结束当且只当执行该末端的 S 指令时.

这时两个程序相连接便非常简单: 例如, 如想先执行程序 P_1 再执行 P_2, 只须把 P_1 的末端 S 指令删除, 用该指令的编号作为 P_2 的第一条指令的编号, 以后将 P_2 各指令的编号依次增大便成. 因此,我们可以把每一个程序看作一条指令(**宏观指令**),凡已经编有某程序时,先将其写成标准形,再按上办法与别的程序相接, 便可当作一条指令而处理了.

这种理想计算机可作下列的动作:

(1) L_i 将 R_i 消除为 0.

1. S_i　　2. E_i1　　3. S

有了 L_i, 我们可在从事任何动作之前先把要使用的单元消除为 0. 亦即当我们已编好某程序 P_k 时, 如果其中使用到单元 i_1, $i_2, \cdots, i_h$, 我们可改而使用下列程序:

$$L_{i_1},\ L_{i_2}, \cdots, L_{i_h}, P_k$$

(各程序相连接)，这时在 P_k 中可以认为各单元 $R_i, \cdots, R_{i_h}$ 等的初始状态为 0. 因此在下面，我们都认为：各工作单元的初始状态为 0，故意送入数据的单元当然例外.

(2) G_c：无条件地执行(转到)第 c 条指令.

1. A_i 2. E_ic

(这不算一个程序，因为一般说来，$c>2$) 这里意思是说，每当我们想跳到指令 c 时，可先在前面加一条指令 A_i，然后写 E_ic，这时便会无条件执行第 c 条指令了(因 i 的内容当然 $\neq 0$). 我们只是为了减少一条基本指令才这样作，如增加一条基本指令 G_c，当然不必这样周折了.

(3) E_{icd}：当 R_i 内容 $\neq 0$ 时转到第 c 指令其内容 $=0$ 时转到第 d 指令.

1. E_ic 2. G_d

(4) T_{ij}：将 R_i 内容送到第 j 内容(初态为 0)，而 R_i 消除为 0.

1. S_i 2. A_j 3. E_i1 4. S

(5) K_{ijk}：将 R_i 内容送到 R_j, R_i, R_k 内容不变(R_j, R_k 内容原来为 0)，我们经常把 $K_{i,j,k}$ 写成 T_{ij} (k 可不必注意).

1. S_i 2. A_j 3. A_k 4. E_i1 5. T_{ki}.

例 1 求计算 $x+y$.

解 将 x, y 分别放在 R_1, R_2 内而结果 $x+y$ 放在 R_1 内. 即 $R_1, R_2 \to R_1$.

1. E_23 2. G_5 3. S_2 4. A_1 5. S

我们将 R_2 减 1，将 R_1 加 1，直到 R_2 为 0 才止，R_1 的内容即所求的和 y.

注意，如想保留 x, y 的值于 R_1, R_2 内以便别的地方使用，可先将 R_1, R_2 内容扩到 R_3, R_4，然后对 R_3, R_4 进行运算. 因此，在下文我们假定计算 n 元函数 $f(x_1, \cdots, x_n)$ 时均 $R_1, R_2, \cdots, R_n \to R_{n+1}$ 而 $R_1, R_2, \cdots, R_n$ 不受影响.

例2 求计算 $\left[\frac{x}{2}\right]$

解 将 x 放在 R_1 内，而结果放入 R_2 内．即 $R_1 \to R_2$.

1.$S1$ 2. E_14 3. $G7$ 4. $A2$ 5. $S1$ 6. $G1$ 7.S.

首先将 R_1 减 1，再查 R_1 是否为 0． 如果是 0 则 $R_2(=0)$ 即是结果．如果非 0，则 R_2 加 1 而 R_1 两次减 1，再检查 R_1，直到 R_1 为 0 时 R_2 的内容即所求结果．

例3 试作一指令，使得 R_i 与 R_j 内容相等时转到第 c 条指令，而其内容不等时，转到第 d 条指令．

读者自做．

我们现在证明，尽管URM功能极小，但它能够计算递归函数．反之，URM 所能计算的函数都是递归函数．

定理1 任何本原函数都可用 URM 计算．

证明 对零函数而言．

$O(x)$ 由 L_1 而计算，其值放在 R_1 内，即 $R_1 \to R_1$

I_{mn} 设 $x_1, \cdots, x_m$ 分别存在 $R_1, \cdots, R_m$ 内．则 T_{n_i} 便计算了 I_{mn}，而结果放在 R_i 内．即 $R_1, \cdots, R_m \to R_i$

Sx 由 A_1 而计算．x 与 I_x 均放在 R_1 内．故定理得证．这是 $R_1 \to R_1$.

定理2 如果 h 由 f 与 $g_1, \cdots, g_m$ 叠置而得，即 $h=f(g_1, \cdots, g_m)(x_1, \cdots, x_n)$，$f$ 与诸 g 均可由 URM 计算，则 h 亦可由 URM 计算．

证明 设 f 与 g_i 由程序 F 与 G_i 而计算．今给出计算 h 的程序 H 如下：

(1) $T_{1\ m+n+1}, T_{2\ m+n+2}, \cdots, T_{n\ m+n+n}$（重抄自变元之值）．

(2) G_i 由 $R_{m+n+1}, \cdots, R_{m+n+n} \to R_{n+i}$（$R_{m+i}$ 存 g_i 之值）．

(3) F 由 $R_{n+1}, \cdots, R_{n+m} \to R_1$（$R_1$ 存 h 之值）．

故定理得证．

定理3 如果 $h(e_1, e_2)$ 由 $g(e_1, e_2)$ 用原始递归式而作成，即

$$\begin{cases} h(u, 0) = u \\ h(u, Sx) = g(x, h(u, x)) \end{cases}$$

而 g 可用 URM 计算,则 h 亦然.

证明 我们还可假定有 m 个参数. 故 h 与 g 都是 $m+2$ 元函数,设给出自变元之值为 $a_1, a_2, \cdots, a_m$ u, x 分别放在 $R_1, \cdots, R_m, R_{m+1}, R_{m+2}$ 内. R_{m+3}(工作单元)初值为0. 我们将把 h 的值放在 R_{m+1} 内. 设 g 由程序 G 而计算. 由下程序可计算 h,定理得证.

1. $E_{m+2}26$ (将 u 放 R_{m+3} 内).
2. S_{m+2} (将 x 减成 $x \dot{-} 1$).
3. G 由 $R_1, R_2, \cdots, R_m, R_{m+3}, R_{m+1} \to R_{m+1}$.
4. A_{m+3} (将工作单元增加 1, 由 x 变 $x+1$).
5. $G.1$ (转移指令)
6. S

注意,原给的 x (存在 R_{m+2} 内)逐次减1,以便计算递归次数. 而用以计算 $g(x, h(u, x))$ 之值的 x 则须在 R_{m+3} 内取用,不能混淆.

定理 4 如果 g 可用 URM 计算, 则 $f(x_1, \cdots, x_n) = \mathrm{rti}_e g(x_1, \cdots, x_n, e)$及 $h(x_1, \cdots, x_n, u) = \mathrm{stp}_{e\to n} g(x_1, \cdots, x_n, e)$亦可用 URM 计算.

证明 设 g 用程序 G 计算. 今作出计算 f 之值的程序 F 如下:

1. $T_{1n+1}, T_{2n+2}, \cdots, T_{nn+n}$ (重抄自变元之值).
2. G:由 $R_1, \cdots, R_n, R_{n+1} \to R_{n+2}$ (R_{n+1} 初值为 0).
3. $E_{n+2}46$.
4. A_{n+1}.
5. $G1$ (转移).
6. S.

这个 F 是 $R_1, \cdots, R_n \to R_{n+1}$. 结束时 f 之值留在 R_{n+1} 内.

至于计算 h 之值的程序 H 如下:

1. $E_{n+1}27$ (如 $n=0$ 则结果为 0).

2. G 由 R_1, R_2, $\cdots$, R_n, $R_{n+1} \to R_{n+2}$.

3. A_{n+3} (R_{n+3} 初值为 0，这时增加 1)。

4. $E_{n+2}57$。

5. $T_{n+2\ n+1}$。

6. $G2$ (转移)

7. S。

故定理得证。

我们再直接计算由一般递归式所定义的函数。

定理 5 如果 $h(e_1, e_2)$ 由函数 $f(e_1, e_2)$, $g(e_1)$ 用一般递归式定义如下:

$$h(u, 0) = u$$
$$h(u, Sx) = f(Sx, h(u, gSx))$$

则当 f, g 可用 URM 计算时，h 亦可用 URM 计算。

证明 仍设 f, g 可有参变元 a_1, a_2, $\cdots$, a_n. 从而 g 为 $n+1$ 元，而 f, h 为 $n+2$ 元。下面只给出主要思想，读者可具体仔细作出。

设 f, g 分别由程序 F, G 而计算。并设

G: 由 R_1, R_2, $\cdots$, R_n, $R_{n+2} \to R_{n+3}$.

F: 由 R_1, R_2, $\cdots$, R_n, R_{n+2}, $R_{n+1} \to R_{n+1}$.

则作出 G_t, F_t 如下:

G_t: 由 R_1R_2, $\cdots$, R_n, $R_{n+2+t} \to R_{n+3+t}$ $(t \geqslant 0)$

F_t: 由 R_1, R_2, $\cdots$, R_n, R_{n+2+t}, $R_{n+1} \to R_{n+1}$. $(t \geqslant 0)$

实际上，G_t, F_t 仍是 G, F 只是自变元之值取自 R_{n+2+t}, G 的结果送到 R_{n+3+t} 罢了，当然极易作出。

要计算 h，给出 a_1, a_2, $\cdots$, a_n, u, x 后，先检验 R_{n+2} (即 x) 是否为 0，如是，则取 R_{n+1}(即 n) 作为结果。如不是，则依次作 G_t 并检查 G_t 的值，即作:

$$G_0, G_1, G_2, \cdots\cdots\cdots \text{直到 } G_k \text{ 的值为 } 0,$$

再作 F_k, F_{k-1}, $\cdots$, F_2, F_1, F_0 而停机。

这时 h 的值放在 R_{n+1} 中。读者可详细做出。

有了上述结果之后，根据每一递归函数的组成过程，不难归纳证明下述定理。

定理 6 每一个递归函数都可以用 URM 而计算。

我们还将证明其逆定理，即

定理 7 凡可以用 URM 计算的函数是递归函数。

我们对每一指令给一个编码如下：

A_i 编码为 $\langle 1, i, 0\rangle$

S_i 编码为 $\langle 2, i, 0\rangle$

E_{ic} 编码为 $\langle 3, i, 0\rangle$

S 编码为 $\langle 0,0,0\rangle$

因此，从一指令的编码即可知该指令的内容。

我们对程序的编码为：设程序依次由编码为 $a_1, a_2, \cdots, a_n$ (共 n 条指令)组成，则该程序的编码为

$$\mathrm{sq}(n, a_1, a_2, \cdots, a_n).$$

对每个具体的程序而言，其编码是一个具体数字。

URM 的状态可用

$$\mathrm{sq}(n, a_1, a_2, \cdots, a_n)$$

刻划，这里 $a_1, a_2, \cdots, a_n$ 是最初 n 个存储单元的存储内容，而 R_n 以后存储内容均为 0 (n 是表示 R_n 以后存储均空)。 这也是一个数字。

用 URM 计算时，每一步可用下面的特征数。

$$\mathrm{pg}(p, q)$$

刻划，p 是当时的机器状态，而 q 是刚要执行(尚未执行)的指令在程序中的标号。

有了这些准备以后，我们可以证明上述定理。

设用 URM 来计算一个 n 元函数 $f(x_1, \cdots, x_n)$，而程序的编号为 M (已知)。今用 $h(t)$ 表示计算第 t 步的特征数。

因为我们是从将 $x_1, \cdots, x_n$ 存入 $R_1, \cdots, R_n$ 而开始的，故得第 0 步特征数为

$$h(0) = \mathrm{pg}(\mathrm{sq}(n, x_1, \cdots, x_n), 1)$$

(机器状态为：前 n 个单元存 $x_1, \cdots, x_n$，刚要执行第一条指令).

设 $h(t)$ 已经得到，则第 t 步时机器状态为

$$Kh(t) = \mathrm{sq}(m, b_1, \cdots, b_m),$$

而需执行的指令为 $Lh(t) = c$. 我们可根据 $\mathrm{tm}(c, M)$ 的值而决定 $h(st)$ 如下.

如果 $\mathrm{tm}(c, M)$ 对应于 A_i，又如机器状态不足 i 项，可先补充 0 使得至少为 i 项. 然后第 i 项须增加 1 (即 R_i 须增 1). 这个改变可表为$\binom{b_i}{b_{i+1}}$

$$\mathrm{sq}(i, b_1 \cdots, b_m, \cdots, 1, \cdots) \qquad (1\text{ 在第 } i \text{ 项})$$

如 $i \leqslant m$，则只须将 b_i 改为 $b_i + 1$ 即可. 指令则改为 $c + 1$.

如果 $\mathrm{tm}(c, M)$ 对应于 s_i，仿上但"加"改为"减"表为$\binom{b_i}{b_{i-1}}$. 又指令改为 $c + 1$.

如果 $\mathrm{tm}(c, M)$ 对应于 E_{id} 则机器状态不变. 而指令则如下考虑：如果机器状态中第 i 项非 0，则改为 $\mathrm{tm}(d, M)$，如为 0 则改为 $\mathrm{tm}(c + 1, M)$.

如果 $\mathrm{tm}(c, M)$ 对应于 s，则 $h(st)$ 照旧. 仍为 $h(t)$.

总结起来如下表：

$$h(st) = \mathrm{pg}\left(Kh(t)\binom{b_i}{b_{i+1}}, \ Lh(t) + 1\right)$$

$$\text{当 } \mathrm{tm}(L^h(t), M) = \langle 1, i, 0\rangle \text{ 时},$$

$$= \mathrm{pg}\left(Kh(t)\binom{b_i}{b_{i-1}}, \ Lh(t) + 1\right)$$

$$\text{当 } \mathrm{tm}(L^h(t), M) = \langle 2, i, 0\rangle \text{ 时},$$

$$= \mathrm{pg}(Kh(t), d)$$

$$\text{当 } \mathrm{tm}(Lh(t), M\rangle = \langle 3, i, d\rangle$$

$$\text{而 } \mathrm{tm}(i, Kh(t)) \neq 0 \text{ 时},$$

$$= \mathrm{pg}(Kh(t), Lh(t) + 1)$$

$$\text{当 } \mathrm{tm}(Lh(t), M) = \langle 3, i, d\rangle$$

$$\text{而 } \mathrm{tm}(i, Kh(t)) = 0 \text{ 时},$$

$$= \mathrm{pg}(Kh(t),\ Lh(t))$$

$$\text{当 } \mathrm{tm}(Lh(t),\ M) = \langle 0,\ 0,\ 0\rangle \text{ 时}.$$

$\Bigg($这里 $\begin{pmatrix} b_i \\ b_{i\pm1} \end{pmatrix}$ 指将第 i 项加减 1，如 $Kh(t)$ 不足之项，须添入 0 凑成 i 项$\Bigg)$

显然，$h(t)$ 是一个原始递归函数.

$t_0 = \mathrm{rti}_e Lh(e)$ 是找寻使得指令为 S 的那一步；如果存在，则 t 有定义，否则无定义(机器永不停止).

于是 $f(x_1, x_2, \cdots, x_n) = \mathrm{tm}(n+1, Kh(t_0))$
即在机器停止时，机器中 R_{n+1} 所存储的内容.

因为 t_0 是由 h 用求根算子求得，可见整个说来，f 是可摹状函数亦即递归函数. 于是定理得证.

上面说过，每一递归生成的函数集都有一个通用函数(枚举函数) g，使得函数中每一个 n 元函数 f 都有一数 t，使得

$$f(x_1, \cdots, x_n) = g(t, x_1, \cdots, x_n).$$

同样，每一个递归生成的函数类也有一个通用程序 P 来计算它们，使得，函数集中每一个 n 元函数 f，都有一数 t，使得从 $t, x_1, \cdots, x_n$ 出发便可以计算得 $f(x_1, \cdots, x_n)$ 之值. 亦即

$$f(x_1, \cdots, x_n) = P\langle t, x_1, \cdots, x_n\rangle.$$

这个 P 并不难找，只要求出上面通用函数 g 的计算程序便成了.

但是对于可用 URM 而计算的函数集来说，我们却可以直接构成通用程序 P 而无需借助于上面所说的通用函数. 构成标准程序的办法很简单，我们只给出主要的思想便成.

我们仍把 A_i, S_i, E_ic, S 编码为 $\langle 1, i, 0\rangle$, $\langle 2, i, 0\rangle$, $\langle 3, i, e\rangle$, $\langle 0, 0, 0\rangle$，并且认为 URM 有能力把 $\langle 1, i, 0\rangle$ 等 (这些是数) 改写成指令 A_i 等(这些仍然是数，至少就目前电子计算机而言，所有指令均表为一个数) 并把 A_i 等存储到应该存储指令的适当地方，以便 URM 加以执行. 这个动作我们叫作："作成并存入 A_i" 等等.

我们仍照上面办法把 URM 的程序编码为 sq(m, a_1, $\cdots$, a_m)，其中m是指令的条数，a_1, $\cdots$, a_m 是各指令的编码. 编码为M的程序下文即简称程序M.

现在，便作一个通用程序P，使得凡用程序M而计算的函数$f(x_1, \cdots, x_n)$，均可用通用程序P在M, x_1, $\cdots$, x_n处计算. 约定旧程序的单元从R_1计算起，从不使用R_0. 在新程序中，我们添入R_0，放在一切R_i之左.

设想输入M, x_1, $\cdots$, x_n(在R_0, R_1, $\cdots$, R_n处). 我们固定一个单元，当在原程序计算中须执行第c条指令时它便存储数c. 这单元暂定为R_h. 在开始时R_h存1. 另有两个单元R_e, R_{e+1}, R_{e+1}的指令为"转到$I1$"(即转到P的第1条指令).

程序P如下:

$I1$. 取出R_h的存储，命其内容为c. 取R_0之值M，求tm(c, M).

2. 当 tm(c, M) $= \langle 1, i, 0\rangle$ 时，作成并存入A_i于R_e, R_h内容增1，转到R_e(即执行A_i，下一指令R_{e+1}为转到$I1$).

3. 当 tm(c, M) $= \langle 2, i, 0\rangle$时，作成并存入S_i于R_e, R_h内容增1，转到R_e(即执行S_i，下一指令R_{e+1}又转到$I1$).

4. 当 tm(c, M) $= \langle 3, i, c\rangle$ 时，检查R_i，如R_i内容$\neq 0$，将R_h内容改为c，转到$I1$. 如R_i内容$=0$，将R_h内增1，转到$I1$.

5. 当 tm(c, M) $= \langle 0, 0, 0\rangle$ 时，停机.

如果原来结果放在R_{n+1}内，则新程序的结果仍放在R_{n+1}内.

因此，通用程序便作出.

机器计算与人的计算本质上是一样的. 只是机器计算具机械性，每一步都作了严格规定. 这种确定性却是以前所讨论的各种算子都不具备的. 以前，当我们讨论叠置以及各种算子时，即使我们规定了"一步"是什么，例如，每次代入是一步，每次替换是一步，但前后步之间仍不是必然的. 同样的函数的计算，很难说，第一步怎样做，第二步怎样做. 如果我们想系统地加以规定，使得计算程序唯一化，那便等于作出了算法，作出了一个机器了. 但是，在今后的讨论中，我们经常要求计算过程的唯一性，经常说"第 n 步如何如何"，当我们需要这样作时，我们便考虑计算该函数的 URM，当用它计算该函数时，第 n 步是什么. 这是用 URM 计算的一个大用处.

上面所讨论的是**一意的**计算机，即执行了一步以后，下一步便一意地确定了. 此外还有**多意的**或**不确定的计算机**，在它的计算程序中，执行了一步以后，下一步可以有两个或多个选择(都应在程序内预先规定好)，而选择的标准完全是随机的，不应有人的意志参与. 因此，虽然计算结果可有多值，但并非由人的意志来挑选的. 这种不确定程序(不确定计算机)对于形式语气(与文法相比较)的研究，有很大的用处，但目前我们不准备深入讨论.

现在我们想讨论的是如何用机器来计算"递归于 f 的函数"以及用机器来计算算子.

从机器方面着眼，要想用机器来实现递归于 $f(e)$ 的函数，亦即用机器来计算一个递归于 $f(e)$ 的函数 $g(e)$ 的值，可以设想具有诰谕的计算机. ("诰谕"的英文为 Oracle，又可译为外息库或外息源，即外部信息库). 这种计算机除具有计算函数时的原有指令外，还有一种新指令：$W_f(i)$——以第 i 单元的内容 r 为变目，计算 $f(r)$. 当执行这条指令时，机器便把第 i 单元的内容从 r 改成 $f(r)$. 由于 f 未必是递归全函数，我们不假定"诰谕"是用另外一架机器计算而得的(那便限定 f 必是递归全函数了)，我们只假定，当执行 $W(i)$ 时，诰谕马上能够把第 i 单元的内容从 r 改成 $f(r)$. 诰谕从何而能够这样做，我们不加追究. Turing 把诰谕叫做 Oracle，(意译为神谕)，也是强调不是由机器得出(从而只好说是由"上帝"给出的)的意思.

这里假定 f 是全函数，诰谕能够马上把第 i 单元的内容从 r 改成 $f(r)$. 如果 f 是偏函数，而 $f(r)$ 无定义，则当第 i 单元内容为 r，而又须执行 $w_f(i)$ 时，便不能这样做了. 为了与偏函数情况相一致，我们改而约定如下.

诰谕不是把第 i 单元的 r 改为 $f(r)$，而是每当执行 $w_f(i)$ 时，源源不断地给出对偶 $\langle a, f(a)\rangle$，机器源源不断地检查这些对偶，当机器检查出有一个对偶为 $\langle r, f(r)\rangle$ 时（r 为第 i 单元的内容），便取 $f(r)$ 之值.

我们不假定诰谕按 a 的大小次序而给出对偶，从而当 $\langle r, f(r)\rangle$ 永不出现时，机器只好永远检查（如按大小给出，则机器至多检查 r 次，便会检查到是否有 $\langle r, f(r)\rangle$）. 目前我们讨论全函数，故迟早诰谕必会给出 $\langle r, f(r)\rangle$ 的，这样，也就与诰谕把"r 改变成 $f(r)$"一样了.

同样，也可用机器而计算算子 $\underset{e\to u}{\alpha}$. 只须作出计算 $\underset{e\to u}{\alpha} f(e)=g(u)$的程序，程序允许使用指令 $w_f(i)$（f 不是已定函数而是未定函数符号）便成了，可用机器计算的算子也就叫做**可计算的**或**能行的算子**.

§48. 可偏函数

上面我们所讨论的函数，其定义域都是整个自然数集. 有些函数，依照原来的定义而说，是没有意义的，是没有值的，我们也补充定义，指定一数作为其值. 最显著的是，我们规定：

$$0^0=1,\quad [x/0]=0 \quad 及 \quad \mathrm{rs}(x, 0)=x,\ 0!=1.$$

我们这样地补充规定，虽然使得函数处处都有定义，但却引来很多不便，最不便的是，它可能破坏了可计算性. 这种现象经常出现在使用算子时.

例如，对摹状算子而言，

$\underset{e}{\mathrm{rtu}} f(x, e)$ 无意义，当没有 y 或多于一个 y 使得 $f(x, y)=0$ 时；

$\underset{e}{\mathrm{rti}} f(x, e)$ 无意义，当没有 y 使得 $f(x, y)=0$ 时，

又

$\underset{e\to u}{\mathrm{stp}} f(e)$ 无意义，当 $f(y)$ 在 $y=u$ 处不归宿于 0 时.

依照这些算子的原来意义，我们应该认为：当上述情况出现时，用相应算子而计算的结果是没有意义的，没有值的. 从而所得

的函数在相应的主目处应该是没有值的.

如果我们强调函数处处有定义，并用临时约定来规定其值. 例如，规定:

当上述情况出现时，所得函数在相应主目处的值为 0.

那末，补全以后所得的函数便不是可计算的. 因为，"有 y 使 $f(x, y)=0$" 这件事，一般说来是很难证明的，通常只能逐个计算:

$$f(x, 0), f(x, 1), \cdots.$$

在计算过程中，当出现某个 f 值为 0 时，当然可以求得 $\underset{e}{\text{rti}} f(x, e)$; 如果算来算去，各 f 值老是非 0，我们便无法决定 $\underset{e}{\text{rti}} f(x, e)$ 之值了. 到底是继续计算 $f(x, y)$ 以找出 f 的零点呢? 还是宣布 f 没有零值从而依约定认为 $\underset{e}{\text{rti}} f(x, e)=0$ 呢? 无论哪种做法，都是没有根据的. 亦即这时 $\underset{e}{\text{rti}} f(x, e)$ 是不可计算的.

总之，用约定办法而对某些算子的结果规定其值时，一般往往丧失了可计算性. 递归函数论的一个主要内容，便是研究可计算性. 丧失可计算性当然是一个重大损失. 可见，要保持可计算性，应该容许一函数在某些主目处没有值(没有定义). 这样，便引出偏函数的概念

定义 如果 $f(x_1, x_2, \cdots, x_n)$ 的定义域 $D_1 \times \cdots \times D_n$ 为 $N \times N \times \cdots \times N$ 的子集，则 $f(x_1, \cdots, x_n)$ 叫做**可偏函数**. 如为真子集则 $f(x_1, \cdots, x_n)$ 叫做**偏函数**.

今后，可偏函数省称为函数. 如需强调，则以前所讨论的函数(其定义域为整个自然数集的)特叫做**全函数**. 因此，今后凡省称"函数"时，都是可偏的. 如不可偏应叫做全函数.

为方便起见，通常又引入记号"⊥"，如 $f(x_1, \cdots, x_n)$ 在 $(x_1^0, \cdots, x_n^0)$ 处无定义，则写为:

$f(x_1^0, \cdots, x_n^0)=\perp$(它与"$f(x_1^0, \cdots, x_n^0)$ 无定义"同)，亦写为 $f(x_1^0, \cdots, x_n^0)\uparrow$. 如 $f(x_1^0, \cdots, x_n^0)$ 有定义则写 $f(x_1^0, \cdots x_n^0)\downarrow$.

以前的书中都把"可偏函数"叫做"偏函数"，因而"全函数"亦是偏函数之一种，这是不大妥当的，容易引起读者的误会. 因为偏则不全，全则不偏，用"偏函数"来包括"全函数"是不妥当的. 现在

引入可偏函数，由它兼包括全函数与偏函数，这是更适当的.

引入可偏函数以后，虽然保持了函数的可计算性，但是函数的运算却复杂得多，我们必须加以注意，否则容易导致错误.

最大的问题是：我们在逻辑中、在数学中所使用的变元是有一定变域的，在目前的递归论中，是以自然数集为变域(所谓数变元)．如果 $f(t)$ 没有定义，那末这些变元便不能以 $f(t)$ 为变值．例如，尽管有 $x \dot{-} x = 0$，但却不能有 $f(t) \dot{-} f(t) = 0$；尽管有 $x = x$，但却不能有 $f(t) = f(t)$.

读者也许认为这种限制太过份了，会引起太大的不方便．其实，如果不扩大变元的变域，这种限制是必要的．例如，由 $x = x$ 可得：$\exists e(x = e)$，如果容许 $f(t) = f(t)$ 这个式子（无定义的 $f(t)$），我们将由 $f(t) = f(t)$ 而得 $\exists e(f(t) = e)$，而后者意思是说：$f(t)$ 有值，这与 $f(t)$ 无值的说法恰巧矛盾．这时便肯定了任何函数都是全函数，根本无法讨论可偏函数了．由此可见，要讨论可偏函数(如果不扩大变元的变域)，对逻辑规则与数学上的规则施加限制是必要的．既加限制，其不方便就难以避免.

正因为如此，我们才迟迟不引入可偏函数，始终以讨论全函数为主．现在全函数已基本讨论完，应该讨论可偏函数了.

首先，“$\perp$”只是一个记号，不是自然数，而递归函数 f 的定义域都是自然数集的子集，因此，凡 f 的主目处填以 $\perp$ 时，f 必然无定义.

例如，设 f 为三元函数，则

$$f(1, \perp, 2),\ f(\perp, 1, \perp),\ f(\perp, \perp, \perp)$$

等等都必然无定义，亦即必定 $f(1, \perp, 2) = \perp$.

对叠置而言，例如，设

$$h(x_1, x_2) = f(g_1(x_1, x_2), g_2(x_1, x_2), g_3(x_1, x_2)),$$

要使在某主目 (a, b) 处 h 有定义，必须满足下列两个条件：

(1) $g_1(a, b)$，$g_2(a, b)$，$g_3(a, b)$ 均有定义，只要其中有一个无定义，$h(a, b)$ 便无定义.

(2) 当 g_1，g_2，g_3 均有定义，命 $g_1(a, b) = c_1$，$g_2(a, b) = c_2$，

$g_3(a, b) = c_3$ 时，必须 $f(c_1, c_2, c_3)$ 有定义，如果它无定义，$h(a, b)$ 仍然无定义.

当这两个条件都满足时，$h(a,b)$才有定义，其值便是 $f(c_1, c_2, c_3)$ 的值.

这样的理论看起来很简单而且很合理，似乎没有人会违反它. 但事实上，人们往往在不知不觉中违反了它.

设 $h(x_1, x_2) = g_1(x_1, x_2) \cdot g_2(x_1, x_2)$，而 $g_1(0, 0) = 0$，$g_2(0, 0) = \perp$，问 $h(0, 0) = ?$

照上面所说，由于第一条件不满足($g_2(0, 0)$ 无定义)，应该是 $h(0, 0) = \perp$，但人们往往得出:

$$h(0, 0) = g_1(0, 0) \cdot g_2(0, 0) = 0 \cdot g_2(0, 0) = 0.$$

这便错误了.

再设 $h(x_1, x_2) = g(x_1, x_2) \dot{-} g(x_1, x_2)$，而 $g(0, 0) = \perp$，问 $h(0, 0) = ?$

照上面所说，由于 $g(0, 0)$ 无定义，当然是 $h(0, 0) = \perp$. 但如果我们先根据 $a \dot{-} a = 0$ 得出:

$$h(x_1, x_2) = g(x_1, x_2) \dot{-} g(x_1, x_2) = 0$$

从而 $h(0, 0) = 0$，这当然是错误的. 问题是：$a \dot{-} a = 0$ 是对数变元 a 而言的，对 a 应该只代入数(自然数)，如果 $g(x_1, x_2)$ 有定义，则 $g(x_1, x_2)$ 是自然数，当然可作代入而得 $g(x_1, x_2) \dot{-} g(x_1, x_2) = 0$. 但当 $g(x_1, x_2)$ 为可偏函数，从而可能无定义时，我们不能马上代入而得：$g(x_1, x_2) \dot{-} g(x_1, x_2) = 0$. 因为，有可能 $g(x_1, x_2)$ 不是数，不能代入变元 a 处.

如果读者对此不同意，认为应该无条件地得到 $g(x) \dot{-} g(x) = 0$ 以及 $0 \cdot g(x) = 0$，那末我们要提请读者注意，可偏函数的引入，使得人们认为可以出现:

$$f(x) = f(x) + 1, \qquad f(x) = Nf(x)$$

而不致发生矛盾(见下面的讨论)，因为当 $f(x) = \perp$ 时，上两式两边均为"$\perp$"，不发生矛盾. 如果容许人们不考虑无定义的情形，任何时候均可按照数变元进行，于是由

$$a = a + 1 \quad 而变成\ 0 = 1,$$

由 $N^2a = Na$ 而变成 $0 = 1$（当 $a = 0$ 或 $a \neq 0$ 时均得这个结果），那便根本没有考虑可偏函数的特点．因此，我们必须注意，对数变元成立的式子对可偏函数未必成立．

同样，分别情形定义：

$$f(x) = \begin{cases} g(x) & 当\ h(x)\ 为\ 0\ 时; \\ l(x) & 此外. \end{cases}$$

也不能写成：

$$f(x) = g(x)Nh(x) + l(x)N^2h(x),$$

因为当 $h(x)$ 无定义时，依上面的定义应有 $f(x) = l(x)$，但依后面的式子却有 $f(x) = \perp$．

对一般谓词 P 而言，同样，即使它是全谓词，也只当 $f(x), g(x)$ 都有意义时，$P(f(x), g(x))$ 才有意义，分真假．f，g 有一无意义时，$P(f, g)$ 亦无意义．

这里，有必要讨论"$f(x) = g(x)$"的含意．"$=$"是谓词之一．依上面的讨论，对一般的数论谓词 $P(x, y)$ 而言，当 (x, y) 为自然数偶数时，$P(x, y)$ 可为真为假，亦可没有定义，但当 x，y 有一非自然数时，$P(x, y)$ 必无定义．因此，如把"$=$"看作数论谓词，则应有：

$f(x) = g(x)$ 成立，当 $f(x)$，$g(x)$ 均有定义且其值相等时．
为假，当 $f(x)$，$g(x)$ 均有定义但其值不等时．
无定义，当 $f(x)$，$g(x)$ 至少有一无定义时．

如照这样理解，那末"$f(x) = g(x)$"恰当第一情形成立时成立，其他情形均不成立．这是作为数论谓词的相等性．

如果把"$=$"理解为逻辑谓词，其定义域不限于自然数，还包括（当讨论可偏函数时）函数无定义的情形，即还包括 $\perp$．而且我们还可约定：所有无定义情况均相同，那末便有：

$f(x) = g(x)$ 成立，当 $f(x)$，$g(x)$ 均有定义且其值相等时，或当 $f(x)$，$g(x)$ 均为 $\perp$ 时．
不成立，当 $f(x)$，$g(x)$ 均有定义但其值不等时，

或当 $f(x)$, $g(x)$ 一个有定义一个无定义时.

这是作为逻辑谓词理解的相等性,通常叫做强相等.

事实证明，作这样理解对我们的讨论更为方便，所以一般都作这样理解. 但讨论可偏函数而当 $f(t)$, $g(t)$ 无意义时，不认为 $f(t)=g(t)$ 无意义而认为成立(取得真值)，总之有些“不妥当”的味道,因此,一般不写作“$f(x)=g(x)$”，而写作“$f(x)\simeq g(x)$”. 我们也采用这个记号,因而有:

定义 $f(x)\simeq g(x)$ (**强相等**)指: $f(x)$, $g(x)$ 同时有定义且其值相等,或 $f(x)$, $g(x)$ 同时无定义.

另外,还有一种情形如下:

$f(x)=g(x)$ 成立指: $f(x)$, $g(x)$ 至少有一无定义，如两者均有定义则其值相等.

不成立指: $f(x)$, $g(x)$ 均有定义但其值不相等.

这是**弱相等**,通常记为“$f(x)=g(x)$”. 但我们认为这与逻辑上、数学上的“相等”相距太远,特改用符号“$f(x)\doteqdot g(x)$”表示.

弱相等的用处较少.

如果对每个函数 $f(x_1,\cdots,x_n)$ 而引入一谓词 $F(x_1,\cdots,x_n,x)$，那末上面的现象极好理解.

$f(x_1,\cdots,x_n)$ 有定义恰当 $F(x_1,\cdots,x_n,x)$ 只对一个 x 成立即 $F(x_1,\cdots,x_n,x)$ 对 x 满足唯一存在性条件.

$f(x_1,\cdots,x_n)$ 无定义恰当 $F(x_1,\cdots,x_n,x)$ 对多个 x 成立，或者没有 x 使 $F(x_1,\cdots,x_n,x)$ 成立.

下面假定凡对应于函数的谓词都是满足唯一性条件的. (不再明白写出.)

$f(g_1,\cdots,g_m)(x_1,\cdots,x_n)$ (叠置)对应于下谓词:

$$\exists e_1\cdots\exists e_m(G_1(x_1,\cdots,x_n,e_1)\wedge\cdots\wedge G_m(x_1,\cdots,x_n,e_m)\wedge F(e_1,\cdots,e_m,x)).$$

设 P 为数论谓词,则 $P(g_1,\cdots,g_m)(x_1,\cdots,x_n)$ 指:

$$\exists e_1\cdots\exists e_m(G(x_1,\cdots,x_n,e_1)\wedge\cdots\wedge G_m(x_1,\cdots,x_n,e_m)\wedge$$

$P(e_1, \cdots, e_m)$.

如把"="看作数论谓词,则

$$f(x_1, \cdots, x_n) = g(x_1, \cdots, x_n)$$

为

$$\exists e_1 \exists e_2 (F(x_1, \cdots, x_n, e_1) \wedge G(x_1, \cdots, x_n, e_2) \wedge e_1 = e_2),$$

也可写成

$$\exists e (F(x_1, \cdots, x_n, e) \wedge G(x_1, \cdots, x_n, e)).$$

如把"="看作逻辑谓词,即:

$$f(x_1, \cdots, x_n) \simeq g(x_1, \cdots, x_n)$$

可写成

$$\forall e (F(x_1, \cdots, x_n, e) \longleftrightarrow G(x_1, \cdots, x_n, e)).$$

而

$$h(f(x_1, \cdots, x_n)) \simeq l(g(x_1, \cdots, x_n))$$

可写成:

$$\forall e (\exists e_1 (F(x_1, \cdots, x_n, e_1) \wedge H(e_1, e)) \longleftrightarrow \exists e_1 (G(x_1, \cdots, x_n, e_1) \wedge L(e_1, e))).$$

弱相等则如下表示,即:

$$h(f(x_1, \cdots, x_n)) \doteq l(g(x_1, \cdots, x_n))$$

可写成:

$$\exists e_1 \exists e_2 \exists e_3 \exists e_4 (F(x_1, \cdots, x_n, e_1) \wedge G(x_1, \cdots, x_n, e_2) \wedge H(e_1, e_3) \wedge L(e_2, e_4) \to \cdot \exists e_1 \exists e_2 \exists e (F(x_1, \cdots, x_n, e_1) \wedge G(x_1, \cdots, x_n, e_2) \wedge H(e_1, e) \wedge L(e_2, e).$$

此外的谓词都作数论谓词而理解.

当将算子作用于部分函数时我们作下列理解. 设求 $\underset{e \to u}{\alpha} f(e)$. 依照 α 的要求而计算 $\underset{e \to u}{\alpha} f(e)$ 时,必须使用一些 f 值, 如果这些 f 值全有定义, 则 $\underset{e \to u}{\alpha} f(e)$ 的值与 f 为全函数时相同(即可把 f 看作全函数). 如果至少有一个所需使用的 f 值无定义,则规定 $\underset{e \to u}{\alpha} f(e)$ 无定义.

因此,如果 $\underset{e \to u}{\alpha}$ 作用于全函数 $f(e)$ 时恒有定义, 则当 $\underset{e \to u}{\alpha}$ 作用于可偏函数 $f(e)$ 时,如所用的各 f 值全有定义,则 $\underset{e \to u}{\alpha} f(e)$ 亦有定

义(与 $f(x)$ 为全函数时相同)．反之，如所用的 f 值有一无定义，则 $\underset{e\to u}{\alpha} f(e)$ 亦无定义．

特别须要讨论的是：摹状算子 $\underset{e}{\mathrm{rti}}$ (及相应的求逆算子 $\underset{e\to u}{\mathrm{inv}}$)，归宿步数算子 $\underset{e\to u}{\mathrm{stp}}$ (及相应的递归式 $\underset{(e_1,e_2)\to(u,v)}{\mathrm{reg}}$ 等等)．

上面由于不讨论可偏函数，故要求由这些算子所算出的函数必为全函数，从而对摹状算子 $\underset{e}{\mathrm{rti}} f(t, e)$ 要求 $\forall e_2 \exists e_1[f(e_2, e_1)=0]$(这时叫做正常摹状算子)，对 $\underset{e\to y}{\mathrm{stp}} f(e)$ 则要求 $\forall e_1 \exists e[f^e(e_1)=0]$，这时 $f(e)$ 叫做归宿于 0 的函数．由于有这些限制，便使得对运算子 rti 及 stp 只能有条件地运用，很不方便(由于所要求的条件能否满足，是极难验证的)．通常引入可偏函数的目的，正在于：有了可偏函数后，我们将无条件地使用摹状算子及归宿步数算子(递归算子、求逆算子等等)．当 $f(x,t)$ 或 $f(x)$ 为可偏函数时，$\underset{e}{\mathrm{rti}} f(x, e)$ 有定义恰当有 t_0 使得 $f(x, t_0)=0$ 且 $f(x, 0), f(x, 1), \cdots, f(x, t_0-1)$ 均有定义且其值均非 0．这时 $\underset{e}{\mathrm{rti}} f(x, e)=t_0$ (如 $f(x, 0)=0$，则立即得 $\underset{e}{\mathrm{rti}} f(x, e)=0$)．因此，例如，如果 $f(x, 0)$ 无定义，那末即使 $f(x, 1)=0$ 也不能得 $\underset{e}{\mathrm{rti}} f(x, e)=1$．

$\underset{e\to y}{\mathrm{stp}} f(e)$ 有定义恰当有 m 使 $f^m(y)=0$ 且 $y, f(y), \cdots, f^{m-1}(y)$ 均有定义且非 0 时，这时 $\underset{e\to y}{\mathrm{stp}} f(e)=m$．(如 $y=0$，则有 $\underset{e\to 0}{\mathrm{stp}} f(e)=0$，即使 $f(0)$ 无定义也如此．)

照这样的定义，凡能行算子与半能行算子，即使作用于可偏函数，但所得到的新函数，在它有定义的地方都是可以计算的(在有限步骤内算得)．但要注意，例如，就 $\underset{e}{\mathrm{rti}} f(x, e)$ 而言，如果我们只要求：当 $t < \underset{e}{\mathrm{rti}} f(x, e)$ 时，$f(x, t)$ 的值或者非 0，或者无定义，这时即使 $\underset{e}{\mathrm{rti}} f(x, e)$ 有定义，也未必可以计算．有些书因此便只允许 $\underset{e}{\mathrm{rti}}$ (以及各种算子)作用于全函数，不允许作用于可偏函数，这未免限制太严了．

上面曾讨论过，用方程组定义递归于 $A_1, \cdots, A_h$ 的函数，用方程组定义算子 $\underset{e\to u}{\alpha}$，(它把 $f(e)$ 改变为 $g(u)$)，用机器计算可计算于 $A_1, \cdots, A_h$ 的函数，用机器计算算子等等，那里虽然是就全函数立论的，但几乎一字不易地可适用于偏函数，只须如下理解便成了：当 A_i 的值或所改造的 $f(e)$ 的值(计算时需用到的)有一个不存在时，便认为所求的值不存在。

§49. 可偏函数的递归性

引入可偏函数，则(一般)递归式便无需要求其中的 g 为归宿于 0，而摹状式也无需要求为正常摹状式(这正是我们引入可偏函数的原因)。

定义 从本原函数出发，经过有限次叠置与(一般)递归式所作成的函数叫做**递归(可偏)函数**.

定义 从本原函数，$x+y$，$x\cdot y$，$eq(x,y)$ 出发，经过有限次叠置与摹状式所作成的函数叫做**可摹状(可偏)函数**.

由于上面讨论递归(全)函数以及可摹状函数时，对(一般)递归式所作的要求(使用归宿函数的 g)，对摹状式所作的要求(要求为正常摹状式)，其目的全在于保证所得函数的不偏性，除不偏性以外，这些要求几乎全无用处。因此可以说，上面有关递归(全)函数以及可摹状函数的结果，几乎全可移植到这里来，甚至于证明也可照旧原样使用，无须作什么改动(或改动极少)。

我们只把一些最重要的结果列在下面(证明可基本上照前)。

定理 1 由本原函数出发，经过有限次叠置与无参数的(一般)递归式(乃至无参数的一般复迭式)，恰可作成递归(可偏)函数集.

定理 2 由本原函数，$x \dot{-} y$ 出发，经过有限次叠置与无参数的从零起的一般复迭式亦可作成递归(可偏)函数集.

定理 3 递归(可偏)函数集与可摹状(可偏)函数集是相同的.

定理 4 递归(可偏)函数集亦可如下作成：以 (1) $x \dot{-} y$，$[y/x]$，本原函数，或 (2) $x+y$，$x\cdot y$，$\mathrm{eq}(x,y)$，本原函数，作为开始函数，经过有限次叠置及算子 $\mathrm{stp}_{e\to y}$，或算子 rti_{x} 而作成.

定理 5 除本原函数外只要再添入：$x+y$，N^iE_ax 或 N^iL_ax

或 $N^i \check{L}_a x (i \neq 0)$ 作为开始函数，利用叠置及摹状算子即可作出可摹状函数集.

定理 6 除本原函数外只要再添入：$x+y$, $E_a x$ 或 $\check{L}_a x$ 作为开始函数，利用叠置与无参数的 $\underset{e \to y}{\mathrm{inv}}$，即可作出摹状函数集.

定理 7 任选一个一元带头函数 $K(x)$，恒有两个初基函数 $B(x_0, x_1, \cdots, x_r, y)$，$D(x_0, x_1, \cdots, x_r, y)$ 使得对任何递归（可偏）函数 f 均有 m，使得

$$f(x_1, \cdots, x_r) = K \underset{e}{\mathrm{rti}} B(m, x_1, \cdots, x_r, e),$$

或

$$f(x_1, \cdots, x_r) = K \underset{e \to 1}{\mathrm{stp}} D(m, x_1, \cdots, x_r, e).$$

利用一般递归式表示的式子也有，今不再例举.

定理 7 又叫做枚举定理，是一条很重要的定理.

$$\varphi_e(x_1, \cdots, x_r) = K \underset{y \to 1}{\mathrm{stp}} D(e, x_1, \cdots, x_r, y)$$

可以说是对 r 元递归(可偏)函数的枚举函数，m 可以说是 f 的枚举号码. 枚举方法可以有多种，如利用这里的枚举法，那末递归可偏函数 f 便可记为 $\varphi_m(x_1, \cdots, x_r)$（第 m 号可偏函数).

由定理 7 可得：

定理 8 递归全函数(即递归函数中为全函数的) 可由下法作成：由本原函数出发，只利用叠置与使用(其相为归宿函数的)一般递归式作成.

证明 利用处处有定义的一般递归式可以作出初基函数

$$D(x_0, x_1, \cdots, x_r, y),$$

用 m 代入 x_0 处，使用(必有定义) stp，再与 K 叠置即得 f. 故任何递归全函数均可只使用处处有定义的一般递归式作成. 换言之，如只作递归全函数，可不必借助递归偏函数作出.

此外，还有两条重要的定理，即参数定理（又叫 s-m-n 定理）及固定点定理.

定理 9 （**参数定理**，即 s-m-n **定理**）对每个 $m, n \geq 1$，都有一个递归全函数 &(依赖于 m, n)，使得对一切 $x, y_1, \cdots, y_m$ 都有：

$$\varphi_x(y_1, \cdots, y_m, z_1, \cdots, z_n) = \varphi_{\delta(x, y_1, \cdots, y_m)}(z_1, \cdots, z_n);$$

换句话说，如果知道一个 $m+n$ 元的递归(可偏)函数的编号，则当将其中 m 元看作参数后，作为其余的 n 元的函数而言，其编号可以计算出来.

证明 本定理的证明当然要看当初的枚举是按什么方式枚举的. 根据其枚举方法进行跟踪，极易找到新函数的编号. 因为新函数不外是对旧函数的前 m 个主目填入常函数(因已把 $y_1, \cdots, y_m$ 看作常数，即参数)，$y_1(z_1, \cdots, z_n), \cdots, y_m(z_1, \cdots, z_n)$ 而得. 在我们的枚举里，叠置前后的函数的编号其依赖关系是极简单的. 在别的枚举方式下，也许较复杂些，但是，总可以求出，详情今不赘述. 证完.

作为应用，我们有:

定理 10 有一个二元递归全函数 f，使得

$$\varphi_{f(x,y)}(z) = \varphi_x(\varphi_y(z))$$

证明 这也是叠置，可用相同的方法直接证明. 引入通用函数(或枚举函数) $g: g(x, y) = \varphi_x(y)$，则可将 $\varphi_x(\varphi_y(z))$ 写成 $g(x, \varphi_y(z)) = g(x, g(y, z))$，这是一个递归函数(可偏)，设为 $\varphi_a(x, y, z)$，依参数定理 9，应有:

$$\varphi_{\&(a,x,y)}(z) = \varphi_a(x, y, z) = \varphi_x(\varphi_y(z))$$

取 $f(x, y)$ 为 $\&(a, x, y)$ 即可. 证完.

注意，参数定理的应用非常广泛.

最后使是固定点定理. 这可有两种叙述方式. 其一是使用枚举函数，其二是使用算子. 两者基本上一致，但亦略有区别. 我们分别介绍.

定理 11 (固定点定理)对任何递归全函数 f 而言，必有 n 使得

$$\varphi_n(x_1, \cdots, x_r) = \varphi_{f(n)}(x_1, \cdots, x_r)$$

这个 n 叫做函数 f 的固定点.

证明 仍将枚举函数写成 g，即 $\varphi_x(y) = g(x, y)$. 现定义一函数 ψ 如下:

$$\psi(u, x) = \begin{cases} g(g(u, u), x) & \text{当 } g(u, u) \text{ 有定义时;} \\ \perp & \text{当 } g(u, u) = \perp \text{ 时.} \end{cases}$$

这是递归(可偏)函数．设它为 $\varphi_a(u, x)$，依参数定理它又可写成 $\varphi_{s(a,u)}(x)$，而 s 为递归全函数．任给递归全函数 $f(x)$，则 $f(s(a, x))$ 亦为递归全函数．设其编号为 v，即 $\varphi_v(x) = f(s(a, x))$．因 φ_v 为全函数，故 $\varphi_v(v)$ 有定义即 $g(v, v)$ 有定义．由上面的定义有(注意 $\varphi_v(v) = f(s(a, v))$)：

$$\varphi_{s(a,v)}(x) = \psi(v, x) = g(g(v, v), x) = g(\varphi_v(v), x)$$
$$= g(f(s(a, v)), x)) = \varphi_{f(s(a,v))}(x)$$

故 $s(a, v)$ 满足定理对 n 的要求．证完．

这定理看来很奇怪而且似乎与枚举方式有关，但从定理的证明看来，凡满足参数定理的枚举方式(暂叫做**合理枚举**)都有这个结果．我们举例如下：

例 1 命 $f(x)$ 为 Sx，则必有 n 使得

$$\varphi_n(x) = \varphi_{Sn}(x)$$

任何合理枚举，都会出现相邻两编号为相同函数的情形．如命 $f(x)$ 为 $2x$ 或 x^2，也有类似的现象．

例 2 问有没有递归(可偏)函数，它所取的值只有它的编号？即有没有 n 使得：

只要 $\varphi_n(x)$ 有定义则必 $\varphi_n(x) = n$?

任给 v，定义一函数 $\psi(v, x) = v$，它是递归函数，设其编号为 a，即 $\varphi_a(v, x) = \psi(v, x)$，从而又有 $\varphi_{s(a,v)}(x) = v$．命 $s(a, x)$ 为 $f(x)$，则依定理有 n 使得 $\varphi_n(u) = \varphi_{s(a,n)}(u) = n$．故这个 n 符合要求．

这个 n 当然随 f 而改变，如把 f 写成 φ_z，则 n 随 z 而改变，可写成 $n(z)$，因得

定理 12 有一个递归全函数 $n(x)$，使得：对任何 z 只要 φ_z 为全函数，则有，

$$\varphi_{n(z)}(x) = \varphi_{\varphi z(n(z))}(x)$$

证明 同上，只是将 f 写成 φ_z，这时 $\varphi_z(s(a, x))$ 为全函数．

用枚举函数 g，并设函数 s 的编号为 b，则 $\varphi_z(s(a, x))$ 可写成 $g(z, g(b, a, x))$ 它为 a, b, z, x 的递归(可偏)函数，设其编号为 c，则有:

$$\varphi_z(s(a, x)) = g(z, g(b, a, x)) = \varphi_c(a, b, z, x)$$

应用参数定理，它又可写为 $\varphi_{s(c,a,b,z)}(x)$. 命 $v(z) = s(c, a, b, z)$，同上可证定理(由读者补足).

上述两定理可推广至多个变元如下:

定理 11.1 设 $f(t, x_1, \cdots, x_k)$ 为 $k+1$ 元递归全函数，有一个 n (依赖于 $x_1, \cdots, x_k$) 使得对一切 $x_1, \cdots, x_k$，有:

$$\varphi_{n(x_1,\cdots,x_k)}(t) = \varphi_{f(n(x_1,\cdots,x_k),x_1,\cdots,x_k)}(t)$$

定理 12.1 对每个 k 都有一个 $k+2$ 元的递归全函数 n，对第一主目为 1-1，而且对一切 $x_1, \cdots, x_k, y$ 均有

$$\varphi_{n(z,x_1,\cdots,x_k,y)} = \varphi_{\varphi z(n(x_1,\cdots,x_k,y)),x_1,\cdots,x_k)}.$$

证明可仿上.

对固定点定理亦可不必提到枚举. 这时我们先引入下列的概念. 为方便起见，我们就 (1,1,1) 型算子立论，显然可推广到一般 (s, m, n) 型算子.

我们注意对每个算子 $\underset{e\to y}{\alpha} f(e)$ 都有一个示性函数 $C_\alpha(y, u)(= \underset{e\to y}{\alpha}\mathrm{tm}(e, u))$.

定义 如果 $\underset{e\to y}{\alpha} f(e) \simeq w$ 恰当有一数 v，使得 (seq^* 指限于使 $f(x)$ 有定义的 x): $C_\alpha(y, \underset{e\to v}{\mathrm{seq}^*} f(e)) \simeq w$，且 C_α 为递归函数，则说 $\underset{e\to y}{\alpha}$ 是半能行算子. 如能判定有值或否，则说 α 是能行算子.

定义 $g(x)$ 为 $f(x)$ 的**延伸**指: 凡 $f(x)$ 有定义时 $g(x)$ 也有定义且 $f(x) = g(x)$

定义 如 g 为 f 的延伸，则 $\underset{e\to y}{\alpha} g(e)$ 也为 $\underset{e\to y}{\alpha} f(e)$ 的延伸，则说 $\underset{e\to y}{\alpha}$ 是**上升算子**.

定义 如果 $\underset{e\to y}{\alpha} f(e) \simeq w$ 恰当 $f(x)$ 有一个截段 (即其延伸为 $f(x)$ 而定义域有限的函数) $\theta(x)$ 成立 $\underset{e\to y}{\alpha}\theta(e) \simeq w$，则说 $\underset{e\to y}{\alpha}$ 是**连续的**算子.

定理 13 $\underset{e\to y}{\alpha}$ 是半能行算子恰当它是连续算子且示性函数递

归. 此外,连续算子必是上升算子.

证明 设 $\underset{e\to y}{\alpha}$ 是能行算子,其示性函数为 $C_\alpha(y, t)$. 先证它为连续算子. 设 $\underset{e\to y}{\alpha} f(e) \simeq w$, 依能行算子定义, 应有 v 使 $C_\alpha(y, \underset{e\to v}{\text{seq}^*} f(e)) \simeq w$, 将 f 限于 $x \leqslant v$, 得一有限函数 $\theta(x)$, 因 $\underset{e\to v}{\text{seq}^*} \times \theta(e) = \underset{e\to v}{\text{seq}^*} f(e)$, 再依能行算子性质有 $\underset{e\to y}{\alpha} \theta(e) \simeq w$. 即由 $\underset{e\to y}{\alpha} \times f(e) \simeq w$ 可得 $\underset{e\to y}{\alpha} \theta(e) \simeq w$. 反之,设有有限函数 $\theta(x)$, 其延伸为 $f(x)$, 使得 $\underset{e\to y}{\alpha} \theta(e) \simeq w$. 因 $\underset{e\to y}{\alpha}$ 为能行算子, 依定义有 v 使 $C_\alpha(y, \underset{e\to v}{\text{seq}^*}\theta(e)) \simeq w$. 由于 $\underset{e\to v}{\text{seq}^*}\theta(e) = \underset{e\to v}{\text{seq}^*} f(e)$, 故再依能行算子定义知 $\underset{e\to y}{\alpha} f(e) \simeq w$. 即由 $\underset{e\to y}{\alpha} \theta(e) \simeq w$ 可得 $\underset{e\to y}{\alpha} f(e) \simeq w$. 依连续算子定义可知, $\underset{e\to y}{\alpha}$ 为连续算子.

反之,如果 $\underset{e\to y}{\alpha}$ 为连续算子,则有 $f(x)$ 的截段 $\theta(x)$ 使得 $\underset{e\to y}{\alpha} \times f(e) \simeq \underset{e\to y}{\alpha} \theta(e)$. 但对有限函数 $\theta(x)$ 而言(设其定义域中最大元素为 $x=v$)有: $\underset{e\to y}{\alpha} \theta(e) \simeq C_\alpha(y, \underset{e\to v}{\text{seq}^*}\theta(e)) \simeq C_\alpha(y, \underset{e\to v}{\text{seq}^*} f(e))$, 既然 C_α 为递归函数,依定义 $\underset{e\to y}{\alpha}$ 为半能行算子. 定理前半得证.

我们再由连续性而导出上升性, 设 $f(x)$ 延伸为 $g(x)$ 而有 $\underset{e\to y}{\alpha} f(e) \simeq w$, 故有有限函数 $\theta(e)$, 其延伸为 $f(e)$ 使得 $\underset{e\to y}{\alpha} \times \theta(e) \simeq w$, 但 $\theta(x)$ 又可延伸为 $g(x)$, 依连续性定义又得 $\underset{e\to y}{\alpha} \times g(e) \simeq w$. 由此可见, $\underset{e\to y}{\alpha}$ 为上升算子. 定理得证.

定理 14 (固定点原理另一形式). 设 $\underset{e\to y}{\alpha}$ 为半能行算子. 必有一个递归(可偏)函数 $f(x)$, 使得: (a) $\underset{e\to y}{\alpha} f(e) = f(y)$ (b) 如果 $\underset{e\to y}{\alpha} g(e) = g(y)$, 则 $g(x)$ 为 $f(x)$ 的延伸.

从而如果 $f(x)$ 为全函数则 $g(x)$ 必与 $f(x)$ 相同(这时只有一个固定点).

证明 我们只使用算子的连续性(从而上升性). 我们定义函数列 $f_n(x)$ 如下:

$$f_0(x) = \bot\text{(处处无定义)}.$$

$$f_{n+1}(x) = \underset{e\to x}{\alpha} f_n(e)$$

显然, $f_0(x)$ 为 $f_1(x)$ 的部分(因 $f_0(x)$ 的值域为空集). 其次,由于上升性,如果 $f_n(x)$ 为 $f_{n+1}(x)$ 的部分,则 $f_{n+1}(x)(= \underset{e\to x}{\alpha} f_n(e))$ 亦为 $f_{n+2}(x)(= \underset{e\to x}{\alpha} f_{n+1}(e))$ 的部分. 现定义:

$f(x) \simeq y$ 恰当 $\exists n(f_n(x) \simeq y)$.

今证必有 $\underset{e\to y}{\alpha} f(e) = f(y)$.

对一切 n, $f_n(x)$ 均为 $f(x)$ 的部分,从而

$$f_{n+1}(x)(= \underset{e\to y}{\alpha} f_n(e)) \text{ 便为 } \underset{e\to y}{\alpha} f(e) \text{ 的部分.}$$

这对一切 n 为真,故 $f(x)$ 为 $\underset{e\to y}{\alpha} f(e)$ 的部分.

反之,设 $\underset{e\to y}{\alpha} f(e) \simeq w$, 由半能行算子的连续性, $f(x)$ 有截段 $\theta(x)$ 使 $\underset{x\to y}{\alpha} \theta(x) \simeq w$. 今取 n 充分大, 使得 $\theta(x)$ 为 $f_n(x)$ 的部分,依连续性有 $\underset{e\to y}{\alpha} f_n(e) \simeq w$,即 $f_{n+1}(x) \simeq w$. 从而又有 $f(x) \simeq w$. 最后可得: $\underset{e\to y}{\alpha} f(e)$ 为 $f(x)$ 的部分.

既然 $f(x)$ 与 $\underset{e\to y}{\alpha} f(e)$ 互为部分,故 $\underset{e\to y}{\alpha} f(e) \simeq f(y)$.

设又有 $\underset{e\to y}{\alpha} g(e) = g(y)$, 显然 $f_0(x)$ 为 $g(x)$ 的部分(因 $f_0(x)$ 的值域为空集), 其次, 如果 $f_n(x)$ 为 $g(x)$ 的部分,则 $f_{n+1}(x) = \underset{e\to x}{\alpha} f_n(e)$ 便为 $\underset{e\to x}{\alpha} g(e)$ 即 $g(x)$ 的部分. 依归纳法知,对所有的 n, $f_n(x)$ 均为 $g(x)$ 的部分, 从而 $f(x)$ 为 $g(x)$ 的部分. 当然, 如果 $f(x)$ 为全函数,则 $g(x)$ 亦为 $f(x)$ 的部分,而有 $f(x) \simeq g(x)$.

以上只利用算子的连续性. 假定 α 为半能行算子, 从而其示性函数为递归函数,则 $f(x)$ 亦为递归函数.

表面看来, 这两种形式的固定点定理是彼此互不包含的. 但是,利用下列定理,我们可以看出, 这两种形式实质上是一样的.

定义 如果由 $\varphi_a = \varphi_b$ 可推得 $\varphi_{h(a)} = \varphi_{h(b)}$, 则 h 对枚举 φ 而言是外延的.

定理 15 (Myhill-Shepherdson 定理) $\underset{x\to y}{\alpha}$ 为半能行算子恰当有一个外延的递归全函数 h, 使得: $\underset{e\to y}{\alpha} \varphi_t(e) = \varphi_{h(t)}(y)$.

注意,这里假定 $\underset{e\to y}{\alpha}$ 为 (1,1,1) 型, 如果它为 $(1, m, n)$ 型, 则左边的 φ_t 应是 m 元枚举函数 $\varphi_t(x_1, \cdots, x_m)$, 右边的 $\varphi_{h(t)}$ 应是 n 元枚举函数 $\varphi_{h(t)}(y_1, \cdots, y_n)$. 其证法类似,不再赘述.

证明 先证必要性($\longrightarrow$). 设 $\underset{e\to y}{\alpha}$ 为半能行算子,其示性函数 C_α 为递归函数. 依定义,

$$\underset{e\to y}{\alpha} \varphi_t(e) \simeq w \text{ 恰当 } \exists e_2 \exists e_1 (z = \underset{e\to e_2}{\mathrm{seq}^*} \varphi_t(e) \wedge C_\alpha(y, e_1) \simeq w).$$

右边括号内是递归谓词，添了存在量词后如果成立(即有 e_1 及 e_2)，则必能找出 e_1, e_2 并且找出 w (当存在时)，因此可得：

如将 $\underset{e\to y}{\alpha}\ \varphi_t(e)$ 写为 $g(t, y)$，则 $g(t, y)$ 为递归函数．设为第 c 号函数，即 $\varphi_c(t, y) \simeq g(t, y)$．我们有：

$$\varphi_{s(c,t)}(x) = \varphi_c(t, x) \simeq g(t, x) \simeq w.$$

可见，所求的 $h(t)$ 即为 $s(c, t)$．显然它是外延的，且依参数定理它是递归全函数．因有

$$\underset{e\to y}{\alpha}\ \varphi_t(e) = \varphi_{h(t)}(y)$$

故必要性得证．

再证充分性($\longleftarrow$)．已给一个外延的递归全函数 $h(t)$，因 h 为外延的，可定义一个算子 $\underset{e\to y}{\alpha}$ 如下：

$$\underset{e\to y}{\alpha^*}\ \varphi_t(e) = \varphi_{h(t)}(y)$$

这只对递归函数适用，可利用连续性推广到一般函数去，

$$\underset{e\to y}{\alpha}\ f(e) \simeq w \longleftrightarrow \exists\theta\ (\theta \text{ 为 } f \text{ 的截段，而 } \underset{e\to y}{\alpha^*}\ \theta(e) \simeq w).$$

这是合理的，因截段定义域有限，故必为递归函数．但要证它的确成为算子，须证其值唯一(或不存在)．在下面，我们将有Rice-Shapiro 定理，由它可证 α^* 是连续的，即

$\underset{e\to y}{\alpha^*}\ f(e) \simeq w \longleftrightarrow \exists\theta\ (\theta$ 为 f 的截段，而 $\underset{e\to y}{\alpha^*}\ \theta(e) \simeq w$)． 现在先承认这点．由这点即知 $\underset{e\to y}{\alpha}\ f(e)$ 的值唯一． 试设 f 有两个截段 $\theta_1(x)$, $\theta_2(x)$ 而有 $\underset{e\to y}{\alpha^*}\ \theta_1(e) \simeq w_1$ 且 $\underset{e\to y}{\alpha^*}\ \theta_2(e) \simeq w_2$，则截段 $\theta_1(x)$ 与 $\theta_2(x)$ 的合并为 $\theta(x)$，得：

$$w_1 \simeq \underset{e\to y}{\alpha^*}\ \theta_1(e) \simeq \underset{e\to y}{\alpha^*}\ \theta(e) \simeq \underset{e\to y}{\alpha^*}\ \theta_2(e) \simeq w_2.$$

故所定义的 $\underset{e\to y}{\alpha}\ f(e)$ 不可能有两个．知 $\underset{e\to y}{\alpha}\ f(e)$ 的确是唯一确定的(在连续算子范围内)．

现在证明 $\underset{e\to y}{\alpha}$ 不但连续而且其示性函数还是递归的． 在任何枚举 φ 中，对任何有限函数 $\theta(x)$，显然可以由值 $u = \underset{e\to v}{\text{seq}}\theta(e)$ 而求得函数 $\theta(e)$ 的编号，记为 $c(u)$，c 是递归全函数．因此：

$$C_\alpha(y, u) = C_\alpha(y, \underset{e\to v}{\text{seq}^*}\theta(e)) = \underset{e\to y}{\alpha}\ \theta(e)$$

$$= \underset{e\to y}{\alpha}\ \underset{c(u)}{\varphi}(e) = \varphi_{h(c(u))}(y)$$

故 $C_\alpha(y, u)$ 为 y, u 的递归函数. 由此可知 $\underset{e\to y}{\alpha}$ 还是半能行算子. 于是定理得证.

有了定理15后,可见固定点定理的两种形式基本上是等价的. 差异之处只在于第一种形式不必假定 h 为外延的, 第二种形式的固定点定理有很多的应用.

要定义一个函数 $f(e)$ (我们以一元函数为例),最简单的是用叠置方式给出:

$$f(e) = (\cdots e \cdots).$$

指出给出 x 后如何按照右边所写的方式计算出 $f(x)$. 但这是很不够的,我们往往使用隐式定义法,即:

$$f(x) = \underset{e}{\mathrm{rtu}}(\cdots x \cdots e \cdots),$$

或

$$= \underset{e}{\mathrm{rti}}(\cdots x \cdots e \cdots).$$

即求某函数的唯一零点或最小零点. 这都是很容易理解的. 但是原始递归式(显然我们可以这样地改写它):

$$f(u, x) = u, \quad 当\ x = 0\ 时;$$

$$= B(u, x, f(u, Dx)), \quad 当\ x \neq 0\ 时.$$

这却与上面的形状绝不相同,其右边又出现函数 f 的值(只是变目不同). 由这个式子能否确定函数 f 呢? 此外,如参数变异的单重递归式甚至于嵌套单重递归式,多重递归式,一般递归式等等, 如照上面写法,也都是下列的形状:

$$f(u, x) = (\cdots x \cdots f(u_1, x_1), \cdots, f(u_k, x_k), \cdots),$$

由它们能否确定函数 f 呢? 在上面我们就逐个递归式采用不同的方法已证明: 它们的确确定了唯一的函数 f. 但是,如果不属于上述的各种递归式,但仍然具有:

$$f(u, x) = (\cdots x \cdots f(u_1, x_1), \cdots, f(u_k, x_k), \cdots)$$

的形状, 这种式子能否确定唯一的一个函数呢? 固定点定理告诉我们,如把右面看作对函数 f 所作的算子,记之为: $\underset{e\to x}{\alpha}$,那末上面各种式子都可以共同写成:

$$f(u,x)=\underset{e\to x}{\alpha} f(u,e).$$

问题是：有没有函数 f 满足这个式子？由固定点定理可知：如果 $\underset{t\to x}{\alpha}$ 是连续的（从而上升的），那末必有函数 f 满足它．最小的固定点还是唯一的．这个问题便解决了．

当然，我们上面对原始递归式等的讨论，仍有用处．第一，我们在全函数范围内讨论，而固定点定理必须先引进可偏函数．第二，比如要讨论"参数单重递归式可化归为原始递归式及叠置"，这种进一步的比较深刻的性质，要利用固定点定理便不够了，而有待于进一步讨论．

例 1 设

$$\begin{aligned} f(x) &= x-10 && \text{当 } x\leqslant 100 \text{ 时}; \\ &= f(f(x+11)) && \text{当 } x>100 \text{ 时}. \end{aligned}$$

求证：

$$\begin{aligned} f(x) &= 91 && \text{当 } x\leqslant 100 \text{ 时}; \\ &= x-10 && \text{当 } x>100 \text{ 时}. \end{aligned}$$

问：(1) 如将"100"改为 b，结果如何？

(2) 如将"100"改为 b，"10"改为 a，"11"改为 $a+k$，结果又如何？

注意，本例并非一般递归式，因为 f 自身嵌套，而在一般递归式中是没有自身嵌套的．

例 2 设

$$\begin{aligned} f(x) &= 0 && \text{当 } x=0 \text{ 时}; \\ &= f(x-1) && \text{当 } x\geqslant 2 \text{ 时}. \end{aligned}$$

问：最小的（定义域最小）函数 f 为何？一般的 f 为何？由本例，可知固定点可不止一个．

最后还可指出一点，枚举定理、序数定理（s-m-n 定理）等对"递归于 $A_1,\cdots,A_h$"的函数亦成立．例如，我们亦有"枚举递归于 A 的函数"的通用函数 $\varphi_t^A(e)$ 等等．其证明方法完全相同，今不赘述．

第五章　递归枚举性

§50. 归举集(递归枚举集)

以上我们讨论集合时都是从特征函数立论. 当一集合的特征函数为某某函数(初基函数、初等函数、原始递归函数、递归全函数)时,该集合便叫做某某集合(初基集合等等). 我们所讨论过的集合都是递归集合之一. 现在,我们将讨论递归集合以外的集合,即所谓非递归集合. 这时,我们不再使用特征函数,因为这些集合的特征函数都不是递归全函数.

定义甲　如果集合 A 为一个一元递归函数 $f(e)$ 的值域或为空集,则 A 叫做**递归枚举集**,省称**归举集**. 并说,A 由 $f(e)$ **枚举**.

因为对递归函数 $f(x)$ 言,其值域由 $f(0), f(1), \cdots$, 构成,所以叫做递归枚举集. 这样,该集合 A(f 的值域)的元素便由 f 而逐一枚举了.

根据这个定义,归举集可分为两种情形. 第一,它是空集,不是任何递归函数的值域,第二,它是某个递归函数的值域. 因此,对归举集进行讨论时,常常要分别情形讨论. 而一个集合是否空集,又未必经常可以判定(试设 A 为某个一元方程的根集,它是否为空集,即该方程是否有根,往往很难判定). 因此,我们对归举集特给出另外一个定义.

定义　设给出一集合 A, A^- 指 $\{x: Sx \in A\}$ 叫做 A 的**减缩集**。

即将集合 A 中的非零元素均减 1,所得的集合便是 A^-. 例如,设 $A=\{0,3,5,4,2\}$, 则 $A^-=\{2,4,3,1\}$. 如 $A=\{3,5,4,2\}$ 仍有 $A^-=\{2,4,3,1\}$.

定义　设函数 $f(x)$ 的值域为 A, 则 A^- 叫做 $f(x)$ 的**减缩值**

域.

定义乙 一递归函数的减缩值域叫做**递归枚举集**。换言之，A为归举集当且仅当A为某个递归函数的减缩值域. 仍说A由该递归函数所枚举，A为该函数的值域(“减缩”两字经常省略).

定理1 定义甲、乙是彼此等价的.

证明 设依甲定义，A为归举集，则A或为空集，这时A为$f_1(x)=0$（零值函数)的减缩值域；A或为$f(x)$的值域，则A必为$Sf(x)$的减缩值域. 故依定义乙，A为归举集.

反之，设依定义乙，A为归举集，如A为零值函数的减缩值域，则A为空集，依定义甲它为归举集. 如A为$f(x)$的减缩值域而$f(x)$不恒等于0，取$f(x)$的值中最先出现的非零值，设为Sa. 试定义：

$$g(x)=\begin{cases}a & \text{当 } f(x)=0 \text{ 时；}\\ Df(x) & \text{当 } f(x)\neq 0 \text{ 时.}\end{cases}$$

显然，$g(x)$亦为递归函数，而A显然为$g(x)$的值域. 故依定义甲它仍为归举集. 定理得证.

注意，这里所以需分别情形讨论，是因为定义甲分别情形定义.

后面我们使用定义乙(一般书则都使用定义甲)，是为了避免分别情形进行讨论.

下面介绍归举集的一些简单性质.

定理2 如A为递归集则A为归举集.

证明 A既为递归，设$A=\{x:f(x)=0\}$，即设A的特征函数为$f(x)$. 今定义：

$$g(x)=\begin{cases}Sx & \text{当 } f(x)=0 \text{ 时；}\\ 0 & \text{当 } f(x)\neq 0 \text{ 时.}\end{cases}$$

$g(x)$显为递归函数，显然我们又有：

$x\in A$ 恰当 $f(x)=0$.

恰当x在$g(x)$的减缩值域内.

故依定义乙，A为归举集，证完.

定义 A的补集记为 A^c.

定理 3 A为递归恰当A与A^c同为归举集.

证明 如A为递归,则A^c亦为递归,由前定理可知A与A^c均为归举集.

反之,设A与A^c均为归举集,A由 $f(x)$ 枚举,而A^c由 $g(x)$ 枚举. 任给 x, 可用下法判定是否 $x\in A$:

轮流计算 $f(0),g(0),f(1),g(1),\cdots$

一直到 Sx 出现于 f 值域中或出现于 g 值域中为止. 如 Sx 出现于 f 值域中则 $x\in A$, 如 Sx 出现于 g 值域中则 $x\in A^c$ 即 $x\bar{\in}A$.

我们可具体写出如下,求下式最小零点:

$\underset{e}{\mathrm{rti}}\{\mathrm{eq}(f(e),Sx)\odot \mathrm{eq}(g(e),Sx)\}=t_0(x)$(设), 则 $\mathrm{eq}(f(t_0(x)),Sx)$ 便是A的特征函数. 因为, x 或$\in A$ 或 $\in A^c$,故上式必有零点而 $t_0(x)$ 为递归函数. 如 Sx 在 f 的值域中, 则 $\mathrm{eq}\ (f(t_0(x)),Sx)$ 必为0,如 Sx 在 g 的值域中(从而 $x\bar{\in}A$), 则 $\mathrm{eq}(f(t_0(x)),\delta x)$ 必为 1. 故 $\mathrm{eq}(f(t_0(x)),Sx)$ 为A的特征函数,它又是递归函数,故A为递归集. 证完.

定理 4 A为无穷递归集恰当A可由严格上升函数所枚举. 即恰当有严格上升的递归函数 $f(x)$, 使得A为 $f(x)$ 的减缩值域.

证明 如果 $f(x)$ 为严格上升函数,则 $f(x)\geqslant x$. 故只须检查 $f(0),f(1),\cdots,f(x)$, $f(Sx)$, 看其中有没有 Sx 为其值, 如有则 $x\in A$, 如无则 $x\bar{\in}A$.

仍同上,取

$$t_0(x)=\underset{e\to\cdot Sx}{\mathrm{rti}}\ \mathrm{eq}(f(e),Sx),$$

它必为递归函数,则 $\mathrm{eq}(f(t_0(x)),Sx)$ 便是 $x\in A$ 的特征函数, 故A为递归集.

反之,如A为递归集,它的特征函数为递归函数 $f(x)$.由 f 定义 g 如下:

$$\begin{cases} g(0) = \operatorname{rti}_e f(e) \\ g(Sx) = \operatorname{rti}_e(f(e) \oplus (Sg(x) \dot{-} e)) \end{cases}$$

因为 A 为无穷集，故 rti_e 为正常摹状式而 $g(x)$ 为递归函数. $g(x)$ 显为严格上升函数，故 A 可由严格上升函数枚举. 证完.

定理 5 每个无穷归举集都有一个无穷递归的子集.

证明 设 A 为无穷归举集，由递归函数 $f(x)$ 而枚举（即 A 为 $f(x)$ 的减缩值域）. 由 f 定义 g 如下：

$$g(0) = f(0);$$

$$g(Sx) = f(\operatorname{rti}_e (Sg(x) \dot{-} f(e))).$$

因 A 为无穷集，故 rti_e 为正常摹状式，从而 $g(x)$ 为递归函数（且严格上升）. 设 B 由 $g(x)$ 而枚举，则由前定理，B 为递归集，又因 $B \subseteq A$，故定理得证.

定理 6 A 为归举集恰当 A 为某个原始递归函数的减缩值域.

证明 由于原始递归函数亦为递归函数，故条件是充分的. 今再证必要性.

设 A 为递归函数 $f(x)$ 的减缩值域，则有

$$x \in A \longleftrightarrow \exists e(Sx = f(e)).$$

依前面所论，$Sx = f(e)$ 为初基关系，至少为初等关系，其特征函数暂记之为 $B(x, e)$. 今定义：

$$g(0) = f(0);$$

$$g(Sx) = g(x)N^2B(K(x), L(x)) + SK(x)NB(K(x), L(x)).$$

其中 $K(x), L(x)$ 为配对函数且为初等函数. 由定义，当

$$B(K(x), L(x)) \neq 0$$

时亦即 $SK(x) \neq f(L(x))$ 时，$g(Sx)$ 的值与 $g(x)$ 的值相等；当 $B(K(x), L(x)) = 0$ 时亦即 $SK(x) = f(L(x))$ 时，$g(Sx)$ 的值为 $SK(x)$. 由于当 x 变化时，$(K(x), L(x))$ 取尽一切对偶，显见 $g(x)$ 的值穷尽了（也不多于）f 的值，即两者的非零值域相

同. 从而集合A便可改由 $g(x)$ 而枚举. 此外,$g(x)$ 显为原始递归函数,于是定理得证.

有了这条定理后, 我们可以将所有归举集加以枚举. 因为原始递归函数是可以枚举的, 设第n个一元原始递归函数记为$\varphi_n(x)$, 则 $\varphi_n(x)$ 的减缩值域便可枚举为第n个归举集. 当然还可以有别的枚举方法(见后),但利用原始递归函数而枚举,是有很多方便之处的.

定理 7 A为归举集恰当有一个(原始)递归谓词 $B(x,t)$ 使得 $x\in A\longleftrightarrow\exists eB(x,e)$

证明 如A为归举集则有一个(原始)递归函数 $f(t)$ 使得

$$x\in A\longleftrightarrow\exists e(Sx=f(e)),$$

而 $Sx=f(t)$ 显为(原始)递归关系,故条件为必要.

反之,设 $x\in A\longleftrightarrow\exists eB(x,e)$, 而 $B(x,e)$ 为(原始)递归谓词,设其特征函数为 $b(x,e)$. 今定义:

$$\begin{aligned}&g(0)=0,\\&g(Sx)=g(x)N^2b(K(x),L(x))\\&\qquad\qquad+SK(x)Nb(K(x),L(x)).\end{aligned}$$

仿前讨论,知Sx为 $g(x)$ 的值恰当 $\exists tB(x,t)$ 成立时,既然

$$x\in A\longleftrightarrow\exists eB(x,e),$$

故知A为 $g(x)$ 的减缩值域. 从而A为归举集, 故条件为充分. 证完.

定理 8 A为归举集恰当有一个初基谓词 $B(x,t_1,\cdots,t_k)$ 使得 $x\in A\longleftrightarrow\exists e_1\cdots\exists e_kB(x,e_1,\cdots,e_k)$.

证明 由前定理知A为归举集恰当有一个递归函数 $f(t)$ 使得 $x\in A\longleftrightarrow\exists e(Sx=f(e))$,从而

$$\begin{aligned}&\longleftrightarrow\exists e_2(Sx=K(\mathrm{rtu}F(e_2,e_1)))\Longleftrightarrow\exists e_2\exists e_1(Sx\\&\qquad=Ke_1\wedge F(e_2,e_1))\longleftrightarrow\exists e_2\exists e_1\exists e_3(e_3\\&\qquad=x+1\wedge w=Ke_1\wedge F(e_2,e_1)),\end{aligned}$$

这里K为带头函数, 又如果 $F(e_2,e_1)$ 中还出现有别的初基函数$g(x)$,可能也要引入 $\exists e(\cdots e=g(x)\cdots)$ 等等, 因此,存在量词

可能有多个,而不止一个. 无论如何,存在量词的作用域必是初基谓词. 于是定理得证.

定理 9 A 为归举集恰当有两个多项式 $P(x, e_1, \cdots, e_k)$ 与 $Q(x, e_1, \cdots, e_k)$ 使得

$$x \in A \longleftrightarrow \exists e_1 \cdots \exists e_k (P(x, e_1, \cdots, e_k) = Q(x, e_1, \cdots, e_k)).$$

这条定理与前面的定理相差极微,只是把"初基谓词"换为"多项式谓词"(即 $P(x, t_1, \cdots, t_k) = Q(x, t_1, \cdots, t_k)$). 这两种谓词的不同之处在于,前者用 $x \dot{-} y, [x/y]$, 而后者用 $x + y, x \cdot y$(彼此互为逆函数),并且前者还多用初基算子,后者则不用任何算子. 由于后者少用算子, 因此使后者的证明困难得多. 我们将在下面讨论.

§ 51. 可偏函数与归举集

由上已知 A 为归举集恰当 A 为某递归(全)函数的值域, 或恰当 A 为某原始递归函数的值域,现在我们又有:

定理 1 A 为归举集 (a) 恰当 A 的某递归(可偏)函数的减缩值域(b),也恰当 A 为某递归(可偏)函数的定义域.

证明 设 A 为归举集, 则它为某原始递归函数 $f(x)$ 的减缩值域.

定义 $g(x)$ 如下: 计算 $f(0), f(1), \cdots$. 当 Sx 在 f 的值域中定义 $g(x) = Sx$. 显然, A 既是 g 的减缩值域, 也是 g 的定义域. g 显然是递归(可偏)函数,故 $(a),(b)$ 的$(\longrightarrow)$部分得证.

反之,设 A 为某(可偏)递归函数 $f(x)$ 的减缩值域,先按下列次序计算 $f(x)$.

第一阶段,计算 $f(0)$ 一步.

第二阶段,计算 $f(0)$ 两步,计算 $f(1)$ 一步.

……………

第 k 阶段,计算 $f(0)k$ 步, 计算 $f(1)k-1$ 步,…,计算 $f(i)k-i$

步…，计算 $f(k-1)$ 一步.

………………

凡已结束的不再计算.

凡当 $f(i)$ 有定义时设其值非零，则将 $f(i)$ 放入一表内. 在表的生成过程中，定义 $g(x)$ 如下:

$$\begin{cases} g(0)=0; \\ g(Sx)=\begin{cases} \text{在第 } Sx \text{ 阶段的表中与 } g(0),\cdots,g(x) \\ \quad \text{均不同的值中最小者.} \\ 0 \quad \text{如 } Sx \text{ 阶段的表中已无新值.} \end{cases} \end{cases}$$

显然，$g(x)$ 是递归全函数，且其减缩值域与 $f(x)$ 的相同. 故 A 为 $g(x)$ 的减缩值域，从而为归举集，故 (a) 的(⟵)部分得证.

要证 (b) 的充分性部分. 仍用如上方法计算 $f(x)$，当 $f(i)$ 有定义且其值非 0 时，将 Si 放入表内. 然后定义 $g(x)$ 如下:

$$g(0)=0;$$

$$g(Sx)=\begin{cases} \text{在第 } Sx \text{ 阶段的表中与 } g(0),g(1),\cdots,g(x) \text{ 均不} \\ \quad \text{同的值中最小者.} \\ 0 \quad \text{如 } Sx \text{ 阶段的表中无新值.} \end{cases}$$

显然，$g(x)$ 是递归全函数，其减缩值域即 $f(x)$ 的定义域，故 $f(x)$ 的定义域必是归举集. 定理得证.

由这定理可知: A 为某递归函数的减缩值域当且仅当 A 为某递归函数的定义域. 当然这两个函数一般是不相同的，但却是可以彼此推知的，如下定理所示.

仍是上面的枚举函数 φ.

定理 2 有两个递归全函数 f 与 g 使得

φ_x 的定义域 $=\varphi_{f(x)}$ 的减缩值域，

φ_x 的减缩值域 $=\varphi_{g(x)}$ 的定义域.

证明 对函数 f 而言，可定义

$$\begin{aligned} \psi(x,y) &= Sy \quad && \text{当 } \varphi_x(y) \text{ 有定义时;} \\ &= \perp && \text{此外.} \end{aligned}$$

$\psi(x,y)$ 为递归可偏函数，记为 $\varphi_a(x,y)$，用参数定理可写为

$\varphi_{s(a,x)}(y)$，它的减缩值域即 φ_x 的定义域，故可取 $s(a,x)$ 为 $f(x)$. 它是递归全函数.

对函数 g 而言，可如定理 1 证明中用计算 f 的方法而计算 φ_x，将 φ_x 的非零值列成一步. 再定义:

$$\psi(x, y)=\begin{cases} y, & \text{当 } y \text{ 出现在表中时;} \\ \perp, & \perp\text{此外.}\end{cases}$$

显然，$\psi(x,y)$ 亦是递归可偏函数，设为 $\varphi_b(x, y)$. 用上法可记为 $\varphi_{s(b,x)}(y)$. 显然 $\varphi_{s(b,x)}(y)$ 的定义域即为 $\varphi_x(y)$ 的减缩值域. 故 $s(b,x)$ 可取为 $g(x)$. 定理得证.

注意，这里所造出的 $\varphi_{f(x)}$ 可为偏函数. 但在定理 1 的证明中，由 $f(x)$ 造出全函数 $g(x)$ 使得 $f(x)$ 的减缩值域为 $g(x)$ 的减缩值域，由这方法可知，可造出一函数 h 使得 φ_x 的减缩值域变成 $\varphi_{h(x)}$(全函数)的减缩值域. 因此，如果需要，永可假定使用全函数的减缩值域(且其编号亦可算出)，这是要求用全函数而枚举的.

我们亦可用单叶函数(即一一对应)来枚举. 设 A 由 $f(x)$ 而枚举，而 A 为 $f(x)$ 的减缩值域，可定义 $g(x)$ 如下:

$g(0)=f(0)$;

$g(Sx)=f(\mu t[f(t)$ 异于 $g(0),g(1),\cdots,g(x)])$.

则 $g(x)$ 为一一对应且 $g(x)$ 值域与 $f(x)$ 的值域同. 显然 $g(x)$ 的编号亦易由 $f(x)$ 的编号作出. (读者自证.)

但是，我们却不能要求归举集可用(严格)上升函数而枚举. 因为我们有下列定理:

定理 3 A 为递归集恰当 A 可由严格上升函数而枚举.

证明 如 A 可用严格上升函数 $f(x)$ 而枚举，因 $f(x)$ 严格上升必有 $f(x)\geqslant x$，当计算 $f(0),f(1),\cdots,f(Sx)$ 时，如其中不出现 Sx，则 x 必不属于 A. 故 $x\in A$ 与否可以判定，从而 A 为递归集.

反之，如 A 为递归集，其特征函数为 $a(x)$. 则定义 $f(x)$ 如下:

$f(0)=0$;

$$f(Sx) = \underset{t}{\mathrm{Srti}}(a(t) \oplus (Sf(x) \dot{-} t))$$

显然 A 即为 $f(x)$ 的减缩值域，而 $f(x)$ 为上升函数．定理得证．

注意，当 A 为无穷集时，$f(x)$ 为全函数；当 A 为有穷集时，$f(x)$ 为偏函数；当 $x > A$ 的元素个数时，$f(x)$ 无定义．

当 A 只为归举集时，即使想用不减函数而枚举 A 也是不可能的．

§52. 归举谓词(归举关系)

上面所论，是先定义递归函数再定义递归谓词，利用递归谓词而定义递归集的．如果我们不先定义递归谓词，先从别的途径定义递归集，那末我们亦可以定义：如果 $B(x)$ 可表示为 $x \in A$ 而 A 为递归集，则 $B(x)$ 叫做递归谓词．

现在，我们已经用别的方法定义了归举集，因此我们便引入下列定义：

定义 如果 $B(x)$ 等价于 $x \in A$ 而 A 为归举集，则 $B(x)$ 叫做**归举谓词**．对 k 元谓词 $B(x_1, \cdots, x_k)$ 而言，如果

$$B(K_1(x), \cdots, K_k(x))$$

为归举谓词，则 $B(x_1, \cdots, x_k)$ 叫做(**k 元的**)**归举谓词**，这里 $K_1(x), \cdots, K_k(x)$ 为配对函数中的分函数，且为初等函数．

定理 1 $B(x_1, \cdots, x_k)$ 为归举谓词恰当有一个递归谓词

$$C(e, x_1, \cdots, x_k)$$

使得 $B(x_1, \cdots, x_k) \longleftrightarrow \exists e C(e, x_1, \cdots, x_k)$．

注意，由前节所论，这里的 C 也可要求只是原始递归谓词甚至于只是初基谓词，但要求 C 为初基谓词时，存在量词可能不止一个．

证明 当 $k = 1$ 时，$B(x)$ 为归举谓词恰当它可表为

$$\exists e(x = f(e))$$

而 $f(e)$ 为(原始)递归函数，恰当它可表为 $\exists e C(e, x)$，而 $C(e, x)$ 为(原始)递归关系．

当 $k \neq 1$ 时，依定义，$B(x_1, \cdots, x_k)$ 为归举谓词恰当 $B(K_1(x), \cdots, K_k(x))$ 可表为 $\exists eA(e, x)$ 而 $A(e, x)$ 为（原始)递归关系，恰当 $B(x_1, \cdots, x_k)$ 可表为 $\exists eA(e, \langle x_1, \cdots, x_k\rangle)$，而 $A(e, \langle x_1, \cdots, x_k\rangle)$ 为(原始)递归关系. 如将 $A(e, \langle x_1, \cdots, x_k\rangle)$ 写为 $C(e, x_1, \cdots, x_k)$，即得定理所要求的形状. 证完.

定理 2 如果 $B(x_1, x_2)$ 为归举谓词，则 $\exists e_1 B(e_1, x_2)$ 亦为归举谓词，即归举谓词对存在量词封闭.

证明 这时 $B(x_1, x_2)$ 必可表成 $\exists eC(e, x_1, x_2)$ 之形（C 为(原始)递归谓词)，从而 $\exists e_1 B(e_1, x_2)$ 可表成 $\exists e_1 \exists eC(e, e_1, x_2)$，后者又可表成 $\exists eC(K(e), L(e), x_2)$ 之形，因 $C(K(e), L(e), x_2)$ 为 e, x_2 的(原始)递归谓词，故知 $\exists e_1 B(e_1, x_2)$ 亦为归举谓. 证完.

定理 3 归举谓词对 $\vee$(或) $\wedge$(且) 是封闭的，对受限量词也是封闭的，但对否定词则不封闭的.

证明 设 $B(x) = \exists eB_1(e, x)$，$C(x) = \exists eC_1(e, x)$ 则

$$B(x) \vee C(x) = \exists e(B_1(e, x) \vee C_1(e, x)),$$

而

$$B(x) \wedge C(x) = \exists e(B_1(K(e), x) \wedge C_1(L(e), x))$$
$$\longleftrightarrow \exists e(B_1(K(e), x) \wedge C_1(L(e), x))$$

再设 $B(x_1, x) = \exists eB_1(e, x_1, x)$，则

$$\underset{e_1 \to x}{\exists} B(e_1, x) = \exists e(e_1 < x \wedge B(e_1, x)) = \exists e_1 \exists e(e_1 < x \wedge B_1(e, e_1, x)),$$

右边显为归举谓词.

关于受限全称量词，则须稍作讨论如下. 先注意，“在 v 以下的每一个 t 均有 u 使得 $\alpha(t, u)$” 这句话相当于：“有一个数列 $u(t)$ 使得 $t < v$ 时有 $\alpha(t, u(t))$”，如令

$$w = \underset{e \to v}{\mathrm{seq}}\, u(e),$$

项 $u(t)$ 便可写为 $\mathrm{tm}(t, w)$. 由此可知：

$$\underset{e_1 \to t}{\forall} \exists e\alpha(e_1, e) \longleftrightarrow \exists e_1 \underset{e \to v}{\forall} \alpha(e, \mathrm{tm}(e, e_1))$$

今设 $B(x_1, x) = \exists eB(e, x_1, x)$，则

$$\forall_{e\to v} B(e,x) = \forall_{e\to v} \exists e_1 B(e_1,e,x)$$

$$\longleftrightarrow \exists e_1 \forall_{e\to v} B(\mathrm{tm}(e,e_1),e,x)$$

$B(\mathrm{tm}(e,e_1),e,x)$ 为(原始)递归谓词,加受限全称量词后仍为(原始)递归谓词,从而,$\forall_{e\to v} B(e,x)$ 为归举谓词. 定理得证.

现在,我们给出一条重要定理.

定理4 归举谓词集是满足下列条件的最小的谓词集: (1)它含有谓词 $e_1+e_2=e_3$, $e_1\cdot e_2=e_3$, 并且(2)它对内函数为本原函数的叠置封闭,(3)对联结词∨,∧封闭,(4)对存在量词、受限量词封闭.

证明 根据上面讨论可知这个函数集为归举谓词集的子集. 下面,再证明所有归举谓词均在该谓词集中.

暂命该谓词集的谓词为D谓词. 我们现在先证对任何初基函数 $f(x_1,\cdots,x_n)$ 而言,$z=f(x_1,\cdots,x_n)$ 为D谓词. 注意,初基函数集由 $x\dot{-}y,[x/y]$ 出发,利用叠置及算子 $\underset{e\to u}{N}$ 而作成.

$z=x\dot{-}y: z+y=x\vee\cdot(z=0\wedge\exists uy=x+Su)$;

$z=[x/y]: z=0\wedge y=0\cdot\vee\exists u(u<x\wedge x=y\cdot z+u)$;

它们都是D谓词. 如果 f 由叠置而成,即

$$f(x_1,\cdots,x_n)=h(g_1,\cdots,g_m)(x_1,\cdots,x_n)$$

依归纳假设,$y_i=g_i(x_1,\cdots,x_n)$,$z=h(y_1,\cdots,y_m)$为D谓词, 又因 $z=f(x_1,\cdots,x_n)\longleftrightarrow\exists y_1,\cdots,\exists y_m(z=h(y_1,\cdots,y_m)\wedge y_1=g_1(x_1,\cdots,x_n)\wedge\cdots\wedge y_m=g_m(x_1,\cdots,x_m))$, 根据$D$谓词条件,知 $z=h(g_1,\cdots,g_m)(x_1,\cdots,x_n)$ 为D谓词.

再设 f 由初基算子作成,即设

$$f(x_1,\cdots,x_n)=\underset{e\to x_1}{N} g(e,x_2,\cdots,x_n),$$

而 $y=g(e,x_2,\cdots,x_n)$ 为D谓词. 则有:

$$z=f(x_1,\cdots,x_n)\longleftrightarrow z=\underset{e\to x_1}{N} g(e,x_2,\cdots,x_n)$$

$$\leftrightarrow z = 0 \wedge \underset{e<x_1}{\exists} (Ng(e, x_2, \cdots, x_n) = 0) \cdot \vee z = 1 \wedge$$

$$\underset{e<x_1}{\forall} (N^2 g(e, x_2, \cdots, x_n) = 1).$$

由于 $Ng(e, x_2, \cdots, x_n) = 0$ 及 $N^2 g(e, x_2, \cdots, x_n) = 1$ 均为D谓词,而D谓词对受限量词与"且""或"两联结词封闭,故知

$$z = f(x_1, \cdots, x_n)$$

亦是D谓词.

依归纳法知,对任何初基函数 f 而言,$y = f(x_1, \cdots, x_n)$ 都是D谓词. 定理的前半部分得证.

任何归举谓词 $P(x_1, \cdots, x_n)$ 都可表成 $\exists e B(x_1, \cdots, x_n, e)$ 形. 而 $B(x_1, \cdots, x_n, e)$ 为初基函数,可将它表成

$$\exists e \, \mathrm{eq}(0, B(x_1, \cdots, x_n, e))$$

形,因 $\mathrm{eq}(0, B(x_1, \cdots, x_n, e))$ 为D谓词,而D谓词对存在量词又封闭,故知任何归举谓词都是D谓词. 于是定理得证.

§53. 存在化多项谓词(狄氏谓词)

定义 由变元与常数出发,利用加法与乘法所成的项叫做多项式. 如P与Q为两多项式,则 $P = Q$ 叫做多项方程(或代数方程).

定义 在多项方程之前加上若干个存在量词,所得的谓词叫做**存在化多项谓词**,或**狄奥凡廷谓词**,省称**狄氏谓词**.

例如,$\exists e_2 \exists e_1 \, (e_1^3 + 2 e_2 e_1 = e_1^2 + e_1 e_2^2 + e_2^5)$ 便是狄氏谓词.这谓词成立便表示方程 $x^3 + 2xy = x^2 + xy^2 + y^5$ 有自然数解,它不成立表示该方程无自然数解. 如此外还有未受约束的参数 a, b 等,则狄氏谓词成立(不成立)便表示: 当这些参数给定后,相应的方程有(或没有)自然数解. 因此,狄氏谓词的研究便相当于对多项方程有根或否的研究. 这种研究,牵涉到数学史上的一个重大问题.

1900 年 D. Hilbert 在巴黎召开的国际数学会议上提出二十三个未解决的数学问题，作为数学家今后研究的方向. 其中与数理逻辑有关的有两个问题. 第一个问题是连续统假设的真假问题. 第十个问题是一个判定问题，可译述如下:

“10. 任意狄奥凡廷方程可解性的判定; 设给了一个具有任意多个未知量和有理整系数的狄奥凡廷方程，要求给出一个过程(verfakren)，使得由它通过有穷多次运算可以判定该方程有无有理整数解.”

Hilbert 提出这个问题时，其所谓有理整数是包括正负整数的. 但是，我们很容易把问题限于自然数(不出现负整数)，从而把问题变成判定狄氏谓词的真假.

在方程 $P(x,y)=0$ 中，如把正系数放在一边，把负系数放在另一边，我们便得方程: $P(x,y)=Q(x,y)$，其中系数都限于自然数.

其次，我们有:

$p(x,y)=Q(x,y)$ 有(正、负)整数解 $\longleftrightarrow P(x,y)=Q(x,y)$ 或 $P(-x,y)=Q(-x,y)$ 或 $P(x,-y)=Q(x,-y)$ 或 $P(-x,-y)=Q(-x,-y)$ 有自然数解. 反之，在数论中我们有下列结果:

定理 1 (Lagrange) 任何自然数均可表为四个自然数的平方和，即任给自然数 x，均有自然数 a,b,c,d 使得:

$$x=a^2+b^2+c^2+d^2.$$

这个定理我们不给以证明(可参看数论专著).

有了这条定理，我们便有:

$P(x,y)=Q(x,y)$ 对 x,y 有自然数解 $\longleftrightarrow P(x_1^2+x_2^2+x_3^2+x_4^2,y_1^2+y_2^2+y_3^2+y_4^2)=Q(x_1^2+x_2^2+x_3^2+x_4^2,y_1^2+y_2^2+y_3^2+y_4^2)$ 有(正、负)整数解.

由此可知，求自然数解问题与求(正、负)整数解的问题是等价的，彼此可以互推.

这样一来，要解决 Hilbert 的第十问题，便等于判定狄氏谓词的真假.

下面,我们给出一系列的引理、定理, 用来证明: 一谓词为狄氏谓词当且仅当它为归举谓词.

定理 2 下列谓词均为狄氏谓词.

$x \leqslant y \longleftrightarrow \exists e(y = x + e)$.

$x < y \longleftrightarrow \exists e(y = x + e + 1)$.

$x / y \longleftrightarrow \exists e(y = x \cdot e)$.

$$x \equiv y(\mathrm{mod} z) \longleftrightarrow \exists e[(x - y)^2 = e^2 z^2]$$
$$\longleftrightarrow \exists e[x^2 + y^2 = 2xy + e^2 z^2].$$

定理 3 狄氏谓词对 $\vee$(或)$\wedge$(且)封闭.

证明 设两狄氏谓词 $P(\boldsymbol{x}) = \exists \boldsymbol{e} P_1(\boldsymbol{x}, \boldsymbol{e})$, $Q(\boldsymbol{x}) = \exists \boldsymbol{e} Q_1(\boldsymbol{x}, \boldsymbol{e})$, 这里 $\boldsymbol{x}$ 指若干个 x, 例如 $x_1, \cdots, x_h$, 而 $\boldsymbol{e}$ 指若干个 e 例如 $e_1, \cdots, e_k$ 而 $\exists \boldsymbol{e}$ 则指 $\exists e_1 \exists e_2 \cdots \exists e_k$ (后面均仿此,不再细述).

$$P(\boldsymbol{x}) \vee Q(\boldsymbol{x}) = \exists \boldsymbol{e} P_1(\boldsymbol{x}, \boldsymbol{e}) \vee \exists \boldsymbol{e} Q_1(\boldsymbol{x}, \boldsymbol{e})$$
$$= \exists \boldsymbol{e}(P_1(\boldsymbol{x}, \boldsymbol{e}) \vee Q_1(\boldsymbol{x}, \boldsymbol{e})).$$
$$P(\boldsymbol{x}) \wedge Q(\boldsymbol{x}) = \exists \boldsymbol{e}_1 P_1(\boldsymbol{x}_1, \boldsymbol{e}_1) \wedge \exists \boldsymbol{e}_2 Q_1(\boldsymbol{x}, \boldsymbol{e}_2)$$
$$= \exists \boldsymbol{e}_2 \exists \boldsymbol{e}_1 (P_1(\boldsymbol{x}, \boldsymbol{e}_1) \wedge Q_1(\boldsymbol{x}, \boldsymbol{e}_2)).$$

这里 P_1, Q_1 为两个多项方程, 设为 $P_{11} = P_{12}$, $Q_{11} = Q_{12}$(P_{11}, P_{12}, Q_{11}, Q_{12} 为多项式). 显然

$$P_{11} = P_{12} \vee Q_{11} = Q_{12} \longleftrightarrow (P_{11} - P_{12}) \cdot (Q_{11} - Q_{12}) = 0$$
$$\longleftrightarrow P_{11} Q_{11} + P_{12} Q_{12} - P_{12} Q_{11} - P_{11} Q_{12} = 0$$
$$\longleftrightarrow P_{11} Q_{11} + P_{12} Q_{12} = P_{12} Q_{11} + P_{11} Q_{12}.$$
$$P_{11} = P_{12} \wedge Q_{11} = Q_{12} \longleftrightarrow (P_{11} - P_{12})^2 + (Q_{11} - Q_{12})^2 = 0$$
$$\longleftrightarrow P_{11}^2 + P_{12}^2 + Q_{11}^2 + Q_{12}^2 = 2P_{11}P_{12} + 2Q_{11}Q_{12}.$$

它们都是多项方程, 从而添加存在量词后便都是狄氏谓词. 于是定理得证.

系 $y = \mathrm{rs}(u, v)$ 为狄氏谓词. 因可表为

$$\exists w(y = u \cdot w + v \wedge v < y).$$

定理 4 狄氏谓词对存在量词(受限或否)封闭.

如前,设 $P(\boldsymbol{x}, t)$ 为 $\exists \boldsymbol{e} P_1(\boldsymbol{x}, t, \boldsymbol{e})$($P_1$ 为多项式),则:

$$\exists e_1 P(\boldsymbol{x}, e_1) \text{ 为 } \exists e_1 \exists \boldsymbol{e} P_1(\boldsymbol{x}, e_1, \boldsymbol{e}).$$

$$\underset{e_1 \to v}{\exists} P(\boldsymbol{x}, e_1) \text{ 为 } \exists e_1 \exists \boldsymbol{e}(e_1 < v \wedge P_1(\boldsymbol{x}, e_1, \boldsymbol{e})).$$

易见,它们都是狄氏谓词. 证完.

定理 5 狄氏谓词对叠置封闭. 即设 $P(\boldsymbol{x}, y)$ 及 $y = g(\boldsymbol{u})$ 都是狄氏谓词,则 $P(\boldsymbol{x}, g(\boldsymbol{u}))$ 亦是狄氏谓词.

证明 $P(\boldsymbol{x}, g(\boldsymbol{u})) \longleftrightarrow \exists e(P(\boldsymbol{x}, e) \wedge e = g(\boldsymbol{u}))$,由所设条件,显见它为狄氏谓词.

下面证明狄氏谓词对受限全称量词封闭. 为此,我们要证明一系列引理.

引理 1 设 $x_n(a), y_n(a)$ 为 $x^2 - (a^2 - 1)y^2 = 1 (a > 1)$ 的(按 y 的大小而排序)第 n 个根, 则 $z = x_n(a)$, $z = y_n(a)$ 为 a, n 的狄氏谓词.

本引理是上面有关 $x^2 - (a^2 - 1)y^2 = 1$ 方程的讨论的结果.

引理 2 $z = u^n$ 为 z, u, n 的狄氏谓词.

证明 由上面讨论可知:

$$x_n(a) - y_n(a)(a - u) \equiv u^n (\bmod 2au - u^2 - 1).$$

此外,容易验证,若 $u > 1, n \geqslant 1, a > u^n$,则 $2au - u^2 - 1 > u^n$. (因为这时有 $u^2 + 1 < u^{n+1} + u^n$, 故

$$2au - u^2 - 1 - u^n > 2u^{n+1} - u^{n+1} - u^n - u^n$$
$$= u^{n+1} - 2u^n = u^n(u - 2) \geqslant 0.)$$

又由上面讨论可知: $x_n(u) > u^n$, 故如取 a 为 $x_n(u)$ 则

$$2au - u^2 - 1 > u^n,$$

从而

$$u^n = \mathrm{rs}(x_n(a) - y_n(a)(a - u), 2au - u^2 - 1).$$

既然 $y = \mathrm{rs}(u, v)$, $y = x_n(a)$, $z = y_n(a)$, 等等都是狄氏谓词, 故知 $y = u^n$ 亦为狄氏谓词.

引理 3 $y = \binom{n}{k}$(即 $y = C_{n,k}$) 为 y, n, k 的狄氏谓词.

证明 容易验证:

$$y=\binom{n}{k}\longleftrightarrow\exists e_4\exists e_3\exists e_2\exists e_1(e_1=2^n\wedge e_2>e_1$$
$$\wedge e_3<e_2^k\wedge(e_2+1)^n=e_4\cdot e_1^{k+1}+y\cdot e_1^k+e_3),$$

由此易得定理.

引理 4（除数引理） 设 $s/t_0\cdot t_1\cdots t_n$，则有 p 及 k 使得 $k\leqslant n$，$p|s$，$p|t_k$ 且 $p^{n+1}\geqslant s$.

证明 设 $\max\limits_{e\to n}\mathrm{dv}(t_e,s)=\mathrm{dv}(t_k,s)=p$，这里 $\mathrm{dv}(t_e,s)$ 表示 t_e 与 s 的最大公约数，则有 $p|t_k$，$k\leqslant n$，$p|s$. 又因

$$s=(s,t_0t_1\cdots t_k)\leqslant(t_0,s)\cdot(t_1,s)\cdots(t_n,s)$$
$$\leqslant(t_k,s)^{n+1}=p^{n+1},$$

于是这个 p 满足要求.

定理 6 设给出两多项式 $P(a_1,\cdots,a_m,y,z_1,\cdots,z_n)$ 及

$$Q(a_1,\cdots,a_m,y,z_1,\cdots,z_n),$$

设两多项式次数 $\leqslant d$，而两多项式系数绝对值的和为 M. 命 R 为（t,z 为另一已知数）$M(t+1)^{t+1}((a_1+1)\cdots(a_m+1)(t+1)(z+1))^d$. 则下列两公式等价（可互相推出）：（$\uparrow$ 表示方幂，即 $a\uparrow b$ 表 a^b）

（甲） $\forall e_0\leqslant t\exists e_1\cdots\exists e_n[P(a_1\cdots a_me_0e_1\cdots e_n)$
$$=Q(a_1\cdots a_me_0e_1\cdots e_n)]$$

（乙） $\exists e'\exists e_0\exists e_1\cdots\exists e_n\Big[e'<t\wedge e_0>t+R\uparrow(e'+1)\uparrow$
$$n\wedge P(a_1\cdots a_me_0e_1\cdots e_n)$$
$$\equiv Q(a_1\cdots a_me_0e_1\cdots e_n)\bmod\binom{e_0}{t+1}$$
$$\wedge\binom{e_0}{t+1}\Big|\binom{e_1}{e'+1}\wedge\cdots\wedge\binom{e_0}{t+1}\Big|$$
$$\binom{e_n}{e'+1}\Big]$$

证明 先证（乙）→（甲）. 设已找出 $z,r,w_1,\cdots,w_n$，分别填入（乙）的方括号中公式的 e'，e_0，e_1，$\cdots$，e_n 后得到满足. 因

$z > t$，故有

$$(t+1)!\binom{r}{t+1}\Big|(z+1)!\binom{w_j}{z+1} \quad (1 \leqslant j \leqslant n),$$

即 $r(r-1)\cdots(r-t)\mid w_j(w_j-1)\cdots(w_j-z)$.

任取满足 $y \leqslant t$ 的 y,则有

$$(r-y)\mid w_j(w_j-1)\cdots(w_j-z) \qquad (1_j)$$

同理,我们又有:

$$(t+1)!P(a_1\cdots a_m r w_1\cdots w_n)$$

$$\equiv (t+1)!Q(a_1\cdots a_m r w_1\cdots w_n)\ \left(\bmod (t+1)!\binom{r}{t+1}\right)$$

当然更有:

$$(t+1)!P \equiv (t+1)!Q(\bmod r-y). \qquad (2)$$

我们有除数定理：如果 $s\mid t_0t_1\cdots t_n$，则有 p，k 使得 $k \leqslant n$，$p\mid s, p\mid p_k$ 且 $p^{n+1} \geqslant s$.

令 $p_0 = r-y$. 应用除数定理于(45_1),可有 p_1, z_1 使得 $z_1 \leqslant z$，$p_1\mid p_0(=r-y)$，$p_1\mid w_1 - z_1$，$p_1^{z+1} > p_0$.

因 $p_1\mid p_0(=r-y)$ 故有 $p_1\mid w_2(w_2-1)\cdots(w_2-z)$，对它再应用除数定理,可有 p_2, z_2 使得

$$z_2 \leqslant z, p_2\mid p_1, p_2\mid w_2 - z_2, p_2^{z+1} \geqslant p_1.$$

因 $p_2\mid p_1$ 故$p_2\mid p_0(=r-y)$,故有$p_2\mid w_3(w_3-1)\cdots(w_3-z)$，对它再应用除数定理，可有 $p_3, z_3, \cdots$ 如此一直做下去，对每个 $j(1 \leqslant j \leqslant n)$ 都有 p_j, z_j 使得 $z_j \leqslant z$，$p_j\mid p_{j-1}$，$p_j\mid w_j - z_j$，

$$p_j^{z+1} \geqslant p_{j-1}.$$

故有:

$$p_n \geqslant p_{n-1}^{\frac{1}{z+1}} \geqslant p_{n-2}^{\frac{1}{(z+1)^2}} \geqslant \cdots$$

$$\geqslant p_0^{\frac{1}{(z+1)^n}} \geqslant (r-t)^{\frac{1}{(z+1)^n}} > R. \qquad (3)$$

又因对每个 $j(1 \leqslant j \leqslant n)$ 都有 $p_n\mid p_j$，故必有

$$p_n\mid w_j - z_j,\quad p_n\mid r-y(=p_0),$$

亦即 $w_j \equiv z_j(\bmod p_n)$, $r \equiv y(\bmod p_n)$. 上文的(2)可变成(*乃将 P, Q 中 w 换为 z, r 换为 y 而得):

$$(t+1)!P^* \equiv (t+1)!Q^*(\bmod p_n). \tag{4}$$

又因 $z_i \leqslant z$, $y \leqslant t$, 故

$$(t+1)!P(a_1\cdots a_m y z_1\cdots z_m) \leqslant R < p_n. \text{ (由(3))}$$

$$(t+1)!Q(a_1\cdots a_m y z_1\cdots z_m) \leqslant R < p_n.$$

由(4)即得

$$(t+1)!P(a_1\cdots a_m y z_1\cdots z_m) = (t+1)!Q(a_1\cdots a_m y z_1\cdots z_m).$$

再除以 $(t+1)!$, 即得 $P=Q$, 从而再得

$$\exists e_1\cdots\exists e_n(P(a_1\cdots a_m y e_1\cdots e_n) = Q(a_1\cdots a_m y e_1\cdots e_n)).$$

因 y 为满足 $y \leqslant t$ 的任何 y, 故又有:

$$\forall e \leqslant t \exists e_1\cdots\exists e_n(P=Q).$$

这便是(甲).

再证(甲)→(乙). 由(甲), 对每个 $\leqslant t$ 的 y 均可找出 $z_1, \cdots, z_n$, 记为 $z_{y_1}, z_{y_2}, \cdots, z_{y_n}$ $(0 \leqslant y \leqslant t)$, 使得

$$P(a_1\cdots a_m y z_{y_1}\cdots z_{y_n}) = Q(a_1\cdots a_m y z_{y_1}\cdots z_{y_n}). \tag{5}$$

作为满足(乙)的 z (以填入 e'), 可任取满足下列条件的数: $z > t$ 且 $z >$ 所有的 z_{y_j}, 作为满足(乙)的 r (以填入 e_0) 可取为 $((z+1)!)^2 t - 1$ (可选 z 使满足 $r > t + R\uparrow(z+1)\uparrow n$). 这时我们有:

$$\binom{r}{t+1} = \frac{r}{1}\frac{r-1}{2}\cdots\frac{r-t}{t+1} = \left(\frac{r+1}{1}-1\right)\left(\frac{r+1}{2}-1\right)\cdots\left(\frac{r+1}{t+1}-1\right). \tag{6}$$

由于 r 的选取, 右边各因子均与 $(z+1)!$ 互素. 此外, 它们彼此互素. 事实上, 设有质数 p,

$$p \left| \frac{r+1}{i} - 1 \right. \text{ 且 } p \left| \frac{r+1}{j} - 1 \right. \ (i < j \leqslant t+1),$$

则有 $p | r+1-j$ 且 $p | r+1-i$, 从而 $p | j-i$, 但

$$j - i \leqslant t < z,$$

所以 $p|(z+1)!$，故知 $p=1$.

由孙子定理,对每个 j 均有 w_j,使得

$$w_j \equiv z_{yj} \left(\bmod \frac{r+1}{y+1}-1\right) \quad (0 \leqslant y \leqslant t). \tag{7}$$

此外,显有

$$r \equiv y \left(\bmod \frac{r+1}{y+1}-1\right). \tag{8}$$

将(5)中的 z_{yj} 换为 w_j，将 y 换为 r,即得

$$P(a_1\cdots a_m r w_1\cdots w_n)$$

$$\equiv Q(a_1\cdots a_m r w_1\cdots w_n) \left(\bmod \left(\frac{r+1}{y+1}-1\right)\right)$$

因各因子

$$\frac{r+1}{y+1}-1 (0 \leqslant y \leqslant t)$$

彼此互素,故又得

$$P(a_1\cdots a_m r w_1\cdots w_n)$$

$$\equiv Q(a_1\cdots a_m r w_1\cdots w_n) \left(\bmod \binom{r}{t+1}\right)$$

这是(乙)中的一个条件.

由(7)及 z 的选取(且有 $y \leqslant t$)有:

$$\left(\frac{r+1}{y+1}-1\right) \Big| w_j(w_j-1)\cdots(w_j-z).$$

因互素,故又有

$$\binom{r}{t+1} \Big| w_j(w_j-1)\cdots(w_j-z).$$

此外，$\binom{w_j}{z+1}$ 显为整数,故 $(z+1)! \,|\, w_j(w_j-1)\cdots(w_j-z)$.

因互素,故又有

$$(z+1)!\binom{r}{t+1} \Big| w_j(w_j-1)\cdots(w_j-z)$$

故得

$$\binom{r}{t+1} \bigg| \binom{w_j}{z+1}.$$

这是(乙)中最后的条件.

因此有 $z, r, w_1, \cdots, w_n$ 使(乙)中方括号内公式完全满足. 于是定理得证.

定理 7 每个归举谓词都是狄氏谓词.

证明 因狄氏谓词包含有 $e_1 + e_2 = e_3$ 及 $e_1 \cdot e_2 = e_3$,又对叠置、联结词∨,∧,存在量词以及受限量词封闭,故由上节最后一条定理得证.

因为必有归举谓词不是递归谓词,因此必有一些多项式其有解性不能递归地判定. 故得:

定理 8 不可能有一个算法,利用它可对任意一个多项式方程判定其有解性,因此 Hilbert 第十问题中所寻找的算法是不存在的,从而第十问题的答案是否定的.

第十问题的解决是数理逻辑的一大成就. 但是,必须注意:第一,当多项式方程的系数具体给出时有可能判知它有解或否,甚至于可以解出它. 例如,$x^2 + y^2 = 0$ 无解,而 $x^2 = y^2$ 有解 (a, a)(无穷多个解)等等. 对特殊给定的方程如何判定其有解性,以及如何求解,仍值得研究. 第二,上面只说不能"判定",但却是可半判定的,即当多项式有解时必可知道. 因为只须依次(设该方程为 m 元方程)将 $\langle K_1 0, \cdots, K_m 0\rangle$, $\langle K_1 1, K_2 1, \cdots, K_m 1\rangle, \cdots$ 代入该方程,看看方程是否成立,如有解,迟早(在有限步骤内)必可发现它的一个解. 这便叫做可半判定(而不能判定).

有了上面的结果之后,关于归举集可以不必借助初基函数而用基底函数(少用叠 N 算子)或用多项式来表示. 现在考虑后者.

定理 9 每个 n 元归举谓词都可表成 $\exists \boldsymbol{e}(P(x_1, \cdots, x_n, \boldsymbol{e}) = 0)$ 的形状,而 $P(x_1, \cdots, x_n, \boldsymbol{e})$ 是诸 x 与诸 e 的多项式,其系数为正、负整数系数,而且 P 的次数不超过 4, P 的值 $\geqslant 0$.

证明 由上所论,每个 n 元归举谓词可以表成

$$\exists \boldsymbol{e}(P_1(x_1, \cdots, x_n, \boldsymbol{e}) = P_2(x_1, \cdots, x_n, \boldsymbol{e}))$$

的形状，引入足够的空位后，可以把 $\exists\boldsymbol{e}(P_1=P_2)$ 写成：

$$\exists\boldsymbol{e}(\tau_1\wedge\tau_2\wedge\tau_3\wedge\cdots\wedge\tau_e)$$

（新 e 较旧 e 的个数增加很多），而每个 τ_i 都是下列两形之一：

$$\alpha_i+\beta_i=\gamma_i \quad \text{或} \quad \alpha_i\cdot\beta_i=\gamma_i$$

而诸 $\alpha_i,\beta_i,\gamma_i$ 或为诸 x 之一，或为诸新空位之一，或为一个具体数字. 例如，

（甲）　$\exists e(x_1^2+3x_1e+7x_2=8x_1+9x_3e+6x_2^2)$.

可以先写出（命新方程为 $\tau_1\sim\tau_{13}$）：

$$x_1\cdot x_1=e_1 \quad 3\cdot x_1=e_2 \quad e_2\cdot e=e_3 \quad e_1+e_3=e_4$$

$$7\cdot x_2=e_5 \quad e_4+e_5=e_6 \quad 8\cdot x_1=e_7 \quad 9\cdot x_3=e_8$$

$$e_8\cdot e=e_9 \quad e_7+e_9=e_{10} \quad 6\cdot x_2=e_{11} \quad e_{11}\cdot x_2=e_{12}$$

$$e_{10}+e_{12}=e_6$$

于是（甲）可写成：

$$\exists e_1\cdots\exists e_{12}\exists e(\tau_1\wedge\tau_2\wedge\cdots\wedge\tau_{13}),$$

正如我们所断言的.

我们把每个 τ_i，当它为 $\alpha_i+\beta_i=\gamma_i$ 时改写为 $\alpha_i+\beta_i-\gamma_i$；当它为 $\alpha_i\cdot\beta_i=\gamma_i$ 时改写为 $\alpha_i\cdot\beta_i-\gamma_i$. 这样 τ_i 变成 Q_i，于是又有：

$$\exists\boldsymbol{e}(\tau_1\wedge\cdots\wedge\tau_l)\longleftrightarrow\exists\boldsymbol{e}(Q_1^2+Q_2^2+\cdots+Q_l^2=0).$$

命 $P=Q_1^2+\cdots+Q_l^2$. 显然 P 的次数不超过 4，P 的系数为正、负整数，而 P 的值 $\geqslant 0$. 于是定理得证.

这里，一方面为了压低次数而容许约束空位任意增多，另一方面，如果我们容许次数增多，那末可以减少约束空位的个数. 目前，已可以约少到用 14 个约束空位，看来还可大大减少.

定理 10　每个归举集都是某个具正、负整系数的多项式 $Q(\boldsymbol{e})$ 的非负值域. 即 $x\in M\longleftrightarrow\exists\boldsymbol{e}(x=Q(\boldsymbol{e}))$.

注意，该多项式的值可有负数值.

证明　如果 M 为归举集，则 $x\in M$ 将是一个归举谓词，故将可表成 $\exists\boldsymbol{e}P(x,\boldsymbol{e})=0$. 今命 $Q(e_0,\boldsymbol{e})=e_0-(e_0+1)P(e_0,\boldsymbol{e})$，则 Q 为定理所求的多项式. 因为，当 $x\in M$ 时，有适当 $\boldsymbol{e}$ 使得

$P(x,e)=0$，对这些 e 及 x，有：

$$Q(x,e)=x-(x+1)P(x,e)=x-(x+e)\cdot 0=x,$$

即 $x\in M\to\exists e_1(x=Q(e_0,e))(e_1=(e_0,e))$. 反之，对某 e_1 有 $x=Q(e_0,e)$ 时，必 $(e_0+1)P(e_0,e)=0$，从而 $P(e_0,e)=0$. 故 $e_0\in M$. 但 $x=e_0-(e_0+1)P(e_0,e)=e_0$，故亦 $x\in M$. 由此可见，$x\in M\longleftrightarrow\exists e_1Q(e_0,e)$. 定理得证.

大家熟知，素数集是一个归举集，又熟知不可能有一多项式其值域恰可由素数组成. 但由本定理知，有一多项式(且以正、负整数为系数)其值域恰由素数及负数组成.

§54. 归举集的分类

前面讲过，递归可偏函数的枚举函数记为 $\varphi_x(y)$（第 x 个递归可偏函数)，其定义域记为 w_x，其值域记为 E_x，即

$$w_x=\{y:\exists z\ \ z=\varphi_x(y)\},E_x=\{z:\exists y\ \ z=\varphi_x(y)\}.$$

后面常常采用这种记号. w_x 叫做第 x 个半递归集，E_x 叫做第 x 个归举集.

现在，我们进一步对归举集加以分类. 为此，先对整个数集加以分类. 下面，我们把这方面得到的一些进展加以综述.

首先，用 B_0 记归举集.

其次，用 B_1 记禁集 (immune set).

定义 A 为**禁集**指：A 为无穷集而且所有无穷归举集均不是 A 的子集(即至少有些元素不在 A 内).

第三，B_2，$A\in B_2$ 指：A 不是归举集但却是一个无穷的归举集与一个禁集的并.

定义 如果 $A=C\cup D$，而 C 为无穷归举集，D 为禁集则说 **C 在 A 中单纯.**

因此，必有一个无穷归举集在 B_2 内的集中单纯.

第四，B_3，$A\in B_3$ 指：对 A 的任何一个归举子集 B，A 均有另一个无穷归举子集 C 与它不相交；由 B 的编码未必可以能行地

找出 C 的编码.

第五，用 B_4 记产生集 (productive set)

定义 A 为**产生集**指：有递归可偏函数 ψ，使得对于任何 x，如果 w_x 为 A 的子集，则 $\psi(x)$ 有定义且 $\psi(x)$ 为 $A\backslash w_x$ 的元素. 即

$$\forall x(w_x\subseteq A\rightarrow\cdot\psi(x)\downarrow\wedge\psi(x)\in A\backslash w_x)$$

易知:

(1) 这个分类是彼此穷尽且互不可兼的.

(2) 这个分类大体上是按具有归举子集的丰富程度而排列的. 越到后面会有越多的归举子集.

(3) 对这种分类还可以再进一步加以分类(见后).

定义 如果 A 的补集具有某性质 $\boldsymbol{P}$，便说 A 具有性质**余** $\boldsymbol{P}$ (或 CP).

我们利用上述的对所有自然数集的分类对归举集加以分类如下：设 A 为归举集.

(一) 如 A 又为余归举 (B_0)，则 A 叫做**递归集** (recursive set) ($A\in C_0$).

(二) 如 A 又为余禁集 (B_1)，则 A 叫做**单纯集** (simple set) ($A\in C_1$).

(三) 如 A 又为余 B_2，则 A 叫做**准单纯集** (pseudo simple set) ($A\in C_2$).

(四) 如 A 又为余 B_3，则 A 叫做**准创造集** (pseudo creative set) ($A\in C_3$).

(五) 如 A 又为余产生集 (B_4)，则 A 叫做**创造集** (creative set) ($A\in C_4$).

单纯集与创造集为最重要，从事这项研究的人也最多. 下文我们将着重加以介绍. 现在先介绍对 $B_1\sim B_4$ 的一些进一步研究.

先谈 B_1：禁集. 有很多性质可以导致禁集的性质.

定义 A 为**内聚的** (cohesive set) 指：A 为无穷集且对任意的归举集 B 而言，$A\cap B$ 或 $A\cap B^C$ 必有一是有穷集.

定义 设A,B为两个内聚集,A与B是C等价的,指:$\forall x(A\cap w_x$ 为无穷$\longleftrightarrow B\cap w_x$ 为无穷$)$.

定义 内聚集A叫做**内聚完备的**指:凡与A为C等价的那些内聚集B都使得 $B\cap A^C$ 为有穷集.

定义 由有限多个(至少一个)内聚集所组成的并集叫做**准内聚集** (quasicohesive).

定义 A为**广义内聚集** (goneralized cohesive) 指:它不是有穷集也非内聚集,但对每个 x, $w_x\cap A$ 或 $w_x^C\cap A$ 必为有穷集或内聚集.

我们有:

(1) 内聚且C等价于一个内聚完备集$\longrightarrow$(2)内聚$\longrightarrow$(3)准内聚$\longrightarrow$(4)广义内聚.

定义 A为**可回顾的** (retracable set) 指:有递归可偏函数ϕ使得对A的任何元素x言,$\phi(x)$ 均有定义,且当x为A的最小元素时,$\phi(x)=x$;当x非A的最小元素时,$\phi(x)=A$ 的次小元素.

定义 设A为无穷集,其元素按严格上升序排成 $a_0,a_1,\cdots$,则函数f**优超** (majorizes) A指:$\forall n(f(n)\geqslant a_n)$.

易知,可以作出一集A,它不被任何递归全函数所优超.设$f_0,f_1,\cdots$包括了一切递归全函数.今定义:

$$\begin{cases}g(0)=f_0(0)+1;\\ g(Sn)=\mu e[e>g(n)\wedge e>f_{n+1}(n+1)]\end{cases}$$

显然,g的值域不被任何递归全函数所优超.

定义 A为**超禁** (hyper immune) 指:A为无穷集,且A不被任何递归全函数所优超.

读者试证:如A为超禁集,则A为禁集.

定理 1 A为超禁集恰当A为无穷集且没有能行可枚举的互不相交的有穷集系列,每个都能与A相交,亦即恰当:A无穷并且没有递归函数f使得

$$(\forall e(D_{f(e)}\cap A=\varnothing)\wedge\forall e_1\forall e_2(e_1\neq e_2\to\cdot D_{f(e_1)}\cap$$

$$D_{f(D_2)} = \varnothing)).$$

这里“D_e”是指有穷集的典型足码. 由该足码即可决定该有穷集的. 即集 $\{a_1, a_2, \cdots, a_k\}$ 的典型足码为 $2^{a_1} + 2^{a_2} + \cdots + 2^{a_k}$.

将该定理中的条件稍为改变，不使用典型足码而使用通常所使用的枚举足码，便得超超禁集.

定义 A为**超超禁集**指：A为无穷集且没有递归函数 f 使得

$$(\forall e(w_{f(e)} \cap A = \varnothing) \wedge \forall e_1 \forall e_2(e_1 \neq e_2 \to \cdot D_{f(e_1)} \cap D_{f(e_2)} = \varnothing)).$$

可以证明，如A为超超禁集，则A为超禁集，从而亦是禁集.

我们有：

(4) 广义内聚⟶(5)无穷集但没有无穷的可回顾子集⟶(6)超超禁集⟶(7)超禁集⟶(8)禁集.

定义 A**是不可分解的**（indecomposable）指：不存在两个归举集 B_1, B_2 使得 $B_1 \cap B_2 = \varnothing$，$A \subseteq B_1 \cup B_2$，$B_1 \cap A$ 与 $B_2 \cap A$ 均为无穷集.

定义 A**是递归不可分解的**（recursively indecomposable）指：上定义中 B_1, B_2 互为余集（从而 B_1, B_2 均为递归集）. 亦即不存在一个递归集 B，使得 $B \cap A$ 与 $B^C \cap A$ 均为无穷集.

定理 2 如A不可分解，则A是递归不可分解的；如A是递归不可分解的，则A是禁集.

因此我们有：

(2)内聚⟶(9)A不可分解⟶(10)A递归不可分解⟶(8)禁集.

合并以上结果，可得下表：

$$(1) \to (2) \begin{cases} \nearrow (3) \to (4) \to (5) \to (6) \to (7) \searrow \\ \searrow (9) \to (10) \longrightarrow\longrightarrow\longrightarrow (8) \end{cases}$$

还可证明，其它的关系是没有的，即逆蕴涵不成立. 此外，(3)$\not\to$(10)，(9)$\not\to$(7)，故只有表中所列的各蕴涵式.

如果肯定其补集是归举集，这时相应地记为(1)*，(2)*等，则有下列关系：

$$
(1)^*(2)^* \nearrow (3)^* \longrightarrow (4)^* \longrightarrow (5)^*(6)^* \longrightarrow (7)^* \longrightarrow (8)^*
$$

$$
(1)^*(2)^* \searrow (9)^*(10)^* \nearrow (7)^*
$$

并列的(如$(1)^*(2)^*$,$(9)^*(10)^*$,$(5)^*(6)^*$) 表示互相蕴涵．在这表内仍然是逆蕴涵不成立，此外，$(3)^* \not\rightarrow (10)^*$，$(9)^* \not\rightarrow (6)^*$.

设 A 为归举集.

定义　如果 A^C 为内聚集，则 A 叫做**极大集** (maximal set).

定义　如果 A^C 为超超禁、超禁、禁集，则 A 叫做**超超单纯** (hyperhuyper simple)、**超单纯** (hyper simple)、**单纯** (simple) 集．如果 A^C 为递归不可分解的，则 A 叫做 **r 极大的** (r-maximal set)

当 A 为归举集时，A^C 只可能是上表中有*的七种（而不是十种，其中重要的只有这四种）．现在再讨论 B_2.

定义　如果 C 为无穷集，而 A 内任意一个归举子集 B 均只有有限多个元素在 C 之外，即 C 无穷 $\wedge\forall$ 归举集 $B(B\subseteq A\rightarrow\cdot B\cap C^C$ 为有限集)．这时，我们便说 C 是 A 的一个**中心**.

我们知道，$A\in B_2$ 指有一集 C 在其中**单纯**．如果 A 有一个递归的中心，则说 $A\in B_{21}$；如果 A 有一个非递归的归举的中心，则说 $A\in B_{22}$；如果 A 没有归举的中心而 $\in B_2$，则说 $A\in B_{23}$，显然，$B_2=B_{21}\cup B_{22}\cup B_{23}$.

据此，如果 A 是非递归的归举集，但 $A^C\in B_{21}$，B_{22}，B_{23}，则说 $A\in C_{21}, C_{22}, C_{23}$．显然，$C_2=C_{21}\cup C_{22}\cup C_{23}$.

有些人将 $C_{21}\cup C_{22}$ 叫做准单纯集，而将 $C_{23}\cup C_3$ 叫做准创造集.

当 $A\in C_1$ 时，则 $\{2x:x\in A\}$ 便是 C_{21} 中的一个集，而 $A\times N$，即 $\{\langle a,b\rangle:a\in A\wedge b\in N\}$ 便是 C_3 的一个集，至于 C_{22}, C_{23} 也已知是非空的．有关 C_1, C_4 的非空性，我们另节讨论.

§ 55. 产生集与创造集

产生集是人们最先研究的一个非归举集，创造集则是人们最先研究的一个非递归的归举集．现在我们比较详细地介绍它．

定义 A为**产生集**指：有一个递归函数ψ使得：

$$\forall x(w_x \subseteq A \to \cdot \psi(x)\downarrow \wedge \psi(x) \in A \backslash w_x)$$

而 $\psi(e)$ 叫做A的**产生函数**．

凡是非归举集都有下列特性：对它的每个子集 w_x，既然A与它不等，就有一元素y（与x有关，记为 $\psi(x)$）使得 $y \in A\backslash w_x$．但是，一般ψ不是可计算的，即ψ不是递归函数．如果ψ是递归函数，那末A便是产生集了．

定理1 上面讨论过的 $K^C = \{x: x \bar{\in} w_x\}$ 便是产生集之一．

证明 因为，如果x满足$x \in w_x$，则依K^C的定义必有$x \in K^C$，从而 $w_x \nsubseteq K^C$．如果 $w_x \subseteq K^C$，则必 $x \bar{\in} w_x$，从而 $x \in K^C | w_x$．于是，I_e 便是K^C的一个产生函数．

定理2 如果A是产生集，则A有一个无穷归举子集．

证明 设A的产生函数为ψ．定义函数g如下，命空集$\varnothing$的标码为z_0．

$g(0) = z_0$．

$g(Sn) = \psi(z_{n+1})$ 这里 z_{n+1} 是 $\{g(0), g(1), \cdots, g(n)\}$ 的标码．由于 $w_{z_n} \subseteq A$，故 $\psi(z_{n+1})\downarrow$且在A之内．显然 $g(n)$是一一的，故g的值域是无穷域．于是只须证明g是递归的．

由这定义易知，g是递归的，但可以更具体地证明它．由 $s-m-n$ 定理，显然有两个全函数 $h(e)$ 与 $f(e_1, e_2)$ 使得：

$$w_{h(x)} = \{x\},\ w_{f(x,y)} = w_x \cup w_y.$$

于是命z_0为空集$\varnothing$的标码，而先定义函数 $k(e)$ 如下：

$k(0) = z_0$；

$k(Sn) = f(h\psi k(n), k(n))$

显见，$k(Sn)$ 便是 z_{Sn}，故 $g(e) = \psi k(e)$．从而g是递归的．定理得证．

定理3 如A为产生集，则A有一个无穷的递归子集．

证明 因为每个无穷的归举集都有一个无穷的递归子集．

定理4 产生集A的产生函数可取为递归全函数．

证明 设已知产生集 A 的产生函数 ψ (它为递归可偏函数).今先定义一函数 g 如下,显然下式所定义的 f 是递归可偏函数:

$$f(u,x,y) = \begin{cases} \varphi_x(y) & \text{当 } u \in K \text{ 时;} \\ \bot & \text{当 } u \bar{\in} K \text{ 时.} \end{cases}$$

根据 $s-m-n$ 定理,应有递归全函数 $g(u,x)$ 使得

$$\varphi_{g(u,x)}(y) = f(u,x,y).$$

试有效地枚举 K 的元素为 $k_0, k_1, k_2, \cdots$. 再造函数 h 如下:任给 x,逐步交替轮流地计算 $\psi(x)$,$\psi(g(k_0,x))$,$\psi(g(k_1,x))$,$\cdots$. 取首先有定义的记为 $h(x)$,则 $h(x)$ 必是全函数.反设 $h(x_0)$ 无定义,则 $\psi(g(k_0,x))$,$\psi(g(k_1,x))$,$\cdots$,无定义,即对一切 $y \in K$,$\psi(g(y,x_0))$ 均无定义.另一方面,当 $u \in K^C$ 时,$\varphi_{g(u,x_0)}(y) = \bot$ (处处发散),可见 $g(u,x_0)$ 是处处发散函数的一个编号,这种编号也就是空集(作为处处发散函数的定义域)的一个编号.由于 ψ 是 A 的产生函数,故 $\psi(g(u,x_0))$ 有定义 (且是 $A \backslash w_{g(n,x_0)}$ 的元素). 故 $K^C = \{u : g(u,x_0)\}$,它是递归全函数 $g(u,x_0)$ 的值域,应是归举集.与上面所得的结果矛盾.故知 $h(x)$ 是全函数.

此外,h 又是集 A 的产生函数,因为 $\varphi_x, \varphi_{g(k_0,x)}, \varphi_{g(k_1,x)} \cdots$ 的定义域都是相同的,都是 w_x,故无论取哪一个(只要有定义),它都是 $\in A \backslash w_x$,故 h 是集 A 的产生函数.于是定理得证.

注意,最初引入产生集的 Post,其定义便要求产生函数是全函数.

定理 5 设 A 为产生集,又设有一递归全函数 f 使得 $x \in A$ 恰当 $f(x) \in B$ (亦即 $f(A) = B$,$f^{-1}(B) = A$),则 B 必是产生集.

注意,这时可说 A 可 m-化归于 B (记为 $A \leqslant_m B$),后面再详细讨论.

证明 设 A 的产生函数为 g. 再命 $w_x \subseteq B$,则有

$$f^{-1}(w_x) \subseteq f^{-1}(B) (= A),$$

但 $f^{-1}(w_x)$ 是归举的,命其标码为 z,即 $f^{-1}(w_x) = w_z$. 既然 $w_z \subseteq A$,由于 g 是 A 的产生函数,将有 $g(z) \in A \backslash w_z$,从而 $f(g$

$(z)) \in f(A) \backslash f(w_z)$，即 $f(g(z)) \in B \backslash w_x$. 但由 $s-m-n$ 定理得知，应有一个递归全函数 $k(e)$ 使得 $w_{k(x)} = f^{-1}(w_x)$，即 $z = k(x)$. 故又得：$f(g(k(x))) \in B \backslash w_x$. 从而 $f(g(k(e)))$ 为 B 的产生函数，并且 B 为产生集. 定理得证.

下面的定理可以给出极多的产生集.

定理 6 如果 M 是一元递归函数集，包括处处无定义函数 f^0，但不包括全体一元函数，则 $B = \{x: \phi_x \in M\}$ 是产生集.

证明 因 M 不包括全体一元函数，取 $g(e) \bar{\in} M$，今定义 $f(x,y)$ 如下：

$$f(x, y) = \begin{cases} g(y) & \text{当 } x \in w_x; \\ \bot & \text{当 } x \bar{\in} w_x. \end{cases}$$

依 $s-m-n$ 定理，应有一递归全函数 $k(e)$ 使得

$$f(x,y) \simeq \varphi_{k(x)}(y).$$

于是我们有：

$$\varphi_{k(x)}(e) = \begin{cases} g(e) & \text{当 } x \in w_x; \\ f^{\phi}(e) & \text{当 } x \bar{\in} w_x. \end{cases}$$

即 $k(x) \in B$ 恰当 $x \bar{\in} w_x$. 故由定理 1 及定理 5 可知，B 为产生集.

推论 集合 $\{x: \phi_x$ 不是全函数$\}$是产生集.

例 $\{x: \phi_x(e) \neq O(e)\}$

$\{x: c \bar{\in} w_x\}$(c 为具体数字)

$\{x: c \bar{\in} E_x\}$(c 为具体数字)

都是产生集.

现在再说创造集. 如果 A 为归举集，而又为余产生集，则 A 叫做创造集.

创造集的最简单例子是 $K = \{x: x \in w_x\}$，因为已知它是归举集，而上面又证明 $K^C = \{x: x \bar{\in} w_x\}$ 是产生集，所以 K 便是创造集. 可以说它是归举集中判定问题最难的集，因为所有归举集的判定问题都可化归于它(停机问题).

另一个重要的产生集是：数论中的真命题集与假命题集.

根据 Gödel 的讨论，如果 $M(x_1,\cdots,x_n)$ 是原始递归谓词，则在一阶逻辑内可作一个公式 $P(x_1,\cdots,x_n)$ 使得对任何自然数 $a_1,\cdots,a_n$ 而言，($\bar{a}_1,\cdots,\bar{a}_n$ 为一阶逻辑中表示 $a_1,\cdots,a_n$ 的数字). 永有 $M(a_1,\cdots,a_n)$ 成立恰当 $P(\bar{a}_1,\cdots,\bar{a}_n)$ 为真.

因此,对K而言,我们知道 $x\in K$ 是归举谓词,故有原始递归谓词 $R(x, y)$ 使得 $x\in K\longleftrightarrow\exists eR(x, e)$, R即是原始递归谓词,故一阶逻辑中有一公式 Q, 使得 $R(a_1,a_2)$ 成立$\longleftrightarrow Q(\bar{a}_1, \bar{a}_2)$ 为真. 从而 $x\in K\longleftrightarrow\exists eR(x,e)$ 成立$\longleftrightarrow\exists eQ(\bar{x}, e)$ 为真. $x\bar{\in}k\longleftrightarrow\neg\exists eQ(\bar{x},e)$ 为真.

如对公式进行编号，第 x 号公式暂记为 θ_x, 极易求得一个原始递归函数 $g(e)$ 使得$\neg\exists eQ(\bar{x},e)$为第 $g(x)$ 号公式. 即 $\theta_{g(x)}$. 这样便容易得到下列定理.

定理 7 一阶逻辑的真公式集及假公式集都是产生集，亦即 $T=\{n:\theta_n$ 为真$\}$及 $F=\{n:\theta_n$ 为假$\}$均为产生集.

证明 $n\in K^C\longleftrightarrow n\bar{\in}K$

$\longleftrightarrow\neg\exists eQ(\bar{n},e)$ 为真

$\longleftrightarrow\{x:\theta_{g(n)}$ 为真$\}$

$\longleftrightarrow g(n)\in T.$

依上定理,由于 K^C 为产生集,故T亦为产生集. 同理F为产生集.

定理 8 设M为一元递归函数的集,命 $A=\{x:\phi_x\in M\}$ (即M的元素的标码集),如果A是非空的归举集,又非全集,则A是创造集.

证明 既然A是非空归举集又非全集，如果它含有处处无定义的函数 $f^0(e)$,由上定理 6 知,A是产生集，矛盾. 故 $f^0(e)\bar{\in}A$, 再由定理 6 ,A^C 是产生集,于是A便是创造集.

例 $A=\{x:w_x\neq\varnothing\}$ 是创造集(它显然是归举集、非空又非全集).

创造集一个明显的特征是:

定理 9 每一个创造集的补集都有一个无穷的递归子集.

创造集是最早发现的非递归的归举集，人们寻找非递归集时

当然利用它的不能判定性，最早找到的当然是最难判定的，从而找到了创造集(停机问题)． 以后所找到的"不能判定问题"都是"停机问题可化归于它"的，即都至少和停机问题一样地难于判定的．因此，找来找去都只找到创造集．人们不禁要问：非递归的归举集只有创造集一种吗？为此，Post 作出了另一种非递归的归举集：单纯集．

§56. 禁集与单纯集

定义 A为**禁集**指：A为无穷集但每个无穷的归举集都非A的子集(即都与A^C有公共元素)．

定义 A为**单纯集**指：A为归举集又为余禁集．

定理 1 单纯集不是递归集，也不是创造集．

证明 如果A为单纯集，则A^C为无穷集且每个无穷归举集都与A不同，即A^C不能是归举集，故A不能是递归集．

由于每个创造集A的补集都有一个无穷的归举子集，故其补集决非禁集，从而A决非单纯集．

定理 2 存在一个单纯集，从而存在一个非递归的又非创造的归举集．

证明 命 $C=\{\langle x,y\rangle|y\in w_x\wedge y>2x\}$，$C$显然是归举集．用一能行方法$\prec$将$C$排序．对每个$x$，选取$z$使$\langle x,z\rangle$在排序中最前，即

$$C'=\{\langle x,z\rangle|\langle x,z\rangle\in C\wedge\forall e(\langle x,e\rangle\in C\rightarrow\langle x,z\rangle\prec\langle x,e\rangle)\}$$

则C'亦是归举集． 由x求z的函数是递归(可偏)函数．今命S为该函数的值域，亦即 $S=\{y|\langle x,y\rangle\in C'\}$． 今证$S$是单纯集．首先它是递归函数的值域当然是归举的．

其次，由于作法，在 $\{0,1,\cdots,2k\}$ 中至多只有k个整数出现在S中(k可任意)，故S^C是无穷的．

任取无穷的归举集w_{x_0}，则在其中应有整数$>2x_0$，由作法，w_{x_0}

中必有 z 使得 $\langle x_0, z\rangle \in C'$，即 $z \in w_{x_0} \cap S$，从而 w_{x_0} 不是 S^C 的子集，故 S 是单纯集. 证完.

定理 3 有无穷多个集使得它与它的补集都是禁集.

证明 命 $B = \{x : w_x$ 为无穷集$\}$. 今将 B 的元素按大小排序. 命其元素为 $b_0, b_1, \cdots$，而相应的 w_{b_i} 省记为 $\tilde{w}_i$.

依次作出数对 $\{y_k, z_k\}$ 如下:

$\{y_0, z_0\}$ 为 $\tilde{w}_0$ 的最小两数且 $y_0 < z_0$.

$\{y_{k+1}, z_{k+1}\}$ 为 $\tilde{w}_{k+1}$ 的大于 z_k 的最小两数，且 $y_{k+1} < z_{k+1}$. 再从 $\{y_k, z_k\}$ 中任取一数 (y_k 或 z_k)，从而组成一集 A，则 A 及 A^C 都是禁集，因为 A 与 A^C 都与每个归举集有公共元素. 由于选取方法无穷多种(共 $2^{\aleph}$ 种)，故有无穷多个这样的集.

第六章 判定问题

§60. 个别问题与大量问题

正象在数论中我们要区分函数与谓词一样（前者以自然数集为值域，后者以{真，假}为值域，至于定义域则同是自然数集），在数学问题中我们亦可以区分为求作题与问答题，以个体（即自然数）为答案的叫做求作题，而以“是、否”为答案的便是问答题.

求作题的例子是：(1)求大于12的一个素数. (2)求m与n的一个公约数.

问答题的例子是：(3) 257是素数吗？(4)m整除n吗？

问题中如果不含有变元(参数)因而答案是具体的数(求作题)或具体的“是、否”的叫做个别问题；如果含有变元(又叫做依赖于参数的问题)，其答案一般不能马上给出而须待参数之值给出后才能给出具体答案的便叫做大量问题.

实际上，这只是对初学的才是这样. 一般说来，如果使用变元，即使参数之值未曾给出，我们仍然可以使用含有变元的公式作为大量问答题的答案，使用含有变元的项作为大量求作题的答案. 换句话说，可用含有空位的公式(即谓词)或项(即函数)作为这两类大量题的答案.

甚至于个别的求作题或问答题，经常也不能只写一个数字或只写“是、否”来作答，而须使用算子或量词(这时须使用约束空位). 例如，

个别问题：任何数之上都有一个素数吗？

如果简单地回答“是”或“否”，那大半出于猜测，不能服人. 要对这个问题作出信服人的肯定解答，最好给出一个函数$p(x)$，使得

$p(x)>x$ 且 $p(x)$ 必为素数.

要对这个问题作出信服人的否定解答，最好给出一个数字 n，使得 $x > n \to x$ 不是素数.

这个问题虽然是个别题，但用数理逻辑的公式表示时却是：

$$\forall e_1 \exists e_2 (e_2 > e_1 \wedge \Pr(e_2)),$$

要判定它的真假，却与公式 $e_2 > e_1 \wedge \Pr(e_2)$ 的各种真假值有关，不应简单地猜测而说"是"或"否"作为解答.

当然归根到底，不论出于猜测与否，只要回答"是"，便算给了正确的答案. 但必须知道，正确的答案是基于上面那个含有空位的公式(即谓词)的各种值之上的，在找寻答案时，该谓词仍应该研究.

由上可见，无论大量问题，或者(除极个别的例外除外)个别问题，对有关的谓词或函数的研究是不可少的. 因此我们引进下列定义：

定义 设有一问答题："$A(x_1, \cdots, x_n)$ 真吗?"，如果谓词 $A(e_1, \cdots, e_n)$ 是归举谓词，即有一个原始递归函数 $f(e)$，使得

$$A(x_1, \cdots, x_n) \longleftrightarrow \exists e(\langle x_1, \cdots, x_n \rangle = f(e)),$$

便说该问题**可以半判定**，如果 A 是余归举谓词，即有原始递归函数 $f(e)$，使得

$$\neg A(x_1, \cdots, x_n) \longleftrightarrow \exists e(\langle x_1, \cdots, x_n \rangle = f(e)),$$

则说该问题**可以负半判定**，当 A 既是归举又是余归举时，便说该问题**可以(完全)判定**.

通常所作的定义是：

定义 如果 A 的特征函数(必是全函数)是递归全函数时，便说该问题**可以(完全)判定**. 如果 A 的半特征函数(即 A 真时其值为 0，A 假时它无定义)是递归(可偏)函数，便说该问题**可以半判定**.

由前章所论可知，这两个定义是一样的，我们的定义是以原始递归函数立论，不必提到递归函数.

关于求作题，通常的定义也是以递归(可偏)函数立论的，如下：

定义 设有求作题：求 $A(x_1,\cdots,x_n)$之值．如果 $A(x_1,\cdots,x_n)$ 可补全为递归全函数，则说该求作题**可完全解决**． 如果 $A(x_1,\cdots,x_n)$ 只是递归偏函数(不能补全)，则说该求作题**可以半解决**． 如果 $A(x_1,\cdots,x_n)$ 连递归偏函数也不是，则说该求作题**完全不能解决**．

现在我们也改用"原始递归"语言，利用归举性而另作定义如下．

定义 设有求作题：求 $A(x_1,\cdots,x_n)$ 之值．如果有一原始递归函数枚举 $A(x_1,\cdots,x_n)$ 有定义时的值，亦即有一个原始递归函数 $f_1(e)$，使得 $A(x_1,\cdots,x_n)$ 有定义时，有 e 使得

$$Kf_1(e)=S\langle x_1,\cdots,x_n\rangle \text{ 而 } Lf_1(e)=SA(x_1,\cdots,x_n),$$

则说该求作题**可以半解决**．如果又有一个原始递归函数枚举函数 A 无定义的地方，亦即有一原始递归函数 $f_2(e)$，使得 $A(x_1,\cdots,x_n)$ 无定义时，有 e 使得 $f(e)=S\langle x_1,\cdots,x_n\rangle$，则说该求作题**可以完全解决**．

定义中的 f_1,f_2 可以合而为一．亦即我们有：

定理 1 求作题"求 $A(x_1,\cdots,x_n)$ 之值"可以完全解决恰当有一个原始递归函数 $f(e)$，使得

当 $A(x_1,\cdots,x_n)$ 有定义时，$\exists e(f(e)=\langle 0\ ,S\langle x_1,\cdots,x_n\rangle,SA(x_1,\cdots,x_n)\rangle)$；

当 $A(x_1,\cdots,x_n)$无定义时，$\exists e(f(e)=\langle S\langle x_1,\cdots,x_n\rangle,0,0\rangle)$．

证明 (读者自证)

当我们完全发展了递归(可偏)函数后，当然以使用旧定义为方便，但如果基于原始递归函数，我们也仍然可以深入研究可判定性．

最后，我们必须强调一点，当我们说某问答题"$A(x)$ 不能半判定"或说"$A(x)$ 完全不能判定"时，只是说谓词 $A(e)$ 有某种性质，但不是说当 a 具体给出后 $A(a)$ 有这种性质．例如，即使"$A(x)$ 不能判定"或"$A(x)$ 完全不能判定"，但当 a 具体给定时，

$A(a)$ 可以是可判定的，甚至于对一切具体的 a，$A(a)$ 都是可以判定，这一点也不奇怪. 正如对原始递归函数的枚举函数 $g(t,x)$ 而言，作为 t，x 的二元函数而言，它不是原始递归函数，但对一个具体的 t，甚至于对每个具体的 t，$g(t,x)$ 却都是（x 的一元的）原始递归函数. 我们必须注意这点，才可避免犯错误.

§61. 基本的不可判定问题

当给出一个求作题或问答题，如果问题本身不是数学问题而是物理化学问题，或自然科学的问题，甚至于是日常生活的问题，那末首先要做的第一步便是把这个问题化成数学问题. 这步工作属于应用题方面，不在我们讨论之列. 我们假定已经化成数学问题了，从而讨论数论的谓词与函数，并假定已经给出该谓词与函数了.

所谓"已给出谓词与函数"，这意指什么呢？是不是指已给了使该谓词成真的数值表？已给出了该函数的值表？ 这不够妥当. 因为通常所谓已知一函数，很少是知道其值表的. 对数函数、三角函数的值要查表才能知道，即使乘积，除九九表以外，其它的乘积大都是要经过计算才能知道，而且如果假定已知一递归可偏函数的值表，那末该函数在什么地方有定义已经知道，谈不上"判定其定义域"的问题，更何况（如下面所说）有好些"递归偏函数"，其定义域是无法完全判定的，这时更无法作出函数值表. 因此，我们不应该假定根据一个函数的值表来讨论.

我们定义一函数时很少给出一个一个的函数值，而是给出函数的运算规则或者函数的组成过程. 因此，所给的谓词及函数应该以给出该谓词或函数的组成过程为主.

我们上面得到递归（可偏）函数的（一元）通用函数 $\varphi_x(y)$. 无论是就有限步骤计算时的定义方程，或是由机器的通用程序，实质上都是用该函数的组成过程（计算程序）来作标码的，此外如果把递归（可偏）函数看作由初基函数经过求根算子而得到，因而利用初基函数的枚举来枚举递归(可偏)函数，这时初基函数的枚举也是根据初基函数的组成过程而作的. 总之，这里所列举的各种可能的对函数的枚举，实质上都是由枚举的标码来反映函数的组成过程的. 这样的枚举一般叫做标准枚举. 我们也使用这种枚举，列举如下:

定义 上面所说的有关递归(可偏)函数的枚举函数记为 $\varphi_x(y)$，其定义域记为 w_x，其值域记为 E_x，$\varphi_x(y)$ 叫做递归(可偏)函数的**标准枚举**，w_x，E_x 叫做半递归集、归举集的**标准枚举**. 此外，已知其确切元素的有限集 $\{a_1, a_2, \cdots, a_n\}$，取标码为 $a=2^{a_1}+2^{a_2}+\cdots+2^{a_n}$，这种标码叫做**正码枚举**. 记为 D_a.

在本节中我们讨论有关 $\varphi_x(y)$ (作为二元函数)的判定问题，特叫做**基本的判定问题**，它是有关于一个特定函数 $\varphi_x(y)$ 的判定的.

最重要的一条定理，是我们后面讨论的出发点的，是:

定理 1 (停机问题) "$\varphi_x(x)$ 有定义吗"只能半判定，不能负半判定，从而不能完全判定.

证明 作为二元函数 $\varphi_y(y)$ 是递归(可偏)函数，从而 $\varphi_x(x)$ 是一元递归函数，故"$\varphi_x(x)$ 有定义吗"可以半判定. 因此它的半特征函数是 $O(\varphi_x(x))$，当 $\varphi_x(x)$ 有定义时它必为 0. (当 $\varphi_x(x)$ 无定义时它也无定义.)

现在证明它不能负半判定. 如果它可负半判定，则应有一递归可偏函数 $g(x)$，使得

$$g(x)=0,\ \text{当}\ \varphi_x(x)\ \text{无定义时};$$
$$=\bot,\ \text{当}\ \varphi_x(x)\ \text{有定义时}.$$

它既是递归可偏函数，应有一数 m 使得 $g(x)=\varphi_m(x)$. 这时我们便将有:

$$\varphi_m(x)=0,\ \text{当}\ \varphi_x(x)\ \text{无定义时};$$
$$=\bot,\ \text{当}\ \varphi_x(x)\ \text{有定义时}.$$

将 x 代以 m 便得: $\varphi_m(m)$ 有定义恰当 $\varphi_m(m)$ 无定义，这是一矛盾. 故知 $\varphi_x(x)$ 不能负半判定. 定理得证.

“$\varphi_x(x)$ 有定义”时，计算函数 $\varphi_x(e)$ 的机器将会在 x 处停机(有结果)，故本问题叫做停机问题．因此，停机问题只能半判定，不能完全判定．它也是 λ 换位论中“任给一项它有典范形吗”的问题．

这是最先得到的不能完全判定的问题，Turing 首次设计他的计算机器时，便首先得到这条定理（Church 也首先证明有无典范型问题是不能完全判定的)．

与这有关的是：

定理 2 $x\in w_x$ 问题只能半判定，不能负半判定，从而不能完全判定．

w_x 是 $\varphi_x(e)$ 的定义域，$x\in w_x$ 便表示“$\varphi_x(x)$ 有定义”，故本定理实质上与定理 1 相同．

后面我们使用：$K=\{x:x\in w_x\}$，$K^C=\{x:x\notin w_x\}$，因此，K 是归举集但不是递归集，而 K^C 甚至于不是归举集．

推论 有一个递归半函数 $h(e)$ 使得问题 $x\in \mathrm{Dom}(h)$ 与 $x\in \mathrm{rang}(h)$ 均只能半判定而不能负半判定，从而不能完全判定．

证明 这函数 h 可如下定义

$$h(x)=\begin{cases}x, & \text{当 } \varphi_x(x) \text{ 有定义时；}\\ \bot, & \text{当 } \varphi_x(x) \text{ 无定义时.}\end{cases}$$

显然，$x\in \mathrm{Dom}(h)\longleftrightarrow x\in \mathrm{rang}(h)\longleftrightarrow \varphi_x(x)$ 有定义．于是断言得证．

定理 3 问题(1)“$\varphi_x(y)=z$ 吗?”(2)“y 在 $\varphi_x(e)$ 的定义域内吗?”(3)“y 在 $\varphi_x(e)$ 的值域内吗?”都只能半判定，不能负半判定，从而不能完全判定．

证明 (1)的半特征函数为 $\mathrm{eq}(\varphi_x(y),z)$，为递归可偏函数；(2)可表示为 $\exists e(\varphi_x(y)=e)$，而作为二元函数而言，$\varphi_x(y)$ 为递归可偏函数；(3)可表示为 $\exists e(\varphi_x(e)=y)$，从而，它们都是可半判定的．现再证它们不能负半判定性．

(1) 令 $\psi(x,y)$ 定义如下：

$\psi(x,y)=0$，当 $\varphi_x(x)$ 有定义时；

$$= \bot, \quad 当\ \varphi_x(x) = \bot\ 时.$$

依 $s-m-n$ 定理,应有一个全递归函数 h, 使得

$$\varphi_{h(x)}(y) = \psi(x,y).$$

我们有: $\varphi_x(x)$ 有定义 $\longleftrightarrow \psi(x,0)=0 \longleftrightarrow \varphi_{h(x)}(0)=0$, 如果

$$\varphi_{h(x)}(y) = z$$

可负半判定,则 $\varphi_{h(x)}(0)=0$ 亦可,从而"$\varphi_x(x)$ 有定义吗"亦可负半判定,与定理 1 矛盾.

(2) 甚至于其特例"y_0 在 $\varphi_x(e)$ 的定义域内吗"也不能负半判定. 先定义 $\psi(x,y)$ 如下:

$$\psi(x,y) = y, \quad 当\ \varphi_x(x)\ 有定义时;$$

$$= \bot, \quad 当\ \varphi_x(x) = \bot\ 时.$$

由 $s-m-n$ 定理,我们又有一个全递归函数 $h(x)$, 使得

$$\varphi_{h(x)}(y) = \psi(x,y).$$

于是

$$\varphi_x(x)\ 有定义 \longleftrightarrow \psi(x,y) = y \longleftrightarrow \varphi_{h(x)}(y) = y\ (对所有\ y),$$

$$\varphi_x(x)\ 无定义 \longleftrightarrow \psi(x,y) = \bot \longleftrightarrow \varphi_{h(x)}(y) = \bot (对所有\ y),$$

从而对某个 y_0,便有

$$\varphi_x(x)\ 有定义 \longleftrightarrow y_0\ 在\ \varphi_{h(x)}(e)\ 的定义域内.$$

如果"y_0 在 $\varphi_x(e)$ 定义域内可负半判定",则 $\varphi_{h(x)}(e)$亦可,从而"$\varphi_x(x)$ 有定义吗"亦可,与定理 1 矛盾.

(3)同(2). 因为同时有"$\varphi_x(x)$ 有定义 $\longleftrightarrow y_0$ 在 $\varphi_{h(x)}(e)$ 的值域内".

于是定理得证.

定理 4 下列问题不能完全解决:

(1) $\varphi_x(e)$ 为零函数, $\forall e(\varphi_x(e)=0)$.

(2) $\varphi_x(e)$ 为常值函数, $\exists e_1 \forall e(\varphi_x(e)=e_1)$.

(3) $\varphi_x(e) \simeq \varphi_y(e)$.

证明 (1)显然是(2)的特例,(2)又是(3)的特例,(3)又可化归为(1)(因为(3)即问: $\mathrm{eq}(\varphi_x(e),\varphi_y(e))$ 为零函数). 所以三个问题实际上是一致的.

令 $\psi(x,y)=0$, 当 $\varphi_x(x)$ 有定义时;

$\quad\quad\quad\quad=\perp$, 当 $\varphi_x(x)$ 无定义时.

依 $s-m-n$ 定理,有递归全函数 $h(x)$ 使得

$$\varphi_{h(x)}(y)=\psi(x,y).$$

我们有:

$$\varphi_x(x)\text{ 有定义}\longleftrightarrow\varphi_{h(x)}(e)\text{ 为零函数}.$$

左边不能完全解决,故右边亦然,从而(1)不能完全解决.于是(2),(3)也不能完全解决.定理得证.

我们还有一个应用范围很广的定理,它包括上面的好些定理作为特例.

定理 5 (Rice **定理**) 设M为递归(可偏)函数集,非空又非全集,则"$\varphi_x(e)\in M$"不能完全解决.

证明 因为M既非空集又非全集,命 $\varphi_e(e)$ 为处处无定义的函数,视 $\varphi_e(e)$在M中或在 M^C 中而在 M^C 或M中取一函数 $g(e)$,并定义

$\psi(x,y)=g(y)$, 当 $\varphi_x(x)$ 有定义时;

$\quad\quad\quad\quad=\perp$, 当 $\varphi_x(x)$ 无定义时.

根据 $s-m-n$ 定理,有一个递归全函数 $h(x)$ 使

$$\varphi_{h(x)}(y)\simeq\psi(x,y).$$

于是

$$\varphi_x(x)\text{ 有定义}\longleftrightarrow\varphi_{h(x)}(e)=g(e),$$

$$\varphi_x(x)\text{ 无定义}\longleftrightarrow\varphi_{h(x)}(e)=\varphi_e(e).$$

故 $\varphi_{h(x)}(e)\in M$ 或否视 $\varphi_x(x)$ 有无定义而定.后者既不能完全解决故前者亦然.于是定理得证.

利用 Rice 定理,我们可以立即得到很多不能完全解决的问题.例如:

定理 6 "$\varphi_x(e)$ 为全函数"不能完全判定.

证明 因为递归全函数集既非空集又非全集.

但是我们却可以进一步证明.

定理 7 "$\varphi_x(e)$ 为全函数"不能半判定,不能负半判定,从而

完全不能判定.

证明 如果这问题能半判定，则有一个原始递归函数 $p(e)$ 来枚举这些 x，即

$$\varphi_x(e) \text{ 为全函数} \longleftrightarrow \exists e(x = p(e)).$$

我们知道，$\varphi_x(e)$ 可表为 $K\mathrm{rti}_{e_1}B(x,e,e_1) = \varphi_x(e)$. $\varphi_x(e)$ 为全函数，可表为 $\forall e\exists e_1 B(x,e,e_1)$ 对 x 成立. 从而当如上选取 $p(e)$ 后，$\forall e\exists e_1 B(p(m),e,e_1)$ 对一切 m 成立. 在特例，$\exists e_1 B(p(m),m,e_1)$ 对一切 m 成立，故 $\mathrm{rti}_{e_1}B(p(m), m, e_1)$ 为 m 的全函数.

从而 $SK\mathrm{rti}_{e_1}B(p(e),e,e_1)$ 为 e 的递归全函数. 由枚举函数性质，应有 q 使

$$SK\mathrm{rti}_{e_1}B(p(e),e,e_1) = K\mathrm{rti}_{e_1}B(q,e,e_1).$$

由于它为全函数，应有 b 使 $q = p(b)$，代入上式应有

$$SK\mathrm{rti}_{e_1}B(p(e),e,e_1) = K\mathrm{rti}_{e_1}B(p(b),e,e_1).$$

将 e 代入 b，又因两边为全函数，即得矛盾. 于是不可半判定部分得证.

在产生集处我们已证明 $\{x:\varphi_x(e)$ 不是全函数$\}$是产生集，从而不是归举集. 故这问题亦不能负半判定. 于是这问题是完全不能判定的，定理得证.

最后，关于归举集. 我们还有 Rice-Shapiro 定理，它可以看作 Rice 定理的推广.

定理 8 (Rice-Shapiro 定理)设 M 为一元递归(可偏)函数集，而 $A = \{x:\varphi_x(e) \in M\}$ 是归举的，则对任何的一元递归(可偏)函数 f 而言，$f \in M$ 恰当 f 有一个有限子函数 θ 使得 $\theta \in M$. 所谓 f 的**子函数**指其定义域为 f 的定义域的子集，且相应的值与 f 的值同. 所谓**有限子函数**指其定义域为有限集.

证明 设 $A = \{x:\varphi_e(e) \in M\}$ 是归举集，反设“恰当”不成立. 则或者(甲) $f \in M$ 但 f 的任何有限子函数 θ 均 $\notin M$. 或者(乙) f 有一个有限子函数 $\theta \in M$ 但 $f \notin M$.

先设(甲)成立. 命 $K = \{x:x \in w_x\}$，有一个程序 P 使得

$P(z)$ 停恰当 $z\in K$. 今定义 $g(z,t)$ 如下:

$$g(z,t)=\begin{cases}f(t) & \text{当 } P(z) \text{ 在 } t \text{ 步前尚未停机.}\\ \perp & \text{当 } P(z) \text{在 } t \text{ 步前已停机.}\end{cases}$$

依据 $s-m-n$ 定理，有递归全函数，有递归全函数 $h(z)$ 使得 $g(z,t)=\varphi_{h(z)}(t)$. 由作法知 $\varphi_{h(z)}(e)$ 为 $f(e)$ 的子函数（一切 z).

如果 $z\in K$ 则有 t 使 $P(z)$ 在 t 步内停机. 故当 $t_1\geqslant t$ 时 $g(z,t_1)\simeq\varphi_{h(z)}(t_1)$ 而无定义，从而 $\varphi_{h(z)}$ 为 f 的有限子函数，故 $\varphi_{h(z)}\notin M$.

另一方面，如果 $z\notin K$, 则对一切 t 均有 $g(z,t)\simeq f(t)$, 从而 $\varphi_{h(z)}(e)=f(e)$. 因 $f(e)\in M$, 故 $\varphi_{h(z)}\in M$.

由上两段可知 $z\notin K\longleftrightarrow h(z)\in A$, 因题设 A 为归举集，从而知 K^C 为归举集，与已知事实矛盾，故(甲)不成立.

再设(乙)成立，已知 $\theta\in M$, 但 $f\notin M$. 今定义 $g(z,t)$ 如下:

$$g(z,t)=\begin{cases}f(t), & \text{当 } t\in \mathrm{Dom}(\theta) \text{ 或 } z\in K \text{ 时;}\\ \perp, & \text{此外.}\end{cases}$$

依据 $s-m-n$ 定理有递归全函数 $h(z)$ 使得

$$g(z,t)=\varphi_{h(z)}(t).$$

因 θ 为 f 的子函数，故得

$$z\in K\rightarrow\varphi_{h(z)}=f\ (\text{故 } \varphi_{h(z)}\notin M).$$

由此又得

$$z\notin K\rightarrow\varphi_{h(z)}=f\upharpoonright\mathrm{dom}(\theta)=\theta\ (\text{故 } \varphi_{h(z)}\in M).$$

由此又得 $z\notin K\longleftrightarrow h(z)\in A$. 仍与 K^C 非归举集一事相矛盾. 故(乙)也不成立.

故定理中的“恰当”是成立.定理得证.

定理 9 集 $A=\{x:\varphi_x(e)$ 为全函数$\}$与集 $B=\{x:\varphi_x(e)$ 不是全函数$\}$都不是归举集.

证明 对集 A 而言，讨论 $M=\{f:f$ 为递归一元全函数$\}$, 显然 f 的任何有限子函数均 $\notin M$. 依定理 8，集 A 不是归举的.

对集 B 而言，讨论 $M=\{f: f$ 为递归一元非全函数$\}$，则对任何递归全函数 f 而言，$f \notin M$ 但 f 的每一个有限子函数均 $\in M$. 依定理 8，仍得：集 B 不是归举的.

§62. 枚举问题(编号问题)

在上面的基本判定问题中我们只讨论 $\varphi_x(e)$ 的判定问题，由于 $\varphi_x(e)$ 枚举了一些递归可偏函数，实质上也讨论了一切(递归可偏)函数的判定问题. 这实质上是我们使用了标准枚举，把讨论一切函数之间的性质化归为讨论 $\varphi_x(e)$ 的性质.

我们能否选用另一种枚举呢？可判定性问题有多少是依赖于枚举的选择呢？

定义 对递归(可偏)函数所作的任何编号，如果能够满足下列条件：给定编号 c 后可以能行地找出相应的函数 $\varphi_c(e)$. 反之，给出一个递归可偏函数后，可以能行地找出相应的编号，则说该编号是**可接受**的.

由于标准枚举是可以接受的，因此得出：

定理 1 一个枚举 $\psi(x,e)$ 是可以接受的恰当给出 ψ 编号后可以能行找出相应的 φ 编号. 反之，给出 φ 编号后可以能行地找出相应的 ψ 编号. (所找出的编号，不论是 φ 编号或 ψ 编号，故不必是唯一的.)

读者可自行证明.

还可指出，如果由 ψ 编号而找出 φ 编号，则 ψ 亦可作为通用函数，反之，如果由 φ 编号而可以找出 ψ 编号，则 $s-m-n$ 定理对 ψ 编码亦可适用，还可得出每个函数均有无限多个 ψ 编号，Rice 定理对 ψ 编号亦适用. 读者可以自行验证.

“可接受编号”的要求应该是最低的，如果给出编号后不能因而找出相应函数(从而不能找出相应的 φ 编号)，或者给出函数后(给出 φ 编号后)，不能因而找出相应编号，很难想象，这样的编号有什么用处？有没有资格叫做编号？因此，§61 所给的基本不能判定问题应该认为是本质性的，是与所使用的编号(通用函数)无关的.

§63. 数学上的不可判定问题

不可判定性理论对好些数学分支都有应用. 目前，在数学各分支中的递归不可判定问题的研究结果已有很多，而且也有很多应用. 现在，我们只列出一些如下：

首先，在数理逻辑上，现在已有下列结果：

1. 一阶逻辑的判定问题是不能完全解决的. 这是 Church 在提出 Church 论点时即得到的结果. 这个问题被 Hilbert 列为数理逻辑的中心问题. 所谓一阶逻辑的判定问题是指：试给出一个算法，使得给出一个一阶逻辑的公式后，可以利用该算法而判定该公式是否一阶逻辑的可证公式. 如果这个问题能够肯定地解决，即如果有这样的算法，那末理论上说来，一切数学定理都将可以判定了. 因为，经过数理逻辑的探究，人们已经知道，把数理逻辑以及数学的公理及推理规则明确地表述后，任何数学命题都可以用数理逻辑的符号表达，每一条定理 A 都可以写成下面的形式，

数理逻辑公理 $\wedge$ 数学公理 $\rightarrow A$.

而这形式变成了一阶逻辑的可证公式. 如果我们有一种算法，可以对任何一阶逻辑公式而判定它是否一阶逻辑的可证定理，那末，数学定理也全都可以辩认出来了. 数学的推导便可化归为根据这种算法而作(机械的)验证，亦即数学的推导可以废除不用了. 正是由于这个问题是否定地回答的，亦即问题所要求的算法是不存在的，所以数理逻辑的推导不能化归为根据算法而作的机械验证.

这问题既重要又有趣，而且证明也不难. 现在我们便介绍如下.

为了证明一阶逻辑公式的可证性不是完全可判定的，我们就 URM 机器的计算来考察.

设作出了一个用 URM 机器计算 $f(x)$ 的程序 P，其中共有

指令 k 条，$I_1, \cdots, I_k$. 在程序中提到的存储单元共 n 个，即 $R_1, \cdots, R_n$. 今在一阶逻辑的语言之外，再添入下列的常元与谓词.

0 个体符号(意指 0)

$'$ 函数符号(意指后继函数)

R $u+1$ 元谓词符号(意义见后).

当然我们还使用个体变元符号 $x_1, \cdots, x_n, \cdots$, 空位符号 $e_1, e_2, \cdots$等.

为方便起见，$0'$ 记为 1, $0''$ 记为 2 等等.

$R(r_1, \cdots, r_u, i)$ 意指：$R_1, \cdots, R_u$ 的内容分别为 $r_1, \cdots, r_u$, 正待执行指令 I_i.

我们根据 P 的程序中各指令的内容而写出公式 $\tau_1, \cdots, \tau_k$.

(a) 如果 I_i 为 $A(n)$，则 τ_i 为

$$\forall e_1 \cdots \forall e_u (R(e_1, \cdots, e_n, \cdots, e_u, i) \to R(e_1, \cdots, e_n', \cdots, e_u, i+1))$$

(b) 如果 I_i 为 $S(n)$，则 τ_i 为

$$\forall e_1 \cdots \forall e_u (R(e_1, \cdots, e_n, \cdots, e_u, i) \to R(e_1, \cdots, De_n, \cdots, e_u, i+1))$$

(c) 如果 I_i 为 E_nC，则 τ_i 为

$$\forall e_1 \cdots \forall e_u (R(e_1, \cdots, e_n, \cdots, e_u, i) \to R(e_n \neq 0 \to R(e_1, \cdots, e_n, \cdots, e_u, c)) \wedge (e_n = 0 \to R(e_1, \cdots, e_n, \cdots, e_u, i+1))).$$

(d) 如果 I_i 为 R，则 τ_i 省略不写.

此外，我们约定停机指令“R”的编号为 0 (这只是为了讨论方便一些起见，不这样假定也无妨. 读者试自行调整). 再命 τ_0 表示

$$\forall e_1 \forall e_2 ((e_1' = e_2' \to e_1 = e_2) \wedge e_1' \neq 0).$$

现在我们作出一个一阶公式：记为 σ_a:

$$(\tau_0 \wedge \tau_1 \wedge \cdots \wedge \tau_k \wedge R(a, 0, \cdots, 0, 1)) \to \exists e_1 \exists e_2 \cdots \exists e_u R(e_1, \cdots, e_u, 0)$$

引理 $f(a)$ 有定义恰当 σ_a 在一阶逻辑中可证.

证明(→) 设 $f(a)$有定义，则机器从 $a,0,0,\cdots$以及执行指令 1 出发，按 P 的指令逐步计算，最后必停机. 因此根据 $\tau_1,\cdots,\tau_k$ 的意义(即指令 $I_1,\cdots,I_k$ 的意义)必能由 $R(a, 0,\cdots,0, 1)$ 出发达到一个停机指令，从而必 $\exists e_1\cdots\exists e_u R(e_1,\cdots,e_u, 0)$. 因为各步都是非常明确的，故 σ_a 必能在一阶逻辑中证出. 必要性得证.

(←) 反之，设 σ_a 可证，我们把 σ_a 翻译成 URM 语言，其意义是: 从 $(a,0,\cdots,0)$ 出发，根据 $\tau_1,\cdots,\tau_k$ 而变化，可以变出执行停机指令的机器状态来，因此如把相应程序写出，由 URM 执行，必能得出停机而 $f(a)$ 必有定义. 故充分性得证.

定理 1 一阶逻辑公式的可证性不能完全判定.

证明 今造出计算 $\varphi_x(x)$ 的程序 P，相应的公式为 $\sigma(x)$，则 $\sigma(x)$可证$\longleftrightarrow\varphi_x(x)$ 有定义. 后者不能完全判定，故前者亦然. 这样我们便得出一个具体的公式 (计算 $\varphi_x(x)$ 的 URM 程序的相应公式)，它的可证性是不能完全判定的. 定理证完.

2. Gödel 又证明了，只要一个数学理论足够发展原始递归函数(其实只要够发展初基函数也就行了)，那末该理论如果不矛盾，则必是不完全的，而且是不可补全的.

所谓不完全是指必可作出一个不含变元的公式 A，使得 A 及 $\neg A$ 在该理论内都不能证明; 所谓不可补全的是指: 该理论的任何一个不矛盾的扩张都是不完全的.

Gödel 原来的说法，比这里所说的要复杂一些，还用到"ω 不矛盾"的概念，后来 Rosser 改进，只要求该理论"不矛盾"便够了. Gödel 的理论只使用原始递归函数(的确，原始递归函数的大用处以及大发展，是由 Gödel 这篇文章给以充分的论证及推动的)，但是其方法及其内容，对递归论后来的发展都有巨大的影响. 他这个结果与递归论是不能分开的.

3. 在数论上最著名的是 Hilbert 第十问题，即求一个算法，利用它可以对任何一个具正、负系数的多项式而决定它是否有自然数零点，上面我们已经详细讨论过，这个问题是不能完全判定的.现在就不多谈了.

4. 在(半)群论上有大量的问题，尤其是所谓的字问题. 一个群(乃至半群)是定义有一种乘法运算的系统，这乘法服从结合律(未必可换).一个半群的表示是指给出一组生成元，并给出一组关系(哪些生成元的乘积与另一些生成元的乘积相等). 给出了生成元组及其关系后，该半群便算给以表示.

字的问题是：对于任给两个字(即各元的乘积)，决定这两字能否根据该表示中的关系而互相变换过来.

已经证明，半群(以及群)的字问题是不能完全判定的. 事实上，Post 已经作出了(根据 Turing 机器的停机问题而作的)一个表示，在其中不能对任给两字而判定可以根据该表示中的关系而彼此变换. Post 的解答是首次对数学中现存的问题(不是由递归论而作出)给以一个"没有算法去解决"的答案. 自 Post 以后，对数学现存问题的这问答案便越来越多了.

5. 在拓扑学方面也有这类问题. 例如，同胚问题.

在二维流形中，如果已给出两个二维流形的三角分划，那末这两个流形是否同胚是可以判定的，但对四维流形而言，即使给出了两个流形的三角分划，也不能判定这两个流形是否同胚.

6. 出人意外的是，Tarski-Mckinsey 指出，对初等的实数代数而言，即只有加法乘法方幂以及约束实数空位的公式而言，其真假是可以完全判定的. 但对含有自然数约束空位的公式而言，其真假反是不可以完全判定的了.同样，"某公式对一切群均真"这问题不能完全判定，但"某公式对一切可换群均真"则可以完全判定.

因此可见，对数学各科领域中各种问题的可判定性的研究，是既重要又很有趣的. 现在只就其大要略举一二.

§64. Church-Turing 论点

当 Gödel 引进了一般递归函数(即递归全函数后)，曾向

Church 提出一般递归性与能行可计算性之间的关系问题，而 Church 在引进可 λ 定义函数后，也曾独立地提出能行可计算性与可 λ 定义性之间的关系的问题．当 Church 与 Kleene 几乎同时独立地得出一般递归性与可 λ 定义性是等价的以后，1936 年 Church 提出一个论点：通常所说的能行可计算的正整数的函数就是一般递归函数（也就是可 λ 定义函数）．有些人说，是 Church 先提出一个论点，即能行可计算函数与可 λ 定义函数相同，以后，Kleene 才证明一般递归函数与可 λ 计算函数相同，这种说法似乎不符合事实．

前后不久，Turing 也提出一个论点：可计算的实数便是可用 Turing 所定义的机器来计算的实数，后来 Kleene 又证明了，可用 Turing 机器计算的函数与一般递归函数相同．因此人们便把 Church 论点与 Turing 论点合称：Church-Turing 论点，亦即：

Church-Turing 论点：通常所说的能行可计算函数等同于一般递归函数，可 λ 定义函数以及可用 Turing 机器计算的函数．（以上就全函数而言．）

这论点当然不是一条定理，因为其中含有一个数学上意义不明确的概念“能行可计算函数”，无宁说这是建议对这个不明确的概念给以一个明确的定义（正如以前 Cauchy 对“连续函数”给以明确的定义一样），对一个不明确的概念给以明确的定义，这无所谓正确或否，因此用不着证明也无法证明，但却有合适与否的问题，如果定义得不合适，将得不到人们的采用，人们迟早会建议另一个定义．为了辩护其建议是合适的，Church 给出两个“旁证”．即无论把它定义为：(1) 存在一个算法以计算其值，或将它定义为：(2) 对每个 m 都有一个 n 使得 $f(m)=n$ 为一条可证的定理．无论用哪一个定义都不会使“能行可计算函数”包括得更广一些．

从此之后，人们得到越来越多的“旁证”，综合起来有下列几点：

第一，凡是人们明确无误地认为是可计算的函数，都证明是递归全函数．例如，由原始递归式（及叠置）而作成的函数，毫无疑问是可计算的；又如，可用计算机计算的函数，也毫无疑问是可计算的；又如，作出算法以计算的函数（例如，利用辗转相除法以求两数的最大公约数）毫无疑问是可计算的；……而这一切，都证明是递归全函数．

第二，人们从已知的可计算函数所作的推广，都已证明不超出递归全函数的范围．除上面已提到的可 λ 定义函数，可用计算机计算的函数外，还有 Markov 提出的正规算法，Post 提出的典型系统（Canonical systems）——最后化归到头尾演算，Chomsky 的 0 型文法等等，都已证明不超出递归全函数的范围．反过来，递归全函数也都可以用这些新说法来计算；换句话说，所提议的各种各样新说法都是等价的，呈现一种坚固的"稳定性"．这种稳定性使得 Church-Turing 论点的可信性大为增加．

第三，还有另一种稳定性．Gödel 研究了使用越来越高型的变元的系统，证明了即使在超穷型的系统所能表象的函数仍可在第一型内的系统表象．因此"可表象"这个概念具有极大的稳定性，而这个概念和递归全函数的概念又是等价的．

第四，还有一个，作为数学的证明是不够的，但作为"旁证"却颇有力量，那就是，自 Church-Turing 提出其论点以来，迄今已近五十年，尚未发现反例，即还没有一个人找出一个函数，可以被大家公认为"可计算的"，但却证明它不是递归全函数．正是由于这一点，在数理逻辑界，越来越多的人赞成 Church-Turing 论点，而不赞成的人寥寥可数，几乎近于没有，正式反对的人更是稀少了．

后来，Church 与 Kleene 等又把"能行可计算函数"的概念推广到可偏函数，只要有定义的地方都可计算，但并不要求可以判定在某处该函数是否有定义．在这种理解之下，上述论点便成为：

Church-Turing 论点（关于可偏函数的）：能行可计算函数等同于递归（可偏）函数，又等同于可 λ 定义（可偏）函数，等同于可用 Turing 机计算的函数（机器可不停止）．

这是把论点推广到可偏函数去，基本精神和原论点一致，没有什么可怀疑的.

依我们的意见，所谓"论点"，实际上是建议一个"定义"，建议把没有数学明确性的直觉概念——能行可计算性，定义为递归全函数(或递归可偏函数)，正如当时 Cauchy 把"连续函数"定义为"如果 $\lim_{x\to a} f(x)=f(a)$，则说 $f(x)$ 在 $x=a$ 处连续，如果 $f(x)$ 在区间 (a,b) 内点点均连续，则说 $f(x)$ 是 (a,b) 内的连续函数"，这无所谓正确与否，只有合适与否的问题. 如果后来人们发现这个定义在什么地方不适用，不合适，可以"更改"这个定义，或者提出一种修正过的连续概念，如一致连续、绝对连续等等. 目前情形正是这样，既然大家觉得这个定义直到目前还很合用，还没有反例，当然大家便沿用它，亦即承认这个论点了. 但是，将来一旦发现"反例"，或者发现一些不够方便的情况，当然可以"修改"这个定义(从而放弃这个论点)，或者引入另一种"可计算概念"(从而目前这个论点名存实亡).

不过有一点必须注意，目前有滥用名词的趋向. 例如，很多的书都说：凡有限集必是递归集(即其特征函数是递归函数)，其证明是：设该有限集M的元素为 $a_1,\cdots,a_n$，则有

$$x\in M\longleftrightarrow x=a_1\vee x=a_2\vee\cdots\vee x=a_n,$$

而右边为递归(全)函数(其实甚至于还是原始递归函数或基底函数)，于是他们便作出结论说该有限集为递归集了. 但是，知道该集为有限集，并不保证知道 $a_1,a_2,\cdots,a_n$ 这些元素本身. 不知道 $a_1,a_2,\cdots,a_n$ 的值，则说右端是"递归全函数"便毫无意义. 如果作定义：凡有限集的特征函数均叫做递归全函数，那末便不能说：凡递归全函数必是能行可计算函数，即 Church-Turing 论点中的一般递归(全)函数不能包括上述这种"一般递归函数". 既承认 Church-Turing 论点，又明确宣扬"凡有限集的特征函数都是一般递归函数"，这是不能令人首肯的. 如照他们所说，则任何集合都是递归集. 因为，

设 $M\upharpoonright v=\{x:x\in M\wedge x<v\}$，则

$$x \in M \longleftrightarrow x \in M \upharpoonright Sx,$$

但 $M \upharpoonright Sx$ 的元素最多只有 Sx 个（由 0 到 x），是有穷集，从而 $x \in M \upharpoonright Sx$ 是一般递归函数，故 $x \in M$ 也是一般递归函数．亦即，一切集合，有限集或否，都是递归集，这样，递归集的概念将毫无用处了．

因此，对于 Church-Turing 论点中的"递归函数"(全或可偏)，必须是给出 x 后，的确能计算其值的．例如，如果使用了分别情况计算，必须在实际计算时能分清情况，按情况而选择计算道路．否则是不能叫做递归函数的，至少不能作 Church-Turing 论点中所提到的递归函数．

此外，我们还可以指出，Church-Turing 论点其实可以不使用．现在人们主要在下列方面使用这个论点．

当人们遇到一个函数 f，能够非正式地描述如何计算它时，只要非正式地证明这里所描述的计算方法的确能够计算其值时，便使用 Church-Turing 论点作出结论：f 是(一般)递归的．

其实，即使不使用 Church 论点，只要证明所描述的计算是可以记录下来的，可以记录它是如何一步一步计算的，那末也就可以由"凡可在有限步骤内计算的函数必是(一般)递归函数"这定理而断定它为递归全函数．这里，根本不使用 Church论点．

在下面，我们凡非正式描述一个算法时，都描述得能够逐步记录其计算的，从而无须使用这个论点也能断定为递归全函数．因此，对我们说来，Church-Turing 论点的功效是不显著的．

第七章　谱系(分层)及计算复杂性

§70. 算术谱系

我们前面先定义了原始递归关系，一般递归关系等等，这些关系都对命题联结词封闭，对受限量词(全称或存在)封闭，但对不受限的量词(全称或存在)却不封闭. 换句话说，对一般递归关系添加存在量词或全称量词后，便不再(一般)是一般递归关系了. 上面已说过，一般递归关系添加存在量词后便得到递归枚举关系，添加全称量词的情况则未加研究. 我们现在便研究这另一情况，而且进一步研究屡次添加各种量词所得到的结果.

定义　由递归关系添加(按任何次序，添加任意多个量词)各种量词所成的谓词叫做算术谓词.

根据数理逻辑可知添加量词后再运用命题联结词，其结果恒可以改由先运用命题联结词再添加量词而得，亦即，任何逻辑公式都可以化归成前束范式. 因此，化成前束形后，任何算术谓词都可以写成：

$$Q_1e_1Q_2e_2\cdots Q_ke_kA(e_1,\cdots,e_k,y_1,\cdots,y_l)$$

的形状，这里 Q_i 或为 $\forall$ 或为 $\exists$，而 A 为一般递归谓词，不再含有(未受限的)量词(全称或存在).

如果相邻的两个量词是同类量词(同为全称或同为存在)，则可以合并为一. 例如，

$$\forall e_1\exists e_2\exists e_3\forall e_4A(e_1,e_2,e_3,e_4,y_1,\cdots,y_l)$$

可以写成：

$$\forall e_1\exists e\forall e_4A(e_1,Ke,Le,e_4,y_1,\cdots,y_l).$$

同理，例如，

$$\forall e_1\exists e_2\forall e_3\forall e_4A(e_1,e_2,e_3,e_4,y_1,\cdots,y_l)$$

可以写成：

$$\forall e_1\exists e_2\forall eA(e_1,e_2,Ke,Le,y_1,\cdots,y_l)$$

等等．因此，在下面讨论时可以假定相邻的量词都已经化成不同类的量词，化简过程叫做**紧缩**或**凝缩**．

定义 凡 n 个量词彼此相连，而相邻量词均不同类的叫做交替量词 n 链，省称量词 n 链．

定义 (1)原始递归谓词叫做 ∇_0 谓词．

(2)如果 $R(x_1,\cdots,x_n,x_{n+1})$ 为 ∇_n 谓词，则

$$\forall eR(x_1,\cdots,x_n,e)$$

及 $\exists eR(x_1,\cdots,x_n,e)$ 为 ∇_{n+1} 谓词．

(3) 所谓 ∇_n 谓词仅限于由(1)，(2)而得的．

定义 (1)原始递归谓词也叫做 $\sum_0,\prod_0,\Delta_0$ 谓词．

(2) 当 $n\geqslant 1$ 时，∇_n 谓词中化成前束形后其量词以 $\exists$ 起首的叫做 $\boldsymbol{\sum_n}$ **谓词**，其量词以 $\forall$ 起首的叫做 $\boldsymbol{\prod_n}$ **谓词**．既是 $\sum_n$ 谓词又是 $\prod_n$ 谓词的叫做 $\boldsymbol{\Delta_n}$ **谓词**．

由这个定义，并注意凡 Δ_n 谓词既可写成以 $\forall$ 起首的 Δ_{n+1} 谓词，也可写成以 $\exists$ 起首的 ∇_{n+1} 谓词，例如 ∇_3 谓词

$$\forall e_1\exists e_2\forall e_3R(e_1,e_2,e_3)$$

可以写成：

$$\forall e_4\forall e_1\exists e_2\forall e_3R(e_1,e_2,e_3)(\textstyle\prod_4 \text{谓词})$$

$$\exists e_4\forall e_1\exists e_2\forall e_3R(e_1,e_2,e_3)(\textstyle\sum_4 \text{谓词})$$

故 ∇_n 谓词必同是 $\prod_{n+1}$ 也是 $\sum_{n+1}$ 谓词，从而为 Δ_{n+1} 谓词．即我们有：

$$\Delta_n\subseteq\begin{matrix}\sum_n\\ \prod_n\end{matrix}\subseteq\nabla_n\subseteq\Delta_{n+1}，\text{又 }\Delta_n=\textstyle\sum_n\cap\prod_n,$$

$\nabla_n=\sum_n\cup\prod_n$．下面将证明每个包含都是严格包含．

以往的定义不是这样的，不引入 ∇_n 谓词，而且大体上从一般递归谓词开始．即通常说法如下：

定义 (1)一般递归谓词叫做 $\sum_0$ 谓词，也叫做 $\prod_0$ 谓词，也叫做 Δ_0 谓词．

(2) 当 $n \geqslant 1$ 时，由以存在量词起首的量词 n 链接以一般递归谓词的叫做 $\sum_n$ **谓词**，由以全称量词起首的量词 n 链接以一般递归谓词的叫做 Π_n **量词**. 既是 $\sum_n$ 量词又是 $\prod_n$ 量词的叫做 Δ_n **量词**.

对我们说来，设 $R(x_1,\cdots,x_n)$ 为原始递归谓词，则它也是 $\sum_0, \prod_0, \Delta_0$ 谓词，而 $\exists eR(e,x_2,\cdots,x_n)$ 为 $\sum_1$ 谓词(也是归举谓词)，$\forall eR(e,x_2,\cdots,x_n)$ 为 $\prod_1$ 谓词，既是 $\sum_1$ 又是 $\prod_1$ 谓词的(即 Δ_1) 便是(一般)递归(全)谓词. 而 $\exists e_1\forall e_2R(e_1,e_2,x_3,\cdots,x_n)$ 便是 $\sum_2$ 谓词，$\forall e_1\exists e_2R(e_1,e_2,x_3,\cdots,x_n)$ 便是 $\prod_2$ 谓词. $\sum_2$ 与 $\prod_2$ 谓词的公共部分便是 Δ_2 谓词.

以往都以(一般)递归全谓词为基底，这时 Δ_0 及 Δ_1 谓词都是递归全谓词. 如果以原始递归谓词为基底，那末 Δ_0 是原始递归谓词，Δ_1 为一般递归谓词，两种重要的谓词都在谱系中有其位置，合适得多了，这便是我们改用原始递归谓词为基底的原因. 此外，∇_n 谓词也很重要，不应忽略.

根据上面所论，可知一谓词可表为 $\exists eR(e,x)$ (R 为原始递归) 恰当它可表为 $\exists eS(e,x)$，S 为一般递归. 因此对于 $n \geqslant 1$ 时，$\sum_n$ 亦可以一般递归的 R 为基底，不必限定用原始递归的 R.

设 $A(x_1,\cdots,x_n)$ 为一谓词，则 $\{\langle x_1,\cdots,x_{i-1},x_{i+1},x_n\rangle: \exists e_iA(x_1,\cdots,e_i,\cdots,x_n)\}$ 叫做集合 $\{\langle x_1,\cdots,x_i,\cdots,x_n\rangle: A(x_1,\cdots,x_n)\}$ 在 x_i 轴上的射影集合. 同理，我们可以把谓词 $\exists e_iA(x_1,\cdots,e_i,\cdots,x_n)$ 叫做谓词 $A(x_1,\cdots,x_n)$ **在 x_i 轴上的射影谓词**. 而"添加存在量词 $\exists x_i$"可以叫做**沿 x_i 轴作射影**. 由于 $\forall e_i$ 可以表为 $\neg\exists e_i\neg$，所以又可作出下列定义：

定义 对原始递归谓词作有限次否定及射影的结果叫做**算术谓词**.

因为连续两次否定彼此抵消，连续两次射影，即使是按不同的坐标轴的射影，可以换为一次射影，因此，可以认为算术谓词是对原始递归谓词相间地作否定及射影而得. 因为对原始递归谓词的否定仍为原始递归谓词，所以可按下列次序：对原始递归谓词先

作射影得 Σ_1，再作否定得 Π_1，再作射影得 Σ_2，再作否定得 Π_2，如此相间地射影及否定，即得各级谓词，直到该谓词各自由变元均被约束时，最后作一次否定为止. 在这种作法中，Δ_n 的出现不太简便，不如兼用 $\forall$ 与 $\exists$ 较为方便.

§71. 算术谱系的基本性质

现在我们讨论算术的一些基本性质.

A1 如果 P 为 ∇_m, Σ_m 或 Π_m，Δ_m，则当 $n > m$ 时 P 也是 Σ_n 且 Π_n，从而也是 Δ_n 谓词. 可表为

$$\Delta_m \subseteq {\Sigma_m \atop \Pi_m} \subseteq \nabla_m \subseteq \Delta_n \quad (n > m).$$

证明 用引入象征空位(多余空位)的办法. 例如，设 P 为

$$Qe_1 \cdots Qe_m R(e_1, \cdots e_m, x_{m+1} \cdots x_{m+k}),$$

则 P 亦可表为（e_0 为象征空位，不出现于 R 中）:

$$Qe_1 \cdots Qe_m Qe_0 R(e_1, \cdots, e_m, x_{m+1}, \cdots, x_{m+k}),$$

及

$$Qe_0 Qe_1 \cdots Qe_m R(e_1, \cdots, e_m, x_{m+1}, \cdots, x_{m+k}).$$

并令 Qe_0 与 Qe_m 不同类(以及 Qe_0 与 Qe_1 不同类)，则这两式中一个为 Σ_{m+1} 一个为 Π_{m+1}. 同法可引入多个象征空位而得 Σ_n 及 Π_n. 依定义它也是 Δ_n 谓词.

系 如果 R 为原始递归谓词，则 R 为 Σ_n 及 Π_n (一切 $n \geqslant 0$)；如果 R 为一般递归谓词，则 R 为 Σ_n 及 Π_n (一切 $n \geqslant 1$).

A2 Σ_n 谓词对存在量词封闭，Π_n 谓词对全称量词封闭而 ∇_n，Δ_n 对两种量词一般均不封闭.

证明 Σ_n 以存在量词为起首，前面再冠以存在量词时，照上法将两个存在量词凝而为一，仍得 Σ_n 谓词. 故 Σ_n 谓词对存在量词封闭. 同理 Π_n 对全称量词封闭. 对于∇_n，Δ_n 情形，读者自证.

A3 Σ_m，Π_m 与 Δ_m 均对析取与合取封闭，而 ∇_m 对合取与

析取不封闭.

证明 设P_1为 $Qe_1\cdots Qe_mR_1(e_1,\cdots,e_m,y_1,\cdots,y_n)$，而$P_2$为 $Qe_1\cdots Qe_mR_2(e_1,\cdots,e_m,y_1,\cdots,y_n)$，如果$P_1,P_2$同为$\sum_m$或同为$\prod_m$，则两者的首标完全相同．今将$P_2$换名而写成

$$Qe_{m+1}\cdots Qe_{m+m}R_2(e_{m+1},\cdots,z_{m+m},y_1,\cdots,y_n),$$

则有

$$P_1\vee P_2=Qe_1Qe_{m+1}\cdots Qe_mQe_{m+m}(R_1(e_1,\cdots,e_m,y_1,\cdots,y_n)\\ \vee R_2(e_{m+1},\cdots,e_{m+m},y_1,\cdots,y_n)).$$

再将相邻的 Qe_iQe_{i+m} 凝而为一个量词，即仍得$\sum_m$(或$\prod_m$). 同理可证 $P_1\wedge P_2$. 就Δ_m而言，如 P_1,P_2 同为Δ_m，则依刚才所证，$P_1\vee P_2$ 以及 $P_1\wedge P_2$ 也必同为$\sum_m$及$\prod_m$. 因而亦必同为Δ_m, ∇_m 的情形，证明见后(谱系定理的证明处).

A4 P为$\sum_n$谓词恰当 $\neg P$ 为$\prod_n$谓词. 因此，P为Δ_n谓词恰当$\neg P$为Δ_n谓词，P为∇_n谓词恰当$\neg P$为∇_n谓词. 故Δ_n谓词与∇_n谓词均对否定封闭.

证明 这由狭义谓词演算处的否定式的作出可知.(注意，R为原始递归谓词恰当$\neg R$亦为原始递归谓词.)

要讨论对受限量词的封闭性，可注意：

(1) $\underset{e_1<a}{\exists}\exists e_2R(e_1,e_2,a)\longleftrightarrow\exists e_2\underset{e_1<a}{\exists}R(e_1,e_2,a)$.

(2) $\underset{e_1<a}{\forall}\forall e_2R(e_1,e_2,a)\longleftrightarrow\forall e_2\underset{e_1<a}{\forall}R(e_1,e_2,a)$.

(3) $\underset{e_1<a}{\forall}\exists e_2R(e_1,e_2,a)\longleftrightarrow\exists e_2\underset{e_1<a}{\forall}R(e_1,\mathrm{tm}(e_1,e_2),a)$.

(4) $\underset{e_1<a}{\exists}\forall e_2R(e_1,e_2,a)\longleftrightarrow\forall e_2\underset{e_1<a}{\exists}R(e_1,\mathrm{tm}(e_1,e_2),a)$.

换言之，不管是同类量词或否，当不受限量词与受限量词相邻时，永可颠倒次序而将受限量词移后（两个不同类的不受限量词相邻时是不能颠倒次序的). 要证明这四个式子成立并不难. 第一式两边均等于 $\exists e_1\exists e_2(e_1<a\wedge R(e_1,e_2,a))$; 第二式两边均等于$\forall e_1\forall e_2(e_1<a\rightarrow R(e_1,e_2,a))$; 第三式的左边有$a$个数 y_0, $y_1,\cdots,y_{a-1}$ 使得 $R(x,y_x,a)$ 成立. 当把这a个数记为 $y_x=$

$\mathrm{tm}(x,y)$时便是右边的式子．将第三式两边取否定即得第四式(其中R须换为$\neg R$)，故第四式亦成立(要直接看出第四式成立，是比较困难的．左边说，有一个小于a的x，暂记为t，使得$\forall yR(t,y,a)$成立．右边说，对于每一个y都是一个相应的x_y(但$<a$)，使得$\forall yR(x_y,\mathrm{tm}(x_y,y),a)$，很难看出它们是等价的．只有借助于第三式两边取否定，才容易得到证明)．

注意，上述(3)，(4)两式是“不可逆的”，也就是说，只当作用域呈$R(e,\mathrm{tm}(e_1,e_2),a)$形时才能把受限量词移前． 对于一般情形，只能把受限量词移后而不能移前．

A5 ∇_m,Σ_m,Π_m以及Δ_m对于受限量词(全称或存在)都是封闭的．

证明 在Σ_m或Π_m谓词前面加以受限量词后，依上注意将受限量词右移，因原始递归谓词对受限量词封闭，从而易见∇_m，Σ_m,Π_m及Δ_m对受限量词亦都封闭．

A6 如果$P(x_1,\cdots,x_m)$为∇_n，Σ_n，Π_n或Δ_n谓词，而$g_i(y_1,\cdots,y_h)$为原始递归函数，则$P(g_1,\cdots,g_m)(y_1,\cdots,y_h)$亦为$\nabla_n,\Sigma_n,\Pi_n$或$\Delta_n$谓词．即$\nabla_n,\Sigma_n,\Pi_n,\Delta_n$对内函数为原始递归函数的叠置是封闭的． 当$n\geqslant 1$时它们对与递归(可偏)函数的叠置亦是封闭的．

证明 设P为$Qe_1\cdots Qe_mR(e_1,\cdots,e_n,x_1,\cdots,x_m)$，而$R$为原始递归函数(当$n\geqslant 0$时)或递归(可偏)函数(当$n\geqslant 1$时)．当对$x_i$叠置以原始递归(或递归)$g_i$时，所得的$R(e_1,\cdots,e_n,g_1,\cdots,g_m)$仍为原始递归(或递归)． 从而$P$仍为原来的$\nabla_m$，$\Sigma_m,\Pi_m$或$\Delta_m$谓词．

§72. 算术谱系的结构

枚举定理 对每个n,m，都有一个$\Sigma_n(\Pi_n)$的$m+1$元谓词，它枚举了所有一切$\Sigma_n(\Pi_n)$的m元谓词．

证明 设$\Sigma_n(\Pi_n)$的首标为$Q\boldsymbol{e}$(共n个量词)，而$\boldsymbol{x}$为m

元矢量．则 P 可表为：

$$P(\boldsymbol{x}) \longleftrightarrow Q\boldsymbol{e}R(\boldsymbol{e},\boldsymbol{x}),$$

R 为原始递归（或一般递归）谓词．依上面所论，如 $Q\boldsymbol{e}$ 的最后一个量词为 $\exists e_n$，必有一个枚举量词 $T(t,\boldsymbol{e},\boldsymbol{x})$，对所给的 R 而言，有 t 使得 $\exists e_n R(\boldsymbol{e},\boldsymbol{x}) \longleftrightarrow \exists e_n T(t,\boldsymbol{e},\boldsymbol{x})$，从而有 $P(\boldsymbol{x}) \longleftrightarrow Q\boldsymbol{e}T(t,\boldsymbol{e},\boldsymbol{x})$（反之，由这式所定义的 $P(\boldsymbol{x})$ 必是 $\sum_n$ 或 $\prod_n$ 谓词）．如果定义：$U(t,\boldsymbol{x}) \longleftrightarrow Q\boldsymbol{e}T(t,\boldsymbol{e},\boldsymbol{x})$ 则 $\sum_n$（或 $\prod_n$）谓词即可由 $U(t,\boldsymbol{x})$ 而枚举．注意，如果 $Q\boldsymbol{e}$ 的最后一个量词为 $\forall e_n$，则由上，有 t 使：$\exists e_n \neg R(\boldsymbol{e},\boldsymbol{x}) \longleftrightarrow \exists e_n T(t,\boldsymbol{e},\boldsymbol{x})$，从而（两边取否定），得：

$$\forall e_n R(\boldsymbol{e},\boldsymbol{x}) \longleftrightarrow \forall e_n \neg T(t,\boldsymbol{e},\boldsymbol{x}),$$

于是，

$$P(\boldsymbol{x}) \longleftrightarrow Q\boldsymbol{e}\neg T(t,\boldsymbol{e},\boldsymbol{x}).$$

这时 $\sum_n$（或 $\prod_n$）谓词则由下列谓词而枚举：

$$U(t,\boldsymbol{x}) \longleftrightarrow Q\boldsymbol{e}\neg T(t,\boldsymbol{e},\boldsymbol{x}).$$

到底由 $T(t,\boldsymbol{e},\boldsymbol{x})$ 抑或由 $\neg T(t,\boldsymbol{e},\boldsymbol{x})$ 而作成 $U(t,\boldsymbol{x})$，完全看 $Q\boldsymbol{e}$ 的最后一个量词为 $\exists e_k$ 或 $\forall e_k$ 而定．但 P 之为 $\sum_n$ 或 $\prod_n$ 则看 $Q\boldsymbol{e}$ 的第一个（左起）量词为 $\exists e_1$ 或 $\forall e_1$ 而定．换句话说，要枚举 $\sum_{2k+1}$ 与 $\prod_{2k}$ 谓词，须用 $Q\boldsymbol{e}T(t,\boldsymbol{e},\boldsymbol{x})$；要枚举 $\sum_{2k}$ 与 $\prod_{2k+1}$ 谓词，须用 $Q\boldsymbol{e}\neg T(t,\boldsymbol{e},\boldsymbol{x})$．不要以为枚举 $\sum_n$ 必用 $Q\boldsymbol{e}T(t,\boldsymbol{e},\boldsymbol{x})$，而枚举 $\prod_n$ 必用 $Q\boldsymbol{e}\neg T(t,\boldsymbol{e},\boldsymbol{x})$．这种想法是不对的．

下面是非常重要的谱系定理．通常所给的谱系定理只肯定 $\sum_n \backslash \prod_n \neq \varnothing$ 以及 $\prod_n \backslash \sum_n \neq \varnothing$，现在我们引入 ∇_n 以后，可把定理表述得更简洁而内容更多一些，这是我们引入 ∇_n 的原因．

谱系定理 当 $n > 0$ 时，我们有：

$$\Delta_n \subset \begin{matrix}\sum_n \\ \prod_n\end{matrix} \subset \nabla_n \subset \Delta_{n+1}$$

各包含关系均不可逆，此外 $\sum_n$ 与 $\prod_n$ 互不包含．

注意，当 $n=0$ 时，$\Delta_0 = \nabla_0$，而依我们说法仍有：$\nabla_0 \subset \Delta_1$；依通常说法则有：$\Delta_1 = \nabla_0$．

证明 取 $\sum_n$ 的枚举谓词 $U(t,x)$，依 A_6，将 t 代入以 x 后

$U(x,x)$ 仍为 Σ_n 谓词．而 $\neg U(x,x)$ 则不是 Σ_n 谓词．这可从对角论证看出．如果 $\neg U(x,x)$ 为 Σ_n 谓词，依枚举定理将有 t 使 $\neg U(x,x)=U(t,x)$．从而我们将有 $\neg U(t,t)\longleftrightarrow U(t,t)$，这是不可能的．故 $\neg U(x,x)$ 为 Π_n 谓词的而非 Σ_n 谓词，$U(x,x)$ 则是 Σ_n 谓词而非 Π_n 谓词．这表明 Σ_n,Π_n 互不包含，从而

$$\Delta_n \begin{matrix}\subset\Sigma_n\\ \subset\Pi_n\end{matrix} \subset\nabla_n$$

是真包含关系．要证明 $\nabla_n\subset\Delta_{n+1}$ 为真包含，可定义谓词 $R(x)$ 如下：

$$R(2x)=U(x,x)$$
$$R(2x)=\neg U(x,x)$$

即 $R(x)\longleftrightarrow x$ 偶 $\wedge U([x/2],[x/2])\vee\cdot x$ 奇 $\wedge\neg U([x/2],[x/2])$．显然 $R(x)$ 为 Δ_{n+1} 谓词．如果 $R(x)$ 为 Σ_n 谓词，则 $\neg U(x,x)$（它可表为 $R(2x+1)$）亦然：如果 $R(x)$ 为 Π_n 谓词，则 $U(x,x)$(它可表为 $R(2x)$)亦然．故知 $R\in\Delta_{n+1}$ 但 $R\bar{\in}\nabla_n$．从而，易知 $\nabla_n\subset\Delta_{n+1}$ 是真包含．定理得证．

还可指出，由 $R(x)$ 的表达式可知，$R(x)$ 可由 ∇_n 中谓词作析取合取及与原始递归谓词叠置而得，既然 $R(x)\bar{\in}\nabla_n$，故知 ∇_n 对析取、合取不封闭(还易证对合取不封闭，对析取亦不封闭)，这便是上面所断言的．

显然，Σ_1 谓词便是归举(递归枚举)谓词，而 Δ_1 则是一般递归谓词．当下面我们详细地讨论了"递归于 Φ"，"归举于 Φ"等概念后，还可看出，Σ_{n+1} 谓词是"归举于 ∇_n（亦是归举于 Π_n）的谓词"，而"Δ_{n+1} 则是递归于 ∇_n（也是递归于 Σ_n 或 Π_n)的谓词"．

§73. 相对算术谱系

在上述定义中，如果把"原始递归谓词"改为"原始递归于 Φ 的谓词"(Φ 为函数集)，我们便得出"∇_n 于 Φ"，"Σ_n 于 Φ"，"Π_n 于 Φ"及"Δ_n 于 Φ"的谓词，分别记为 ∇_n^Φ，Σ_n^Φ，Π_n^Φ 及 Δ_n^Φ．上述的

$A_1 \sim A_6$ 以及枚举定理、谱系定理均可推广到 $\nabla_n^\Phi, \Sigma_n^\Phi, \Pi_n^\Phi$ 及 Δ_n^Φ 去，证明也几乎不必更动.

同上，Σ_1^Φ 便是归举于 Φ 的谓词，而 Δ_1^Φ 便是递归于 Φ 的谓词. 下面将证明 Σ_{n+1}^Φ 便是归举于 Π_n^Φ 的谓词，而 Δ_{n+1}^Φ 便是递归于 Σ_n^Φ 的谓词，也是递归于 Π_n^Φ 的谓词. 这里 Φ 可为空集，亦即 Σ_{n+1} 谓词是归举于 Π_n 的谓词，而 Δ_{n+1} 谓词便是递归于 Σ_n（也是递归于 Π_n）的谓词. 在证明这些事实之前，我们先讨论一些简单的性质.

可传定理 1 (1) 如果 Φ 中函数都是递归于 Ψ 的，则递归于 Φ 的任何函数亦均递归于 Ψ.

(2) 如果 $\Phi \subseteq \Psi$，则任何递归于 Φ 的函数亦必递归 Ψ.

(3) 如果 Φ 中的函数或为递归函数或为递归于 Ψ 的，则任何递归于 Φ 的函数亦递归于 Ψ.

证明 自证.

根据递归于 Φ 的函数集的替换定理，可得:

定理 2 一关系 P 为归举于 Φ（有穷函数集），恰当有一个递归枚举谓词 P' 及递归函数 u 使得:

$$P(x_1, \cdots, x_n) \longleftrightarrow P'(\Phi^*(u(x_1, \cdots, x_n), x_1, \cdots, x_n).$$

证明 自证. 注意归举于 Φ 谓词可表为

$$\exists x R(x, x_1, \cdots, x_n),$$

而 R 为递归于 Φ.

现在可以讨论 Σ_{n+1} 与 ∇_n, Π_n 以及 Δ_{n+1} 与 $\nabla_n, \Pi_n, \Sigma_n$ 的关系了. 我们有:

引理 一谓词 P 为 Σ_{n+1} 谓词恰当它为归举于 ∇_n（于 Π_n）的谓词.

证明 我们只证明它为归举于 Π_n 的谓词，由此易知，它亦是归举于 ∇_n 的谓词. 必要性是显然的，因为如果 $P(\boldsymbol{x}) = \exists e R(\boldsymbol{x}, e)$ 而 R 为 Π_n 谓词，则依定义，P 为归举于 R 的谓词，即 P 为归举于 Π_n 的谓词. 今证充分性:

P 既然归举于 Π_n 的谓词，则可从中选出有限多个谓词

$R_1, \cdots, R_k$，使得 P 归举于它们．设 Q_i 为 R_i 的图形谓词，即：

$$Q_i(a,b) \longleftrightarrow (R_i(a) \wedge b = 0) \vee (\neg R_i(a) \wedge b = 1).$$

因为 $\neg R_i$ 为 Π_n 谓词，足见上述谓词至多为 Δ_{n+1} 谓词（当然亦为 Σ_{n+1} 谓词）．命 R_i 组成有限集 Φ，引入 Φ' 如下：

$$\Phi'(a,b) \longleftrightarrow b = \langle K_1 b, \cdots, K_k b \rangle \wedge Q_1(a, K_1 b) \wedge \cdots \wedge Q_k(a, K_k b).$$

显然，Φ' 亦是 Δ_{n+1}（从而为 Σ_{n+1}）谓词．

根据替换定理，归举于 Φ 的谓词必可找出 P' 及 u 两个递归（可偏）函数，使得

$$P(\boldsymbol{x}) \longleftrightarrow \exists e P'(\Phi^*(u(\boldsymbol{x}, e)), \boldsymbol{x}, e)$$

可写为：

$$\longleftrightarrow \exists e_1 \exists e_2 (P'(e_2, \boldsymbol{x}, e_1) \wedge e_2 = \Phi^*(u(\boldsymbol{x}, e_1)))$$

再写为：

$$P(\boldsymbol{x}) \longleftrightarrow \exists e_1 \exists e_2 (P'(e_2, \boldsymbol{x}, e_1) \wedge \mathrm{seq}(e_2) \wedge \forall e_3 < lh(e_2) \ \Phi'(e_3, \mathrm{tm}(e_3, e_2))).$$

右边括号内为 Δ_{n+1}（及 Σ_{n+1}）谓词，再加存在量词后便为 Σ_{n+1} 谓词，于是充分性得证．定理得证．

定理 3（Post）一谓词为 Δ_{n+1} 谓词，恰当它为递归于 Π_n 谓词，也恰当它为递归于 Σ_n 谓词，从而也恰当它为递归于 ∇_n 谓词．

证明 P 为递归于 Π_n（或 Σ_n）谓词，恰当 P 及 $\neg P$ 均为归举于 Π_n（或 Σ_n）的谓词，又恰当 P 及 $\neg P$ 均为 Σ_{n+1} 谓词，故恰当 P 为 Δ_{n+1} 谓词．证完．

利用这条定理，我们可对 ∇_n，Δ_n 重新定义而不必先定义 Σ_n 及 Π_n．那就是：

定义 (1) ∇_0，Δ_0 均指原始递归谓词集（通常则指一般递归谓词集）．

(2) 由 Δ_n 谓词作归举运算（即添加存在量词）及否定运算得 ∇_n 谓词．

(3) 由 ∇_n 谓词作递归运算得 Δ_{n+1} 谓词．

(4) 所谓 ∇_n 谓词，Δ_n 谓词仅限于由(1)～(3)而得的．

§74. 解 析 谱 系

现在我们把谓词稍作推广，容许有约束函数空位(以前叫做约束函数变元). 即如果 $\varepsilon_1, \varepsilon_2$ 等是函数空位(或函数变元)，容许有下列谓词(实际上是语句):

$$\forall \varepsilon_1 \exists \varepsilon_2 \forall e_1 \exists e_2 (\varepsilon_1(e_1) < \varepsilon_2(e_2))$$

(意思是指: 对于任何函数 f_1 都有一个函数 f_2，使得对于任何数 e_1 都有一数 e_2 使得 $f_1(e_1) < f_2(e_2)$). 由下面易知，这句话是真的.

任给函数 $f_1(e)$，可作一函数

$$f_2(e) = \max_{e_1 \to Se} Sf_1(e),$$

显然我们有: 对一切 $e_1, f_1(e_1) < f_2(e_1)$. 因此，取这个 f_2 以及取 e_1 作为 e_2 即可.

数学分析建基于实数论，其讨论范围不限于自然数集，表面看来，它和递归论的关系并不密切，但是，正如大家所熟知的，有理数(正、负)可用自然数的有序三元组表示，有理数列可用数论函数的有序三元组表示，从而实数可用数论函数的有序三元组表示. 在此基础上，数学分析的很多问题可以在数论函数的范围内进行讨论. 依 Dedekind 的定义，实数可以看作一个分划，即一个(或两个)有理数集，而实数集可以看作有理数集之集. 因此，如果我们引进集合论变元(尤其引进约束集合空位)，那末绝大部分的数学分析都可以表示. 约束集合空位和约束函数空位本质上是一样的(仅是着眼点不同)，因此引进约束函数空位后，我们的讨论将和数学分析有密切的关系. 正因为这样，所以这里的谱系叫做解析谱系.

为了引进约束函数空位，我们把组成规则扩充，补充下列两条:

如果 $\xi_1, \cdots, \xi_n$ 为项，而 ε 为 n 元函数空位，则 $\varepsilon(\xi_1, \cdots, \xi_n)$

为公式(原子公式).

如果 α 为公式,而 ε 为函数空位,则 $\forall\varepsilon\alpha$ 及 $\exists\varepsilon\alpha$ 亦是公式.

其他照旧(可能要作少许明显的调整,今不赘述).

由上面两条规则所组成的公式仍叫做公式. 如果其中有空位(不管是数空位还是函数空位)便叫做谓词. 因此,谓词可以兼含有数空位及函数空位.当所有数空位填以具体的数,所有的函数空位填以具体的函数时便得到语句不再是谓词了. 注意,数空位填以具体的数时,它是主目,是别的函数的主目;当函数空位填以具体的函数时,它不是主目,它倒是占有主目的. 严格说来,约束数空位的量词 $\forall$, $\exists$ 与约束函数空位的量词是不相同的(正如自然数的加法与有理数的加法不相同一样),但通常都认为是一样的,对此我们并不反对. 但在下面讨论时,认为两者不相同从而使用不同的符号更为方便. 因此,我们下面将两者分开,用不同的符号表示. $\forall e,\exists e$ 写为 $\forall^0 e$, $\exists^0 e$ 叫做 **0 型量词**, 而 $\forall\varepsilon,\exists\varepsilon$ 写为 $\forall^1\varepsilon$, $\exists^1\varepsilon$ 叫做 **1 型量词**,并理解为: 以前的 $\forall e,\exists e$ 实际上是 $\forall^0 e,\exists^0 e$ 的省写.

定义 n 个量词相继,组成**量词 n 链**,没有量词的叫做**量词 0 链**.

定义 $\forall$ 与 $\exists$ 之间或 $\exists$ 与 $\forall$ 之间叫做有一**交替**.

例如, $\forall e_1\exists e_2\exists e_3\forall e_4$ 有两个交替 ($\forall e_1\exists e_2$ 之间与 $\exists e_3\forall e_4$ 之间).

定义 一个量词链,如果把其中的 $\forall^0 e$ 与 $\exists^0 e$ 删去,所得的链叫做原链的**缩链**.

在数理逻辑中可以证明,每一个公式可以化成前束范式,即可以写成下形:

量词链继之以一个无量词的公式.

这个量词链叫做该前束范式的**首标**, 而该无量词公式叫做该前束范式的**母式**(母式中可有数空位及函数空位).

现在,我们定义解析谱系.

定义 (1)没有量词的原始递归谓词叫做 ∇_0^1 谓词.

(2) 如果R为∇_n^1谓词，则$\forall^0 eR$，$\exists^0 eR$亦为∇_n^1**谓词**(层次不增加).

(3) 如果R为∇_n^1**谓词**,则$\forall^1 \varepsilon R$，$\exists^1 \varepsilon R$为∇_{n+1}^1**谓词**(层次加1).

(4) 所谓**解析谓词**是仅限于由(1)～(3)而得的.

定义 (1) ∇_0^1谓词也叫做$\sum_0^1$谓词,$\prod_0^1$谓词,Δ_0^1谓词.

(2) 当$n>0$时,∇_n^1谓词中最先的1型谓词如果是$\exists^1$,叫做$\sum_n^1$**谓词**;如果是$\forall^1$,叫做$\prod_n^1$**谓词**.

(3) 当$n>0$时,既是$\sum_n^1$又是$\prod_n^1$的谓词叫做Δ_n^1**谓词**.

由这两个定义,即有下列简单推论.

(甲) 一切算术谓词都是∇_0^1谓词.

(乙) $\nabla_n^1=\sum_n^1\cup\prod_n^1$，$\Delta_n^1=\sum_n^1\cap\prod_n^1$.

(丙) 引入象征空位后,可知$\nabla_n^1\subseteq\Delta_{n+1}^1$，从而有

$$\Delta_n^1\subseteq\frac{\sum_n^1}{\prod_n^1}\subseteq\nabla_n^1\subseteq\Delta_{n+1}^1.$$

如果对各类谓词的量词链要作进一步的研究，我们须先证下列的简化定理.

定理1 (1) $\forall^1\varepsilon_1\forall^1\varepsilon_2\cdots\forall^1\varepsilon_h R(\varepsilon_1,\varepsilon_2,\cdots,\varepsilon_h)\longleftrightarrow$

$$\forall^1\varepsilon R(K_1\varepsilon,K_2\varepsilon,\cdots,K_h\varepsilon);$$

(2) $\exists^1\varepsilon_1\exists^1\varepsilon_2\cdots\exists^1\varepsilon_h R(\varepsilon_1,\varepsilon_2,\cdots,\varepsilon_h)\longleftrightarrow\exists^1\varepsilon R(K_1\varepsilon,\cdots,K_h\varepsilon)$

(3) $\forall^0 eR(e)\longleftrightarrow\forall^1\varepsilon R(\varepsilon(0))$.

(4) $\exists^0 eR(e)\longleftrightarrow\exists^1\varepsilon R(\varepsilon(0))$

(5) $\forall^0 e\forall^1\varepsilon R(e,\varepsilon)\longleftrightarrow\forall^1\varepsilon\forall^0 eR(e,\varepsilon)$

(6) $\exists^0 e\exists^1\varepsilon R(e,\varepsilon)\longleftrightarrow\exists^1\varepsilon\exists^0 eR(e,\varepsilon)$

(7) $\forall^0 e\exists^1\varepsilon R(e,\varepsilon)\longleftrightarrow\exists^1\varepsilon\forall^0 eR(e,\mathrm{tm}(e,\varepsilon))$

(8) $\exists^0 e\forall^1\varepsilon R(e,\varepsilon)\longleftrightarrow\forall^1\varepsilon\exists^0 eR(e,\mathrm{tm}(e,\varepsilon))$

证明 (1)～(6)显然,读者自证. 至于(7)可如下考虑. 每一个e均有一个ε使$R(e,\varepsilon)$，这个ε可写为$\mathrm{tm}(e,\varepsilon')$，即$R(e,\mathrm{tm}(e,\varepsilon'))$对一切$e$均真，故有$\forall^0 eR(e,\mathrm{tm}(e,\varepsilon'))$. 从而,又有$\exists^1\varepsilon\forall^0 eR(e,\mathrm{tm}(e,\varepsilon))$. 至于(8),两边取否定,得

$$\forall^0 e \exists^1 \varepsilon \neg R(e,\varepsilon) \longleftrightarrow \exists^1 \varepsilon \forall^0 e \neg R(e,\mathrm{tm}(e,\varepsilon)),$$

由(7)知其成立,故(8)亦成立. 证完.

注意,(7),(8)不是可逆的. 也就是说,只当母式为 $R(e,\mathrm{tm}(e,\varepsilon))$ 时才可将 $\exists^1\varepsilon\forall^0 e$ 换为 $\forall^0 e\exists^1\varepsilon$,可将 $\forall^1\varepsilon\exists^0 e$ 换为 $\exists^0 e\forall^1\varepsilon$,对别的形状的母式,是不可能这样换的. 可以说,只可将 0 型量词越过 1 型量词而右移,只可将 1 型量词越过 0 型量词而左移,但不能逆向.

根据上述定理 1,可把解析谓词写成下列标准形.

如果没有 1 型量词,即它是 ∇_0^1 谓词,则依算术谓词而标准化

如果有 1 型量词,设最右的 1 型量词为 $\forall^1$(为 $\exists^1$ 的同法处理),在该 $\forall^1$ 之右全是 0 型量词,在其中找出最右的 $\forall^0$,根据(3),(4)把它改成 $\forall^1$,然后,根据(5)~(8)把所有 0 型量词右移,在右移过程中,如果须移过同型量词,则根据(3),(4)把 $\forall^0,\exists^0$ 改成 $\forall^1,\exists^1$,再根据(1),(2)凝缩,这样凡能移到最右的 $\forall^1$ 之右的全是 $\exists^0$. 最右的 $\forall^1$ 之左将再没有 0 型量词. 然后,根据(1),(2)把相邻的同类量词凝缩,则结果是:先是交替的 1 型量词,1 型量词完了以后,至多有一个 0 型量词它与最右的 1 型量词不同类.

例 $\forall^0\exists^1\exists^0\forall^1\forall^0\exists^0\forall^0 \to \forall^0\exists^1\exists^0\forall^1\forall^0\exists^0\forall^1$(改写最右的 $\forall^0$)$\to$ $\exists^1\forall^0\forall^1\forall^0\forall^1\exists^0\exists^0$(右移)$\to \exists^1\forall^1\forall^1\forall^1\forall^1\exists^0\exists^0$(改 $\forall^0$ 为 $\forall^1$)$\to \exists^1\forall^1\exists^0$(凝缩)这便是该式的标准形(从而知它为 $\sum_2^1$ 谓词). 这种方法是一般的,因得:

定理 2 解析谓词可写成下列的标准形:开始是交替的 1 型量词,1 型量词之右可能有一个 0 型量词,它必与最右的 1 型量词不同类.(如引入象征空位,可要求 1 型量词之右永远恰有一个交替的 0 型量词.)

解析谓词也可以有枚举定理,而且也有谱系定理.

定理 3 对每个 $n>0$,均有

$$\Delta_n^1 \subset \begin{matrix}\sum_n^1\\ \prod_n^1\end{matrix} \subset \nabla_n^1 \subset \Delta_{n+1}^1,$$

而且都是真包含关系(不可逆);此外,$\sum_n^1$ 与 $\prod_n^1$ 互不包含. 特别,

我们有：$\nabla_0^1 \subset \Delta_1^1$（真包含）.

∇_0^1 是算术谓词，Δ_1^1 便叫做超算术谓词. 对于超算术谓词已有比较深入的研究.

本定理(除 $\nabla_0^1 \subset \Delta_1^1$ 外)的证明与算术谱系处相似，读者试自证之.

为了要弄清解析谓词，我们引入下列定义.

定义　初等算术的合适公式 (well-formed formula in elementary arithmetic) 指由常元(即具体数学)，数变元，函数＋，·，以及命题联结词，约束数空位的量词按组成规则而作成. 如果没有数变元(只有约束空位)便叫做**初等算术的语句**. 例如，

$$\neg a = 3 \to \exists e(e \cdot (e + 2) = a)\ 。$$

便是初等算术的合适公式，而

$$\forall e_1(\neg e_1 = 3 \to \exists e(e \cdot (e + 2) = e_1))$$

便是初等算术语句.

定义　如果在初等算术的公式及语句之上再容许使用函数变元以及约束函数空位的量词，便得到**初等分析公式及初等分析语句**.

定义　一集合可在初等算术、二阶算术、初等分析中定义，指有一个初等算术、二阶算术、初等分析谓词(即具数空位的公式) $F(e)$ 使得 $A = \{x : Fx\}$.

我们有下列结果：

定理 4　A 是解析谓词恰当 A 可在二阶算术中定义，又恰当 A 可在初等分析中定义.

前面一个"恰当"是明显的(根据解析谓词的定义)，后面一个"恰当"比较复杂，须经过下列步骤. 先引入五个系统如下：

(1) 初等分析、初等算术加上实数变元(及约束实数空位，下同).

(2) 初等算术加上有理数变元、无理数变元.

(3) 初等算术加上无理数变元.

(4) 初等算术加上函数变元，但函数变元不能互相嵌套（例

如，$\varepsilon_1(\varepsilon_2(2),\varepsilon_1(0))$ 是不允许的).

(5) 初等算术加上函数变元，而且允许函数变元互相嵌套，即二阶算术.

我们依次证明：A 在(1)中可定义恰当在(2)中可定义，恰当在(3)中可定义，…，恰当在(5)中可定义. 其证明并不太繁，今略.

由上面这些结果，可以看出解析谓词研究的重要性.

§75. 计算复杂性

现在，我们简单地介绍有关计算复杂性以及一些比较重要的成果.

在递归论中，讨论能行性时大都注意是否可以计算，亦即是否可以在有限步骤内计算. 但实际上在计算机计算时，我们都要求能够计算简单. 例如，同样可以计算一个函数，用一个程序三小时可以计算完毕，而用另一个程序却需费三天功夫甚至于三个月的功夫，当然相差太大了. 这是时间上的复杂性. 又例如，同样计算一个函数，用一个程序只使用机器的内存便够，而用另一个程序，却需使用大量的外存，还不能顺利地进行计算，这是空间上的复杂性. 正是由于我们发明了半导体，使用了集成电路，才使得以前占满几间大房子的计算机，如今可以缩小成为一个打字机那么大小，甚至于和一个饼干盒子那样大小，这种空间上的节省是很值得重视的. 半导体的出现，是由于工艺制造上的改进，但在程序上的改进也不容忽视.

另一方面，我们也须知道，函数本身也有其固有的复杂性，与工艺的改进以及程序的改进无关. 例如，我们都认为，乘方函数本质上比加法与乘法要复杂得多，如果有人想从改进工艺以及改进程序着手，使得计算乘方函数比计算加法、乘法更快捷，更节省存储单元，看来这恐怕只能是幻想，很少是有实现的可能的. 因此，从事探讨函数的本身复杂性(与机器无关的)也是很重要的. 我们现在介绍的计算复杂性理论，便是在这方面所作的一种尝试.

要讨论计算复杂性最容易想到的是根据用计算机计算该函数时所需使用的存储单元数(空间复杂度)以及所需进行的计算步数(时间复杂度),一般并且按 Turing 计算机而计算. 这样的讨论已有相当多的人在进行,也获得了不少的结果. 现在我们想要介绍的却比这种理论更为推广一些.

我们仍使用 URM 的程序,并且加以编号. $P_1, P_2, \cdots\cdots$. 当然,给出编号以后,我们可以写出程序 P_n,反之,给出一程序后,我们可以写出其编号 n. 我们把 P_n 计算的函数写作 ϕ_n(可假定为一元. 如 P_n 计算 k 元函数 ϕ_n 时,我们也只讨论一元的 $\phi_n(\langle K_1, K_2, \cdots, K_k\rangle)$). 根据上面的论证,我们对一切递归(可偏)函数的讨论都包括在内.

函数 $\phi_e(x)$ 的复杂度 $\Phi_e(x)$ 应满足下列条件:

(1) Φ_e 的定义域应与 ϕ_e 的定义域相同.

(2) $\Phi_2(x) \simeq y$ 应是可完全判定的. 即任给 x, y,应能判定两边是否相等.

满足这两条件的复杂度很多,我们可举几个例子.

$$(一)\Phi_e(x)\begin{cases} = \text{用 } P_e \text{ 计算 } \phi_e(x) \text{ 时所需的步数;} \\ \qquad\qquad\qquad\qquad \text{当 } \phi_e(x) \text{ 有定义时;} \\ = \perp \qquad\qquad\qquad \text{当 } \phi_e(x) \text{ 无定义时.} \end{cases}$$

亦即 $\Phi_e(x) = \mu e_1(P_e(x)$ 在 e_1 步内结束).

当然,$\Phi_e(x)$ 与 $\phi_e(x)$ 同定义域,条件(1)满足.

要判定 $\Phi_e(x) \simeq y$ 是否成立,可将 $P_e(x)$ 进行 y 步,即可判定条件(2)满足.

故 $\Phi_e(x)$ 可以作为 $\phi_e(x)$ 的计算复杂性.

$$(二)\Phi_e(x)\begin{cases} = \text{用 } P \text{ 计算 } \phi_e(x) \text{ 时实施转移指令的次数,} \\ \quad \text{当 } \phi_e(x) \text{ 有定义时;} \\ = \perp\text{,此外.} \end{cases}$$

这里,当实施"$E_n c$",结果如需转而实施指令 c 则算一次,如仍实施下一条指令(并未转移)则不算实施转移指令.

$\Phi_e(x)$ 当然与 $\phi_e(x)$ 同定义域,条件(1)满足.

设P_e共有s条指令，则继续实施 s^{+1} 步时必有一次跳跃. 今实施 $(y+1)(s+1)$ 步. 如果P_e停机，则计算跳跃次数是否是y而决定 $\phi_e(x)\simeq y$ 是否成立. 如果P_e未停机，则 $P(x)$ 至少跳跃 $y+1$ 次，故 $\phi_e(x)\simeq y$ 必不成立. 故恒可判定，条件(2)满足.

$$
(\text{三})\phi_e(x)\begin{cases}=\text{用 } P_e(x) \text{ 计算 } \phi_e(x) \text{ 时曾经存储过的最大数，}\\ \quad \text{当 } \phi_e(x) \text{ 有定义时；}\\ =\bot\text{，此外.}\end{cases}
$$

$\phi_e(x)$ 与 $\phi_e(x)$ 同定义域，故条件(1)满足.

设P_e共s条指令而用到的单元共u个. 如果 $R_1,\cdots,R_u$ 的内容均$\leqslant y$，则机器内存状态共有 $(y+1)^u$ 种，连指令共有 $s(y+1)^u$ 种不同状态. 今实施 $P_e(x)$ 共 $1+s(y+1)^u$ 步. 如果机器已经停机，则检查最大的存储数而决定 $\phi_e(x)\simeq y$ 是否成立. 如果机器尚未停机，则或者上述状态重复出现，故机器永不停机，这时 $\phi_e(x)\simeq y$ 不成立；或者上述状态不重复出现，那必是由于有一单元内存数大于y所致，$\phi_e(x)\simeq y$ 仍不成立. 因此 $\phi_e(x)\simeq y$ 永可判定. 条件(2)满足.

通常使用 Turing 机器，于是(一)的 $\phi_e(x)$ 便叫做该函数的**时间复杂度**. 而(二)的 $\phi_e(x)$ 便叫做该函数的**空间复杂度**((三)的 $\phi_e(x)$ 实际上便是 Turing 机器的所用带上方格数). 由此可见，前面所讨论的时空复杂度便是我们所讨论的计算复杂度的一种. 当具体地限定为时间、空间复杂度时，当然得到很多具体的更进一步的结果. 但目前我们有兴趣的是一般的计算复杂度. 下面的讨论基本上对任何一种计算复杂度都适用.

定义 如果一谓词 $M(x)$ 除有限多个x外都成立，亦即有一数n_0使得 $x>n_0$ 时 $M(x)$ 成立，则说 $M(x)$ **几乎处处成立**，亦说 $M(x)$ **殆成立**.

定理 1 任给一个递归全函数 $a(x)$，都有一个递归全函数 $f(x)$，只取值 0,1，使得对于f的任何枚举标码t，均有

$$\phi_t(x)>a(x)$$

殆成立.

证明 先注意,因为

$$\phi_i(n) \leqslant a(n) \longleftrightarrow \exists e \leqslant a(n)(\phi_i(n) \simeq e),$$

故可以完全判定：给出 i 后是否 $\phi_i(n) \leqslant a(n)$.

今设 $f(0), f(1), \cdots, f(n-1)$ 已经作出. 先定义:

$i_n = \mu e(e \leqslant n \wedge e$ 与以前已定义的 i_k 不同 $\wedge \phi_e(n) \leqslant a(n))$,
当这个 e 存在时;

$= \perp$,此外.

因为 i_n 是否有定义可以判定,如有定义,可确定其值,从而可定义 $\phi_{i_n}(x)$. 再定义:

$$f(x) = \begin{cases} 1, & \text{当 } i_x \text{ 有定义且 } \phi_{i_x}(x) = 0 \text{ 时;} \\ 0, & \text{此外.} \end{cases}$$

显然 $f(e)$ 是递归全函数.

命 f 的标码为 t, 即 $f(e) = \phi_t(e)$. 由作法知 $t \neq i_n$ (一切有定义的 i_n).

另一方面,设对某个具体的 i,有无穷多个 m 使得

$$\phi_i(m) \leqslant a(m),$$

命

$$p = \begin{cases} 1 + \max\{k: i_k \text{ 有定义且 } i_k < i\}, & \text{当有 } k \text{ 使得 } i_k \text{ 有定义且 } < i \text{ 时;} \\ 0, & \text{当无 } k \text{ 使得 } i_k \text{ 有定义且 } i_k < i \text{ 时.} \end{cases}$$

选取 n 使得 $n \geqslant i, p$ 且有 $\phi_i(n) \leqslant a(n)$. 我们断言必有 $k \leqslant n$ 使得 $i = i_k$. 试设对一切 $k < n$ 均有 $i \neq i_k$, 则在定义 i_n 的第 n 步时,由于 $i \leqslant n \wedge i \neq i_k(k < n) \wedge \phi_i(n) \leqslant a(n)$,故必有 $i_n \leqslant i$. 又因为 $n \geqslant p$, 而凡使 $i_k < i$ 的 k 均有 $k < p$, 故必有 $i_n \geqslant i$, 从而必有 $i = i_n$. 换言之, 只要有无穷多个 m 使得 $\phi_i(m) \leqslant a(m)$, 则必为某个 i_n.

再与上段结果合并,可知这个 i 必不是 t,从而

$$\phi_t(x) > a(x)$$

殆成立. 于是定理得证.

这条定理的"殆成立"能否加强为"成立"呢？ 这是不可能的. 因为对于任何一个函数 f，对于任何一个具体值 a，只要 $f(a)$ 有定义 $=b$，都有一个程序很快地计算出 $f(a)$ 来. 其办法是：在原有的 f 程序上，添入：检查"$x=a$?"，如是，则取 b 为值；如不是再转到原有的程序. 这个程序对计算 $f(a)$ 而言，快速非凡，只要 $a+b+3$ 步，从而只要 $a(x)>x+b+3$ 便不可能说 $f(x)$ 的计算复杂性 $\phi_t(x)$ 必处处大于 $a(x)$. 可以说，定理 1 是最好的一个结论.

定理 1 是指，任给一个 $a(x)$，都有一函数 $f(x)$，它的计算复杂度大于 $a(x)$，即恒有任意复杂的函数.

出人意料的是，我们有一条加速定理.

定理 2（加速定理） 任给一个递归全函数 $r(e)$，恒有一个递归全函数 f 使得对 f 的任何一个程序 P_i 而言，永有 f 的另一个程序 P_k 使得 $r(\phi_k(x))<\phi_i(x)$ 殆成立.

本定理的证明较繁，今略.

这里 $r(e)$ 可取为上升很快的函数. 例如，$r(e)$ 可为 2^e 等等. 无论怎样取，总有一个递归全函数，使得任何一个程序 P_i 都有另一个速度更快的程序 P_k 使得 $\phi_i(x)>r(\phi_k(x))$ 殆成立. 换言之，对 f 而言，没有最好的程序（速度最快的程序）.

这条定理不是能行的，即具体给出 $r(e)$ 后，固然可以作出 f，但具体给出 P_i 后，未必能具体作出 P_k. 如果我们放弃"P_k 是 f 的程序"这个要求，只要求 P_k 所计算的（仍是递归全函数）$\phi_k(x)$，能够满足"$\phi_k(x)=f(x)$ 殆成立"，那末这个 P_k 却可以能行地求出.

由于有这样的函数 f，理论上说来，对机器的改进不如对程序的改进. 例如，设由于工艺以及别的设备方面的改进，可以使得程序的计算速度快万倍. 现在取 r 使得 $r(e)>10000e$. 对这样的 r 有一个 f. 当给出 P_i 时永有 P_k 使得 $\phi_i(x)>r(\phi_k(x))$.

如果对新机器使用旧程序 P_i，则所费的时间将为 $t_1=\phi_i(x)/10000$；如果对旧机器而使用新程序 P_k，则所费时间为 $t_2=\phi_k(x)$；

由于 $\phi_i(x) > r(\phi_k(x)) > 10000\phi_k(x)$，又由于

$$t_2 < \phi_i(x)/10000 = t_1,$$

故后者所费的时间更少.

当然，工艺的改进绝不可少，因为当既使用新程序 P_k 又使用新机器时，而所费的时间自然更少.

我们想按计算复杂性作分类，最容易想到的是:

定义 命 E_a 表 $\{\phi_e:\phi_e$ 为全函数且 $\phi_e(x) \leqslant a(x)$ 殆成立$\}$ 亦即 $E_a = \{f:f$ 为递归全函数且它有程序 P_e 使得 $\phi_e(x) \leqslant a(x)$ 殆成立$\}$.

这个分类是非常清楚的，即其计算复杂度几乎处处小于 $a(x)$ 的都属于 E_a. 但由于下面的定理，这个分类的用处颇令人怀疑.

定理 3（间隙定理） 任给递归全函数 $r(e)$ 使得 $r(x) \geqslant x$，则有一个递归全函数 $a(e)$ 使得:

(1) 对任何 t 及任何 $x > t$，如果 $\phi_t(x)$ 有定义且

$$\phi_t(x) \geqslant a(x),$$

则必有 $\phi_t(x) > r(a(x))$；从而又有:

(2) $E_a = E_{r(a(e))}$.

证明 (1)先定义一个数列 $k_n(0 \leqslant n \leqslant x)$ 如下:

$k_0 = 0$,

$k_{n+1} = r(k_n) + 1$ ($n < x$ 时).

今考虑区间 $[k_n, r(k_n)]$ $(0 \leqslant n \leqslant x)$. 共有 $x+1$ 个区间，而值 $\phi_t(x)(t < x)$ 只有 x 个，故必有一区间不含有任何 $\phi_t(x)$ $(t < x)$. 今命

$$i_x = \mu e(\forall e_1 < x(\phi_{e_1}(x) \bar{\in} [k_e, r(k_e)])),$$

并命 $a(x) = k_{i_x}$.

由理论知这个 i_x 必存在，故可能行地找到它. 因为继续地判定 $\phi_t(x) \simeq y$，便必可判定是否 $\phi_{e_1}(x) \bar{\in} [k_e, r(k_e)]$. 因此，可知 $a(x)$ 是递归全函数(无需使用 Church 论点).

今设 $x > t$ 且 $\phi_t(x) \geqslant a(x)$，则由 $a(x)$ 的作法知，必有 $\phi_t(x) \bar{\in} [a(x), r(a(x))]$，故 $\phi_t(x)$ 亦$>r(a(x))$，因此(1)得证.

(2) 显然有 $E_a \subseteq E_{r(a(e))}$，记为 $E_a \subseteq E_1$. 如果有 f 使得 $f \in E_1 \backslash E_a$，则 f 将有一个程序 P_t 使得 $\phi_t(x) \leqslant r(a(x))$ 殆成立. 但由于 $f \bar{\in} E_a$，必有无穷多个 x 使 $\phi_t(x) > a(x)$，而这与(1)矛盾. 由此可知,(2)成立. 于是定理得证.

注意,所作的 $a(x)$ 可以大于任何递归全函数 $c(x)$. 只须在上面的证明中命 $k_0 = c(x)$ 便成.

由这定理可知,所加的限 $a(x)$ 是没有多大意义的,亦即这种分类法用处不大.

作为计算复杂性的一个用处,我们指出下列事实.

初等函数的计算复杂度亦是初等函数,因此可得:

(1) f 为初等函数恰当 f 的计算复杂度 $\phi_t(x)$ 亦为初等函数. (这里设 f 的标码为 t.)

这个事实容易证明(就初等函数的组成过程而证之). 但更有趣的事实是:

从本原函数出发,当每次作出新函数时,都要求该函数的计算复杂度(时间上的或空间上的)是已知的函数，那末这个函数必是初等函数.

换句话说，如果我们严格地要求能行性，当每次作新函数时，都要求新函数的计算复杂度可用已知函数来衡量，那末所得出的函数只能是初等函数.

由此可知初等函数的重要性. 上面事实的证明并不难，但有些麻烦,今略.

但是根据使用计算机的实际经验，人们还从初等函数中分出两类来.

定义 如果 $f(e)$的($=\varphi_t(e)$) 计算复杂度 $\phi_t(e)$ 是 e 的多项式函数,则 $f(e)$ 叫做**可现行的**(或**能现行的**)**函数** (feasible function). 如果 $f(e)$ 的计算复杂度 $\phi_t(e)$ 满足 $\phi_t(e) > 2^e$，则说 $f(e)$ 是**非可现行的**(当然仍是能行的).

人们认为,可现行的函数才真正的可以用现实的计算机计算,非现行的函数 $f(e)$ 只对极小极小的 x 值才能计算 $f(x)$. 至于

略为大一些的 x 值，要计算 $f(x)$，无论从存储量(空间上)来说，或是从计算时间上来说，都是现实的计算机所不能计算的.

当然，这里仍有一些理想的成分. 试命： $a=10\uparrow(10\uparrow 34)$，即使每个原子可存一位数字，这个数也远远超过地球上的电子数目，是无法存储的. 常数 a 尚且不能存储，哪里还谈得上计算那些复杂度为多项式函数的函数？这个极端的例子，我们暂不详论，姑且承认：复杂度为多项式函数是可用现实计算机计算的（即可现行函数）.

计算机还分两种：一种是使用一意的程序，每一步都决定下一步怎样走，任何计算机依这种程序计算时，只要不出差错，各步以及各中间结果都必然是一样的. 另一种是使用多意的程序，当执行了某一指令后，下一步可以有多种走法，由计算机当时自己选定. 使用这种程序时，不同的计算机可以有不同的计算过程，可得到不同的结果. 只要的确是程序所允许的计算过程，不同的结果都是正确的结果. 这种使用多意程序的计算机，在讨论形式语言时起极大的作用.

现在，有一个著名的未解决的问题：那就是对一意程序而言，其复杂度为多项式的函数类与对多意程序而言，其复杂度为多项式的函数类是否相同？设前者的函数类记为 P，后者的函数类记为 NP. 一个未解决的难题是：$P=NP$ 吗？

这个问题很重要，受到很多人的重视和大力研究. 如果答案是"对的"(两类函数是相同的)，那末很多问题，例如，判定布尔表达式的真假的过程，便可以是可现行的问题(其复杂度是多项式函数)，可以用现实的计算机来计算. 反之，如果答案是"否"(两类函数是不相同的)，那末，这些问题便不是可现行的问题(其复杂度不是多项式函数)，只有利用多意的程序才能现行计算(这种机器目前尚不存在). 很多人猜想，要想解决"$P=NP$ 吗?"这个问题，恐怕要费很大的力量.

可现行性的研究是计算复杂性理论中一个重要的新方向，现在越来越受到人们的重视.

第八章　化归与不可解度

§80. 化归与不可解度总论

在上面的讨论中，我们经常把一个判定问题化归到另一个问题去，我们的论证是："如果问题 A 可判定则问题 B 亦可判定，今 B 不能(完全、半)判定，故 A 亦不能(完全、半)判定". 这就是把问题 A 的判定化归到问题 B 的判定去.

我们说，如果问题 A 可化归到问题 B，则问题 A 的判定"易于"问题 B 的判定. 因为，当 B 可判定时，A 亦可以判定. 因此，借助于化归，我们每每可以把问题的判定排出一个难易次序来.

但是这种化归，不能只凭直觉，而必须明确地规定，所谓"化归"到底是什么，只当"化归"有了明确定义后，我们才能够准确无讹地作出下列的论证.

(1) 如果有对 $B(x)$ 的判定算法，也就有对 $A(x)$ 的判定算法.

(2) 如果知道 $B(x)$ 的真假后，也就可以知道 $A(x)$ 的真假.

(3) 如果利用有关 $B(x)$ 的信息，也就可以知道有关 $A(x)$ 的性质.

如此等等. 现在我们便来明确地讨论化归问题.

首先，我们限于讨论谓词的判定，而不再讨论函数的求值. 因为求函数 $f(x)$ 的值的问题，可以改为求判定谓词 $y=f(x)$ 的真假问题，两者实质上是一致的. 同时习惯上不说对谓词 $A(x)$ 的判定，而说对集合 $\{x:A(x)\}$ 的判定. 即对集合的判定问题，其实对集合 $A=\{x:A(x)\}$ 的判定，仍是问 $x\in A$ 即 $A(x)$ 的真假问题.

其次，我们讨论完全判定而不限于半判定．因为对谓词而言，不是真便是假，一般人把"无定义"也看作"不是真"，从而看作"假"．如果讨论半判定，则"$x \in K$"与"$x \in K^C$"的问题便有不同的难易，$x \in K$ 是归举谓词，$x \in K^C$ 甚至于不是归举谓词，看来似乎判定的难易相去甚远，其实，详细说来，有下列的情况：

$x \in K$ 可半判定，它真时我们必知道，它假时我们未必知道．

$x \in K^C$ 可负半判定，它假时我们必知道，它真时我们未必知道．

我们应该说，这两者难易程度是一样的，甚至于我们可以说，对两者的判定实际上是一个判定问题．如只讨论半判定，从而认为是两个难易大不相同的判定问题，便会觉得不够自然了．

化归问题既然是对判定问题排个难易次序，因此便与次序关系发生密切关系．我们先一般地进行讨论．

不管哪一种化归，暂使用"$A \leqslant_r B$"表示"A 可化归于 B"(意指：可把判定 A 的问题化归为判定 B)，我们要求它满足下面两个性质：

(1) 自反性．即，对任何 A，$A \leqslant_r A$ 恒成立．

(2) 可传性．即，由 $A \leqslant_r B$，$B \leqslant_r C$ 可推得 $A \leqslant_r C$．

我们下文引进的"化归"，都必须证明满足这两个性质．

但是我们不要求它具有"反对称性"，即不要求它满足如下条件：

如果 $A \leqslant_r B$ 且 $B \leqslant_r A$，则 $A = B$．

由于没有反对称性，因此我们引入：

定义 $A \equiv_r B$ 指 $A \leqslant_r B$ 且 $B \leqslant_r A$．

这时 $\equiv_r$ 必是一种等价关系，即它必满足下列三个性质：

(1) 自反性　$A \equiv_r A$．

(2) 对称性　如 $A \equiv_r B$ 则 $B \equiv_r A$．

(3) 可传性　如 $A \equiv_r B$ 且 $B \equiv_r C$，则 $A \equiv_r C$．

于是，根据集合论中的熟知方法，可根据等价关系 $\equiv_r$ 而将集合分类，凡“$A \equiv_r B$”成立时便把 A, B 放入同一类中，不成立时则放在不同类中．这种等价类便叫做 r 化归度，亦叫做 r 不可解度，当 A 为递归集时，A 所在的 r 化归度可叫做 r 递归度（或递归 r 度），当 A 为归举集，它所在的度可叫做 r 归举度（或归举 r 度）．当 A 属于度 a 时，便说 A 具有化归度 a．可记为 $A \in a$ 或 $a = d_r(A)$．

定义 当 $A \leqslant_r B$ 时则说 $d_r(A) \leqslant_r d_r(B)$．如果 $d_r(A) \leqslant_r d_r(B)$ 但 $d_r(A) \neq d_r(B)$，则说 $d_r(A) <_r d_r(B)$．（对集合 A，B 言，$\leqslant_r$ 读作“r 化归于”，对化归度 $d_r(A), d_r(B)$ 言，$\leqslant_r$ 读作“r 小于或等于”而 $<_r$ 读作“r 小于”）．

对化归度言，$\leqslant_r$ 有反对称性，即

如果 $d_r(A) \leqslant_r d_r(B)$ 且 $d_r(B) \leqslant_r d_r(A)$，则

$$d_r(A) = d_r(B).$$

因为这时必有 $A \equiv_r B$，从而 A, B 必放在同一类中，亦即两者的化归度必相同．

但是无论就集合的 $\leqslant_r$ 或化归度的 $\leqslant_r$ 而言，都没有连通性，即我们没有下列的关系：

（甲）或者 $A \leqslant_r B$ 或者 $B \leqslant_r A$ 两者必居其一，

（乙）或者 $d_r(A) \leqslant_r d(B)$，或者 $d_r(B) \leqslant_r d_r(A)$，两者必居其一．

因此 $\leqslant_r$ 永是偏序而不能是全序．

定义 如果既没有 $A \leqslant_r B$ 又没有 $B \leqslant_r A$，则说 A, B 是 **r 不可比较**，也说 $d(A)$ 与 $d(B)$ **r 不可比较**（**r 不可比较度**）．通常记为 $d(A) \backslash_r d(B)$．

定义 集合 A 是在集合族 M 中依 $\leqslant_r$ 而言的**最大元**，指 $A \in M$ 而且 $\forall B(B \in M \to B \leqslant_r A)$．当 M 为归举集族时，M 中依 $\leqslant_r$ 而言的最大元便叫做 **r 完备的集**．

关于数集（至少，关于归举数集）在偏序 $\leqslant_r$ 之下的结构，是递归论的一个重要内容．

注意，一集族中的 r 最大元未必存在，归举集族中的 r 最大元

（亦即 r 完备集）亦未必存在．

定义 如果有 $a \leqslant_r c$，$b \leqslant_r c$，则说 c 是 a，b 的一个**上界**．

定义 上界中最小的叫做**上确界**，亦即：如果 c 是 a,b 的一个上界，而对 a,b 的任何上界 d 而言永有 $c \leqslant_r d$，则说 c 是 a,b 的上确界，上确界如果存在必是唯一的，记为 $a \cup b$．

仿此，可以定义 a,b 的一个**下界**，以及 a,b 的**下确界**．下确界如果存在亦必是唯一的，记为 $a \cap b$．

定义 设在集合 A 中已定义次序$\leqslant$．如果对该次序而言，任何两元永有一个上确界（亦即 $a \cup b$ 永有定义），则说该次序在 A 中组成**上半格**．如果任何两元永有一个下确界，则说该次序在 A 中组成**下半格**．既是上半格又是下半格的便叫做**格**．

由下文可知，对现在已经讨论过的一些重要的化归而言，其化归度永可组成一个上半格．

下文我们便开始讨论一些重要的化归．

§81. 多一化归与一一化归

定义 如果有递归全函数 $f(e)$，使得

$$\forall e(e \in A \longleftrightarrow f(e) \in B),$$

则说 A 可**多一化归于** B，记为 $A \leqslant_m B$．

定义 如果多一化归中的 $f(e)$ 是一一函数，则说 A **可一一化归于** B，记为 $A \leqslant_1 B$．

定理 1 $\leqslant_m$ 与 $\leqslant_1$ 具有自反性与可传性．

证明 因 $x \in A \longleftrightarrow I(x) \in A$，故 $\leqslant_m$ 与 $\leqslant_1$ 具有自反性（注意，$I(e)$ 是一一函数）．其次，如果 $x \in A \longleftrightarrow f_1(x) \in B$，而且 $x \in B \longleftrightarrow f_2(x) \in C$，则有 $x \in A \longleftrightarrow f_1(x) \in B \longleftrightarrow f_2(f_1(x)) \in C$．而且当 f_1, f_2 为递归全函数时，$f_2(f_1(e))$ 亦为递归全函数，当 f_1，f_2 为递归全函数且一一函数时，$f_2(f_1(e))$ 亦为递归全函数且一一函数，故 $\leqslant_m$ 与 $\leqslant_1$ 具有可传性．

定理 2 如果 $A \leqslant_1 B$，则 $A \leqslant_m B$．（显然）

后面凡有关 $\leqslant_m$ 的定理均适用于 $m=1$，否则必加上条件 "$m>1$"。

定理 3 $A \leqslant_m B \to A^C \leqslant_m B^C$.

证明 如果 $A \leqslant_m B$，则必有递归全函数 f 使得 $x \in A \leftrightarrow f(x) \in B$. 这时两边取否定便有

$x \notin A \leftrightarrow f(x) \notin B$，即 $x \in A^C \leftrightarrow f(x) \in B^C$. 证完.

定理 4 如果 $A \leqslant_m B$，而 B 为递归集，则 A 亦为递归集.

证明 如果 $x \in A \leftrightarrow f(x) \in B$，则命 A，B 的特征函数分别为 $a(x), b(x)$，则 $a(x)=0 \leftrightarrow x \in A \leftrightarrow f(x) \in B \leftrightarrow b(f(x))=0$，由于特征函数只取 0,1 两值，故 $a(x)=bf(x)$. 又由于 $f(e)$ 及 $b(e)$ 均为递归全函数，故 $b(f(e))$ 也为递归全函数，亦即 $a(e)$ 为递归全函数，故 A 为递归集.

定理 5 如果 $A \leqslant_m B$，而 B 为归举集，则 A 亦为归举集.

证明 因为 B 为归举集，故有一般递归函数 h 使得

$$x \in B \leftrightarrow \exists e(h(x,e)=0).$$

又因 $A \leqslant_m B$，从而有一般递归函数 f 使 $x \in A \leftrightarrow f(x) \in B$，从而 $x \in A \leftrightarrow f(x) \in B \leftrightarrow \exists e(h(f(x),e)=0)$. $h(f(x),e)$ 显为 x,e 的一般递归函数，故 A 为归举集.

定理 6 (1) 如果 A 为递归集，而 $B \neq \phi, N$，则 $A \leqslant_m B$. (2)当 A,B 为 ϕ, N 时，则如下:

(2.1) $A \leqslant_m N$ 恰当 $A=N$. (2.2) $A \leqslant_m \phi$ 恰当 $A=\phi$.

(2.3) $\phi \leqslant_m B$ 恰当 $B \neq N$. (2.4) $N \leqslant_m B$ 恰当 $B \neq \phi$.

证明 (1) 因 $B \neq \phi, N$ 可取 $b \in B$ 且 $c \notin B$，并定义:

$$f(x)=\begin{cases} b, & \text{当 } x \in A \text{ 时}; \\ c, & \text{当 } x \notin A \text{ 时}. \end{cases}$$

由于 A 递归，故 $f(x)$ 为递归全函数，且有

$x \in A \leftrightarrow f(x) \in B$，故知 $A \leqslant_m B$.

(2.1) 由自反性有 $N \leqslant_m A$，其次，如果 $x \in A \leftrightarrow f(x) \in N$，由于显然有 $f(x) \in N$，故 $x \in A$，即 $A=N$.

(2.2) $A \leqslant_m \phi \leftrightarrow A^C \leqslant_m N \leftrightarrow_{(2.1)} A^C = N \leftrightarrow A = \phi$.

(2.4) 设 $N \leqslant_m B$ 则 $x \in N \longleftrightarrow f(x) \in B$ 故 $B = f$ 的值域，从而 $B \neq \phi$. 反之，如 $B \neq \phi$ 可取 $c \in B$. 并定义 $f(x) = c$（一切 x），则 $x \in N \longleftrightarrow f(x) \in B$，故 $N \leqslant_m B$.

(2.3) $\phi \leqslant_m B \longleftrightarrow N \leqslant_m B^C \longleftrightarrow B^C \neq \phi \longleftrightarrow B \neq N$. 证完.

定理 7 如果 A 为非递归的归举集，则 $A \leqslant_m A^C$ 与 $A^C \leqslant_m A$ 均不成立.

注意，我们说，这样的 A，A^C 是 m 不能比较的，故 m 不可比较的集、度是存在的.

证明 如果 $A^C \leqslant_m A$，则由定理 5，A^C 为归举集，这与 A 非递归矛盾. 如果 $A \leqslant_m A^C$，两边取补，由定理 3，再得 $A^C \leqslant_m A$. 仍不可能. 证完.

由定理 7 可知，"$\leqslant_m$"不是理想的化归理论，上面说过我们认为对 A 的判定与对 A^C 的判定应是同一的问题，如今竟是难易程度不可比较的两个判定问题了. 此外定理 6 中把 ϕ 与 N 特别提出，与别的递归集不一样，也是这种化归理论不合适的又一现象.

定理 8 A 为归举集恰当 $A \leqslant_m K$. $(K = \{x : x \in W_x\})$

证明 如果 $A \leqslant_m K$，因 K 为归举集，故由定理 5，A 亦为归举集. 反之，如果 A 为归举集，可定义 $g(x, y)$ 如下:

$$g(x, y) = 1, \quad \text{当 } x \in A \text{ 时};$$
$$\quad\quad\quad = \bot, \quad \text{当 } x \notin A \text{ 时}.$$

依据 $s-m-n$ 定理，有递归全函数 $h(x)$ 使得

$$g(x, y) = \varphi_{h(x)}(y).$$

故由 g 的定义，即得

$$x \in A \longleftrightarrow \varphi_{h(x)}(h(x)) \text{ 有定义} \longleftrightarrow h(x) \in K,$$

故知 $A \leqslant_m K$. 于是定理得证.

再回顾下定义.

定义 A 是 m 完备的，指 A 为归举集且任何归举集 B 均有 $B \leqslant_m A$.

由定理 8 则得:

定理 9 (1) K 是 m 完备的. (2) A 是 m 完备的恰当 $A \equiv_m K$

恰当 A 为归举且 $K \leqslant_m A$.

注意,由定理 8,定理 9,可以说 $x \in K$ 是归举谓词中最难判定的一个问题.

例如,下列的集合都是 m 完备的,读者可自己证明.

(1) $\{\langle x, y\rangle : x \in W_y\}$

(2) $\{x : c \in W_x\}$ (c 为一具体数字)

(3) $\{x : x \in E_x\}$

(4) $\{x : \varphi_x(x) = 0\}$.

定理 10 A 为 m 完备的恰当 A 为创造集.

证明 ($\rightarrow$)如果 A 为 m 完备的,则 $K \leqslant_m A$,故 $K^C \leqslant_m A^C$,由产生集处所论知 A^C 为产生集,再因 A 为归举集,故 A 为创造集.

($\leftarrow$)(此结论由 Myhill 获得).设 A 为创造集,而 B 为归举集,我们须证 $B \leqslant_m A$. 由于 A^C 为产生集,设其产生函数为 $p(e)$.今定义 $g(x, y, z)$ 如下:

$$g(x,y,z)=\begin{cases}0, & \text{当 } z = p(x) \text{ 且 } y \in B \text{ 时;}\\ \perp, & \text{此外.}\end{cases}$$

由 $s-m-n$ 定理,有一个递归全函数 $h(x, y)$ 使得

$$\varphi_{h(x,y)}(z) \simeq g(x,y,z).$$

特别地有

$$W_{h(x,y)}=\begin{cases}\{p(x)\}, & \text{当 } y \in B \text{ 时;}\\ \phi, & \text{此外.}\end{cases}$$

由第二递归定理知,有递归全函数 $n(y)$ 使得

$$W_{h(n(y),y)} = W_{n(y)} \quad (\text{一切 } y)$$

故有,对一切 y 而言

$$W_{n(y)}=\begin{cases}\{p(n(y))\}, & \text{当 } y \in B \text{ 时;}\\ \phi, \text{此外.}\end{cases}$$

今断言 $y \in B$ 恰当 $p(n(y)) \in A$ (从而 $B \leqslant_m A$). 其证明如下:

如果 $y \in B$,则 $W_{n(y)} = \{p(n(y))\}$. 反设 $p(n(y)) \notin A$ 则 $W_{n(y)} \subseteq A^C$,由于 $p(e)$ 为 A^C 的产生函数,应有 $p(n(y)) \notin W_{n(y)}$,

这非事实，故必有 $p(n(y))\in A$. 另一方面，如果 $y\notin B$ 则

$$W_{n(y)}=\phi\subseteq A^C,$$

因 $p(e)$ 为 A^C 的产生函数，故 $p(n(y))\in A^C$. 断言得证.

由这断言及 $p(n(e))$ 为递归函数，可知 $B\leqslant_m A$. 于是充分性得证. 故定理得证.

定理 11 集合 $A=\{x:\varphi_x(e)$ 是全函数$\}$，集合 $B=\{x:\varphi_x(e)$ 不是全函数$\}$都不能m化归于K.

证明 因为由上知 A,B 都不是归举集.

这条定理说明这两集的判定问题要比K的判定问题更为困难.

我们可以利用m化归度的语言把上面的一部分结果改而叙述如下:

定义 如果某个m化归度(它是集合族)中含有递归集（或归举集)，则这个m化归度叫做m递归度(m归举度).

定理 12 (1) $\{\phi\}\{N\}$ 为m递归度，分别记为 0 与 n.

(2) 除 0 与 n 以外还有一个m递归度，它由ϕ与N以外的全体递归集组成. 记为 0_m. 并对每一个m化归度α均有:

$$\alpha\neq 0,n\rightarrow 0_m\leqslant_m\alpha.$$

因此，除 0，n 以外，0_m 是m化归度中的最小者.

(3) 对每一个 m 化归度α，$\alpha\neq n\rightarrow 0\leqslant_m\alpha$ 及 $\alpha\neq 0\rightarrow n\leqslant_m\alpha$.

(4) 任何m归举度都只由归举集组成.

(5) 如果 $\alpha\leqslant_m\beta$，而β为递归、归举度，则α亦为递归、归举度，从而归举度组成一个前段，即在归举度之下的度仍是归举度.

(6) 有一个最大的m归举度，那便是 $d(K)$，今后记为 $0'_m$.

这些都可以由以前的结果得到.

使用m化归度的语言还可以得出一个结果.

定理 13 m化归度组成一个上半格. 即任何两个m化归度 a,b 都有一个上确界 $a\cup b$,

证明 命 $a=d(A)$, $b=d(B)$. 今定义 $C=A\oplus B$ 如下:

$$2x\in C\leftrightarrow x\in A$$

$$2x+1\in C\leftrightarrow x\in B.$$

由定义可见 $A\leqslant_m C$ 及 $B\leqslant_m C$. 如命 $c=d(C)$,则 c 是 a,b 的一个上界.

今设有 $c_1=d(C_1)$ 使得 $A\leqslant_m C_1$, $B\leqslant_m C_1$, 命

$$x\in A\leftrightarrow f(x)\in C_1,\quad x\in B\leftrightarrow g(x)\in C_1.$$

则有

$$x\in C\leftrightarrow x\text{ 偶 }\wedge[x/2]\in A\vee\cdot x\text{ 奇 }\wedge[x/2]\in B$$

$$\leftrightarrow x\text{ 偶 }\wedge f([x/2])\in C_1\vee\cdot x\text{ 奇 }\wedge g([x/2])\in C_1$$

故命 $h(x)=f([x/2])$, 当 x 偶时;

$\qquad=g([x/2])$, 当 x 奇时.

便有 $x\in C\leftrightarrow h(x)\in C_1$. 故 $C\leqslant_m C_1$. 故知 $d(C)$ 是 $d(A)$ 与 $d(B)$ 的上确界. 定理得证.

推论 如果 a,b 为归举度,则 $a\cup b$ 亦为归举度.

定理 14 单纯集不是 m 完备集,从而对单纯集的度 a 而言,永有 $0_m<_m a<0'_m$.

证明 因 $a\neq 0$, n, 故 $0_m<a$. 又因 a 为归举度且非创造集,故 $a<0'_m$.

由这定理可知,在 0_m 与 $0'_m$ 之间有另外的 m 归举度,即单纯集的 m 化归度.

上面我们是把 $\leqslant_m$ 与 $\leqslant_1$ 的公共性质讨论了,所得结果完全不分 $m=1$ 或否.至于 $\leqslant_m$ 与 $\leqslant_1$ 之间的关系,除定理 2 所说由 $\leqslant_1$ 可得 $\leqslant_m$ 以外,我们还未讨论. 关于这方面,我们有下列的结果.

(1) 无论在递归集或在归举集中, $\leqslant_1$ 与 $\leqslant_m$, $\equiv_1$ 与 $\equiv_m$ 都不是完全相同的,即有 A,B 使得有 $A\leqslant_m B$ 但没有 $A\leqslant_1 B$,以及有 $A\equiv_m B$ 但没有 $A\equiv_1 B$.

(2) 但是 1 完备集却与 m 完备集相同. 这些结论虽然有趣,

但我们暂时从略。

我们想讨论另一个问题.

定义 由 1-1 递归一元全函数 f 所组成的函数集叫做**置换集**.

例如，$f(e)=I(e)$，便是一个置换，而

$$f(0)=1,\ f(1)=0,\ f(x)=x \quad (x\neq 0,1)$$

也是一个置换.

定理 15 全体置换集在迭置之下组成一群.

证明 如果 $f(e)$，$g(e)$ 为一一递归全函数，则 $f(g(e))$ 亦是一一，亦是递归，亦是全函数. 故置换对迭置封闭.

如果 $f(e)$ 为一一递归全函数，则 $f^{-1}(e)$ 亦为一一，由于必有定义，亦为递归，当然亦为全函数. 故逆元素是存在的.

迭置满足结合律是显然的. $I(e)$ 为么元素.

故知置换集在迭置之下组成一群.

定义 设有两数集 A,B. 如果有一置换 f 使得 $f(A)=B$（从而 $A=f^{-1}(B)$），则说 A,B 同构. 暂记为 $A\simeq B$.

定理 16 $A\simeq B$ 恰当 $A\equiv_1 B$（即 $A\leqslant_1 B$ 且 $B\leqslant_1 A$）.

证明 $(\rightarrow)$如果有一一全函数 f 使 $f(A)=B$，则显然有

$$x\in A\longleftrightarrow f(x)\in B \text{ 及 } x\in B\longleftrightarrow f^{-1}(x)\in A.$$

故 $A\equiv_1 B$.

为证其逆（充分性）我们先证下面引理.

定义 集合 A,B 的有限对应表指：有

$$\langle x_1,y_1\rangle,\langle x_2,y_2\rangle,\cdots,\langle x_n,y_n\rangle,$$

而诸 x 两两不同，诸 y 亦两两不同，且

$$x_i\in A\longleftrightarrow y_i\in B(1\leqslant i\leqslant n).$$

引理 设 $C\leqslant_1 D$，任给 C,D 的一个有限对应表

$\langle x_1,y_1\rangle,\cdots,\langle x_n,y_n\rangle$ 及任一x'，它与 $x_i(1\leqslant i\leqslant n)$ 均不同，则恒有一个能行方法找出 y' 使得 $\langle x_1,y_1\rangle,\cdots,\langle x_n,y_n\rangle$，$\langle x',y'\rangle$ 亦是 C,D 的有限对应表.

证明 设 $x\in C\longleftrightarrow f(x)\in D$. 给出 x' 后，我们作下列计算

$f(x') = y_{i1}$, $f(x_{i1}) = y_{i2}$, $f(x_{i2}) = y_{i3}$, $\cdots$由于 y_i 只有 n 个,再由 f 的一一性, 最后必得出 $f(x_{ik}) = y' \neq y_i (1 \leqslant i \leqslant n)$ (可能第一个 $f(x')$ 便与一切 y_i 不同). 这 y' 即所求,其证如下:

首先, y' 与任何 $y_i (1 \leqslant i \leqslant n)$ 不同. 其次,如果 $x' \in C$,则由于 f 的性质, $y_{i1}, y_{i2}, \cdots, y_{ik} \in D$, 从而 $x_{i1}, x_{i2}, \cdots, x_{ik}$ 亦必属于 C. 最后 $y' \in D$. 同理,如果 $x' \notin C$, 则同法可推得 $y' \notin D$. 于是 $x' \in C \longleftrightarrow y' \in D$. 满足要求. 引理得证.

注意:下文把这个 y' 叫做按 f 而求得 y', 使 $\langle x', y' \rangle$ 为新的对应对偶.

定理充分性的证明. 设 $A \equiv_1 B$, 有一一函数 f, g 使得 $x \in A \longleftrightarrow f(x) \in B$, 及 $x \in B \longleftrightarrow g(x) \in A$. 今设法作 A, B 的对应表使得在该对应表之下 $A \simeq B$.

第 0 步. 作 $\langle 0, g(0) \rangle$ 为对应表的第一对.

第 1 步. 如果 $g(0) = 0$ (即 0 已出现在对应表的第二元素中), 则走到第 2 步. 如果 $g(0) \neq 0$, 取 $x' = 0$, 按 f 而取得 y' 使得 $\langle 0, g(0) \rangle$, $\langle y', x' \rangle$ 为 A, B 的有限对应表.

……

第 $2k$ 步. 如果在已有的有限对应表中, k 已出现在对应的第一元素中,则走到第 $2k+1$ 步. 如 k 尚未出现,取 $x' = k$, 按 g 而求 y',使得 $\langle x', y' \rangle$ 为 A, B 的新对应对偶.

第 $2k+1$ 步. 如果在已有的有限对应表中, k 已出现在对应的第二元素中,则走到第 $2k+2$ 步. 如 k 尚未出现, 取 $x' = k$, 按 f 而求得 y',使得 $\langle y', x' \rangle$ 为 A, B 的新对应对偶.

如此下去,对应表中第一元素穷尽一切自然数,第二元素亦穷尽一切元素. 由于 f, g 均为一一,故这对应表必组成一个置换 h, 而且有 $h(A) = B$. 故 $A \simeq B$. 定理得证.

由于置换组成一群(置换),置换群与几何图形的变换群相似. 在几何学我们把一切能由变换而彼此变换的图形组成一"型", 凡全体同型图形所共有的公共性质便是图形的几何属性, 为几何学的主要研究对象. 现在凡 $A \simeq B$ (同构)的,亦组成一"型",凡同型的全体函数所共有的性质亦应是递归论的主要研究对象．既然由$\equiv_1$与由$\simeq$决定同一型，因此，$\equiv_1$的重要性是不言而喻的．但是上文说来，m化归(以及1化归)有相当大的缺点，很难令人满意．因此，置换群在递归论中的重要性不能不令人怀疑．

因此我们引入 Turing 化归的概念，这是最广的，也是迄今最令人满意的化归概念，也叫做相对化归或T化归．

§82. T 化归(相对化归)

定义 集合A**相对化归于**集合B(或谓词 $A(e)$ **相对化归于**谓词 $B(e)$) 指：谓词 $x\in A$ 递归于谓词$x\in B$($A(e)$ 是递归于 $B(e)$ 的谓词)，记为 $A\leqslant_T B$.

显然我们有：$A\leqslant_T B$ 恰当A与A^C均归举于B.

定理1 $\leqslant_T$是自反的与可传的.

证明 显然A是递归于A的．其次，如果A递归于B，B递归于C则A递归于C.

定义 如果 $A\leqslant_T B$ 且 $B\leqslant_T A$，则说 A,B 是T等价的，记为 $A\equiv_T B$.

定理2 $\equiv_T$是一个等价关系.

定义 根据 $A\equiv_T B$ 而作的分类叫做T化归度，省称化归度或度．A的T化归度记为 $d_T(A)$ 或 $d(A)$.

注意，如果 $A\leqslant_m B$，则有f使得 $x\in A\longleftrightarrow f(x)\in B$，故只须询问一次有关于$B$的信息，即"$f(x)\in B$ 吗"，便可以决定$x\in A$或否．如果 $A\leqslant_T B$，则当计算 $\mathrm{ct}(x\in A)$ 时，须使用若干次 $\mathrm{ct}(x\in B)$ 的值，当然每次是有限个值，但其个数甚至于个数的上界是不能预先决定的．(如果个数的上界可以预先决定，那是另一种化归，叫做真值表化归，我们没有讨论.)但照样体现了把问题 $x\in A$ 化归到问题 $x\in B$ 去的思想．从前只限于询问一次"$f(x)\in B$" 的限制的确是限制太严了.

由于"T化归"用处最广，在下文凡"T化归""T等价""T度"

均省去“T”字样.

定理 3 如果 $A \leqslant_m B$，则 $A \leqslant_T B$.

证明 如果 $x \in A \longleftrightarrow f(x) \in B$. 命 A, B 的特征函数为 $a(x)$, $b(x)$，显然有 $a(x) = 0 \longleftrightarrow b(f(x)) = 0$. 即 $a(x)$ 是递归于 $b(x)$ 的. 证完.

定理 4 如果 $A \leqslant_T B$，而 B 递归，则 A 亦递归.（读者自证.）

以上是 $\leqslant_T$ 与 $\leqslant_m$ 相同的地方，但下面则出现了差异.

定理 5 $A \equiv_T A^C$

证明 因为 $\mathrm{ct}(x \in A) = N\mathrm{ct}(x \in A^C)$，以及

$$\mathrm{ct}(x \in A^C) = N\mathrm{ct}(x \in A).$$

定理 6 如果 A 递归，则对一切 B 均有 $A \leqslant_T B$.

证明 因为递归函数是递归于一切函数的.

注意，对 $\leqslant_m$ 而言，必须除去 $B = \phi$ 及 N 两者.

定理 7 如果 A 为归举的，则 $A \leqslant_T K$. 从而依定义，K 是 T 完备的.

证明 当 A 为归举时，则 $A \leqslant_m K$，从而 $A \leqslant_T K$.

但是，我们没有：“如果 $A \leqslant_T B$ 而 B 归举，则 A 为归举”. 从而我们没有”A 为归举恰当 $A \leqslant_T K$”，这两点是 $\leqslant_T$ 与 $\leqslant_m$ 不同的地方. 正因为这样，T 归举度不组成一个首段，即在 K 之下可能有一些非归举度在内.

如用化归度的语言，上面这些结果可综述为：

定理 8 (1)递归的化归度只有一个，记为 0. 它恰由一切递归集组成，它是唯一的最小度.

(2) K 的化归度记为 $0'$，$0'$ 是在一切归举的化归度中最大的且有 $0 < 0'$.

(3) 对一切集 A, B 而言，$d_m(A) \subseteq d_T(A)$，而且由

$$d_m(A) \leqslant_m d_m(B)$$

可得 $d(A) \leqslant_T d(B)$.

(4) 对一切化归度 a, b 而言，必有上确界. 从而化归度组成一个上半格.

证明 (1)～(3)见上．对(4)而言，如果 $a=d(A)$，$b=d(B)$，则可证 a,b 的上确界为 $a\cup b=d(A\oplus B)$．(读者自证)．

从上面的讨论中可以看出集合K起着极大的作用．对别的化归说来，K的出现是一个偶然的孤立的现象，但对T化归说来，K的特征性质可以推广到别的集合上去． 这便是所谓的跳跃算子(jump operator)．

定义 设A为集合，$A(e)$ 为A的特征函数，递归于 $A(e)$ 的函数集有一个枚举，以 $\varphi_x^A(y)$ 表示第x个递归于A的函数(作为y的函数)．φ_x^A 的定义域记为 W_x^A，φ_x^A 的值域记为 E_x^A．

定义 K^A 指 $\{x:x\in W_x^A\}$．亦记为 A'，叫做A的**跳跃**，亦叫做A的**补全集**(由下可知，它是T完备的A归举集)．$'$ 叫做**跳跃算子**．

定理 9 设 A,B 为给定的两集合，则有

(1) K^A 是A归举集(即其特征函数是归举于A的函数)．

(2) 对于一切A归举集B，均有 $B\leqslant_T K^A$．

(3) 如果A为递归集，则 $K\equiv_T K^A$．

(4) $A<_T K^A$ (一切A)(从而不会有 $K^A\leqslant_T A$)．

(5) 如 $A\leqslant_T B$ 则 $K^A\leqslant_T K^B$，从而

如 $A\equiv_T B$ 则 $K^A\equiv_T K^B$．

证明(1)仿前知，$\{x:x\in W_x^A\}$ 是A归举而不是A递归(和$\{x:x\in W_x\}$ 为归举集而非递归集同法证明)．

(2) 仿前，利用(递归于A的) $s-m-n$ 定理证明．

(3) 因K为归举集，故对任何A均为A归举．另一方面，如果A为归举集，则K^A的特征函数为递归于A的(可偏)函数从而为递归(可偏)函数，故K^A为归举集．从而 $K^A\leqslant_T K$．

(4) 由(2)得 $A\leqslant_T K^A$，但由(1)的证明知K^A为A归举而非A递归，故 $A\not\equiv_T K^A$．从而 $A<_T K^A$．

(5) 如果 $A\leqslant_T B$，又K^A为A归举，故亦为B归举．从而由(2)知 $K^A\leqslant_T K^B$．由此可得，当 $A\equiv_T B$ 时有 $K^A\equiv_T K^B$．

在T化归与一一化归中有一个非常重要的关系，

定理 10 A归举于B(即A为B归举)恰当 $A \leqslant_1 B'$.

这个证明比较麻烦,今略. 由这结果即可推得:

定理 11 $A \leqslant_T B$ 恰当 $A \leqslant_1 B'$ 且 $A^C \leqslant_1 B'$.

证明 因为 $A \leqslant_T B$ 恰当A及A^C均为B归举.

定理 12 $A \leqslant_T B$恰当$A' \leqslant_1 B'$,从而 $A \equiv_T B$ 恰当 $A' \equiv_1 B'$.

证明 $(\rightarrow)$设$A \leqslant_T B$.我们知道A'归举于A.但因A'不$\leqslant_T A$, 故 $A' \neq \phi$ 从而有递归于A的f使 A' 为f的值域. 但因$A \leqslant_T B$,故f递归于A时亦递归于B,故A'使归举于B. 由定理11得 $A' \leqslant_T B'$. 必要性得证.

$(\leftarrow)$设 $A' \leqslant_1 B'$. 根据作法可知A及A^C均归举于A. 故由定理11, $A \leqslant_1 A'$ 及 $A^C \leqslant_1 A'$. 由$\leqslant_1$的可传性得 $A \leqslant_1 B'$ 及 $A^C \leqslant_1 B'$. 再由定理11的逆向知A及A^C均归举于B. 从而得 $A \leqslant_T B$. 充分性得证.

由定理12可知"$A \leqslant_T B$"亦可定义为"$A' \leqslant_1 B'$". 这似乎只要引入跳跃运算定义A',便可用$\leqslant_1$而定义$\leqslant_T$. 但在A'的定义中必须使用"归举于A"的概念,而这正是"$\leqslant_T$"概念本身. 故"T化归"不能简单地用"I化归"来代替.

定义 给定一化归度a后,a'指 $d(A')$ 而 $A \in a$.

这里A可任取a中的一个集. 由定理9(5)可知,任取$A \in a$,结果$d(A)$必是一样的,亦即a'是唯一确定的.

当A为递归集时, $K^A(=A')=K$. 这时 $d(A)=0$, 故

$$d(K)=d(A')=0'.$$

故以前对K的度$(0')$亦可看作是对0实施跳跃运算的结果.

可将以上有关跳跃运算的结果用化归度表示如下:

定理 13 对任何化归度 a,b 均有

(1) $a<a'$, $0' \leqslant a'$.

(2) $\phi \in 0$, $K \in 0'$.

(3) 如果 $a \leqslant b$, 则 $a' \leqslant b'$.

(4) 如果 $A \in a$, $B \in b$且b为A归举, 则 $b \leqslant a'$. (读者

自证.)

对 m 化归度而言，我们有一个 m 化归度 a 使得 $0_m < a < 0'^{P}_{m}$。这个 a 便是由 Post 所造的单纯集的度. 但对 T 化归度而言，这个单纯集的度 a 却满足 $0' \leqslant_T a$，从而 $a = 0'$. 因此我们仍然没找到介于 0 与 $0'$ 之间的 T 化归度.

我们知道，单纯集的补集是一个禁集，从而其归举子集必是有限集.

定义 对单纯集 A 而言，如果有一个递归函数 f 使得

$$\forall e(W_e \subseteq A^C \to |W_e| \leqslant f(e))$$

($|W_e|$ 指 W_e 的势，即 W_e 的元素个数)，则 A 叫做能行单纯的，而 f 叫做 A 的界函数.

例如，Post 所作的单纯集 A 便满足

$$\forall e(W_e \subseteq A^C \to |W_e| \leqslant 2e + 1),$$

故该单纯集便是能行单纯的.

定理 14 能行单纯集 A 必是 T 完备的，即有 $K \leqslant_T A$.

证明 设 $\{k_i\}_{(s \in \omega)}$ 是 K 的一个枚举，并命 $K_s = \{k_0, \cdots, k_s\}$. 令定义函数 $m(x)$ 如下:

$$\begin{aligned} m(x) &= \mu e(x \in Ke), && \text{当 } x \in K \text{ 时;} \\ &= \perp && \text{此外.} \end{aligned}$$

由于 A 是能行单纯集，设其界函数为 f. 设 $\{a_s\}_{(s \in \omega)}$ 是 A 的一个能行枚举而 $A_s = \{a_0, \cdots, a_s\}$. 并设 $(A_s)^C = \{b_0^s < b_1^s < \cdots\}$，而 $A^C = \{b_0 < b_1 < \cdots\}$，则根据带参数的递归定理可有递归函数 $h(e)$，使得

$$W_{h(x)} = \begin{cases} \{b_0^{m(x)}, b_1^{m(x)}, \cdots, b_{fh(x)}^{m(x)}\}, & \text{当 } x \in K \text{ 时;} \\ \phi, & \text{此外.} \end{cases}$$

再命 $r(x) = \mu e(b_{fh(x)}^e = b_{fh(x)})$. 因为 f 与 h 都是递归的，可见 $r \leqslant_T A$. 今断言如果 $x \in K$，则必有 $r(x) > m(x)$. 反设 $r(x) \leqslant m(x)$，则有 $W_{h(x)} \subseteq A^C$，从而 $|W_{h(x)}| = fh(x) + 1$，但根据 f 为界函数，应有 $|W_{h(x)}| \leqslant fh(x)$，两相矛盾. 故知必有 $r(x) > m(x)$，从而对一切 x，均有 $x \in K \leftrightarrow x \in K_{r(x)}$. 可见有: $K \leqslant_T A$.

定理得证.

由于这条定理便发生一个问题，这问题是由 Post 于 1944 年提出来的，因而叫做 Post 问题：有没有一个非递归的、非 T 完备的归举集？亦即，除了 0 与 $0'$ 之外，还有没有其他的归举度？亦即有没有一个归举度 a，使得 $0 < a < 0'$？

关于这个问题，我们将在下一节略加介绍.

§ 83. 化归论的进一步结果

正如前面提到的，以全体递归集组成的化归度 0 与集合 K 所在的化归度 $0'$ 绝不相同. 这是因为 K 只是归举集而不是递归集. 因而 0 与 $0'$ 是两个不同的归举度，并且 $0<0'$. 那么除了 0 与 $0'$ 外，还有没有其他的归举度呢？因为我们知道 K 是完备的，而 0 又是最小的化归度，所以更确切地说：是否存在一个归举度 a，使得 $0 < a < 0'$. 这就是 1944 年 Post 提出的一个著名问题. 现在常称之为 Post 问题. 正因为这个问题的提出及其研究，使得递归论产生了一个飞跃的发展.

为了解决这个问题，Post 本人是这样着手的. 因为通常见到的完备集(例如 K)，它们的补集都是产生集，而产生集都包含有无穷的归举集. 于是 Post 设想应该构造一个非递归的归举集，使它的补集不包含任何无穷的归举集.

Post 构造出了这种集合，就是前面所说到的单纯集. 但很快就证明了，Post 构造出的单纯集也是完备的，从而与 K 同在 $0'$ 中. 以后，Post 又继续沿着这个方向做下去，但一直未能取得进展.

直到 1954 年，Post 问题才有了一次突破. Kleene 与 Post 证明了在 0 与 $0'$ 之间存在着其他的度. Kleene 与 Post 的想法是这样的，构造两个均可化归到 K 的集合 A, B，但 A 与 B 却互相不可化归. 这样 A, B 均非递归的，如果 A 为递归集，则有 $A \leqslant_T B$；同样 A, B 也都不与 K 在同一个度，如果 A 与 K 在同一个度，则

$B \leqslant_T A$. 令 $a = d(A)$, $b = d(B)$, 则有 $0 < a, b < 0'$. 这就是 Kleene-Post 定理的思想.

在介绍 Kleene-Post 定理之前,我们先介绍一些概念.

定义 $\varphi_{e,s}^A(x)$ 表示计算 φ_e^A 函数的 URM 在 x 处计算了 s 步的结果.

定义 在计算 $\varphi_{e,s}^A(x)$ 的过程中,如果需要使用 $A(x_0)$ 的值(当 A 是集合 A 的特征函数时, 实际是需要知道 x_0 是否属于 A), 那么便说 $\varphi_{e,s}^A(x)$ 的计算过程中**使用到** x_0.

定义 **使用函数** u 定义如下:

$$u(A;e,x,s) = \begin{cases} \max\{y: y \text{ 在 } \varphi_{e,s}^A(x) \text{ 的计算过程中被使} \\ \quad \text{用到}\} + 1 \qquad \varphi_{e,s}^A(x) \text{ 有定义;} \\ 0 \quad \varphi_{e,s}^A(x) \text{ 无定义.} \end{cases}$$

关于相对性计算,有一个重要的性质,称为使用原则: 设 σ, τ 表示定义域有限的有穷函数.

(1) $\varphi_e^A(x) = y \Rightarrow \exists_s \exists_\sigma \subseteq A(\varphi_{e,s}^\sigma(x) = y)$.

(2) $\varphi_{e,s}^\sigma(x) = y \Rightarrow \forall t \geqslant s \forall \tau \supseteq \sigma(\varphi_{e,t}^\tau(x) = y)$.

(3) $\varphi_e^\sigma(x) = y \Rightarrow \forall A \supseteq \sigma(\varphi_e^A(x) = y)$.

利用相对性计算的基本原则便不难证明这三式.

定理 1 (Kleene-Post)存在两个度 a, b,使得 $0 < a, b < 0'$.

证明 我们构造两个互相不可化归的集合 A, B. 为了符号简便起见,仍以 A, B 表示集合 A, B 的特征函数.

我们的构造要满足: 对所有 e,

$Re: A \neq \varphi_e^B$ (从而 $A \nleqslant_T B$).

$Se; B \neq \varphi_e^A$ (从而 $B \nleqslant_T A$).

并且 A, B 是以 0,1 为值的全函数.

第 0 步. 令 $A_0 = B_0 = \phi$ (处处无定义的函数). 在 $s+1$ 步时.

(1) 如 $s+1 = 2e+1$. 我们要使 Re 得到满足. 假设 A_s,

B_s 均已构造好，它们的值域为 $\{0,1\}$. 且 $n_A, n_B \geqslant s$，这里

$$n_A = \mu_x(x \notin \mathrm{dom}(A_s)),\quad n_B = \mu_x(x \notin \mathrm{dom}(B_s)).$$

我们检查是否有取值为 0,1 的有穷函数 σ，使得 $\sigma \supset B_s$（即 $\sigma \supseteq B_s$ 且 $\sigma \neq B_s$）以及 $\varphi_e^\sigma(n_A)$ 有定义. 也就是检查

$$\exists t \exists \sigma(\sigma \supset B_s \wedge \varphi_{e,t}^\sigma(n_A) \text{ 有定义}).\ (*)$$

注意到"$\sigma \supset B_s$"及"$\varphi_{e,t}^\sigma(n_A)$ 有定义"均为递归的，从而(*)为Σ_1语句，可以由 $0'$ 信息判定.

(1.1) 若(*)成立，我们取使(*)成立的正规编码最小的 σ，令 $B_{s+1} = \sigma$（从而 $B_{s+1} \supset B_s$）且 $A_{s+1} \supset A_s$ 而

$$A_{s+1}(n_A) = 1 \dot{-} \varphi_e^\sigma(n_A).$$

(1.2) 若(*)不成立. 令 $A_{s+1} \supset A_s, B_{s+1} \supset B_s$. 且 $A_{s+1}(n_A) = 1$, $B_{s+1}(n_B) = 1$.

(2) 如 $s+1 = 2e+2$. 我们要使 Se 得到满足. 这里的构造与上面完全类似.

最后令 $A = \cup_s A_s$. $B = \cup_s B_s$. 这就完成了我们构造.

可以看出，A_s, B_s 随着 s 的增大而不断扩张，故 A, B 为全函数，且总取值 0,1. 从而它们分别为两个集合 A, B 的特征函数.

我们有下面引理.

引理 对任何 e, Re 及 Se 均被满足，从而 $A \not\leqslant_T B, B \not\leqslant_T A$.

证明 我们以 $s+1 = 2e+1$ 为例讨论 Re 被满足（$s+1 = 2e+2$ 的情形完全一样).

在情形(1.1)时，由使用原则(3)，$\varphi_e^B(n_A) = \varphi_e^\sigma(n_A)$ 而 $A \supset A_{s+1}$，故

$$A(n_A) = A_{s+1}(n_A) = 1 \dot{-} \varphi_e^\sigma(n_A) = 1 \dot{-} \varphi_e^B(n_A) \neq \varphi_e^B(n_A).$$

在情形(1.2)时，此时任何包含 B_s 的有穷函数 σ 均使 $\varphi_e^\sigma(n_A)$ 无定义. 我们说 $\varphi_e^B(n_A)$ 必无定义. 如果 $\varphi_e^B(n_A)$ 有定义，那么必然经过有限步 t 计算后有结果. 令 $x_0 = u(B; e, n_A, t)$. 取 r 足够大，使得 $r > s$ 且 B_r 在 $\{0, \cdots, x_0\}$ 上均有定义（因 B_r 随

r 逐步扩张而最终为全函数，故这个 r 是存在的)，从而 $\varphi_e^{B_r}(n_A)$ $(=\varphi_e^B(n_A))$ 有定义．但 B_r 是一个包含 B_s 的有穷函数，与情形(1.2)的假设矛盾．故知 $\varphi_e^B(n_A)$ 无定义．但 $A(n_A)=A_{s+1}(n_A)=1$ 有定义，从而 $A\neq\varphi_e^B$．因此无论是(1.1)还是(1.2)，Re 总被满足．引理得证．

注意，在 A,B 的构造中我们只需 $0'$ 的信息，所以 $A\leqslant_T K$，$B\leqslant_T K$．令 $a=d(A)$，$b=d(B)$，则有 $0<a,b<0'$．定理得证．

Kleene 与 Post 虽然证明了 0 与 $0'$ 之间还存在着别的化归度，但因为构造 A，B 的过程中用到 $0'$ 信息，不是递归地枚举 A,B 的元素，从而 A，B 不是归举集，也即 a，b 不是归举度，Post 问题还是未解决．

到了 1957 年，美国的 Friedberg 与苏联的 Muchnik 各自独立地用一种现在称为有穷损伤的优先方法而彻底解决了 Post 问题．他们仍然是构造两个互相不可化归的集合 A,B．但在构造过程中不用任何信息，而是递归地把元素枚举进集合 A,B 中．

Friedberg 和 Muchnik 的策略是，在每一个 s 步，选取一个元素 x 作为 $A_s\neq\varphi_e^{B_s}$ 的证人（正象 Kleene-Post 定理中的 n_A）．但是因为构造过程中不用任何外部信息，所以只能就递归的语句进行判定．

将所有需求依足码的大小确定优先次序，数码越小优先性越高．

$$R2e:A\neq\varphi_e^B;\ R2e+1:B\neq\varphi_e^A.$$

在某个 $s+1$ 步，如果轮到考虑 $R2e$ 时，我们选取一个尚未枚举进 A 的 x 作为证人，检查下条件 $\varphi_{e,s}^{B_s}(x)=1$ 是否成立．如果成立，则将 x 放入 A 中，从而 $A(x)=0$，就与 $\varphi_{e,s}^{B_s}(x)$ 不等，进而便与 $\varphi_e^B(x)$ 不等．如果不成立，我们对 A 不做任何事情，这样 $A(x)=1$，也与 $\varphi_{e,s}^{B_s}(x)$ 不等，从而与 $\varphi_e^B(x)$ 不等．

但是却有一个问题．如果在某个 s 步时，$\varphi_{e,s}^{B_s}(x_0)=1$，那么我们把 x_0 放入 A 中使 $A(x_0)=0$，但是在后面的某个 $t(>s)$

步，又遇到 $\varphi_{e,t}^{A_t}(x_1)=1$，于是又把 x_1 放入 B 中，但很可能这个 x_1 是在计算 $\varphi_{e,s}^{B_s}(x_0)$ 时被使用到的，在 s 步时，它还不属于 B，从而使 $\varphi_{e,s}^{B_s}(x_0)=1$. 但在 t 以后，它属于 B，那么就可能改变了原来的计算. 如果甚至使 $\varphi_{e,s}^{B_s}(x_0)$ 的值改变成 0，那么便使得

$$A_t(x_0)=\varphi_{e,t}^{B_t}(x_0),$$

从而就又使 Re 不被满足了，于是又要选取新的 x 作为证人. 为此，我们允许证人可随步数 s 而更改，即在 s 步时，选取一个使 Re 满足的证人 x_e^s，让它大于 $u(B_i;j,x_j^i,i)$（对一切 $i<s,j<e$）. 这样，已被满足的 R_j 就不会因为 Re（$e>j$）的满足而被损伤. 换句话说，任何一个需求 Re 只可能因为优先性更高的需求的满足而被损伤. 所以可见，这种损伤是有穷多次的. 故被称为有穷损伤优先方法.

定理 2（Friedberg-Muchnik）存在两个不可比较的归举度 a,b. 从而 $0<a,b<0'$.

证明 对所有 e，我们要满足下面需求：

$$R2e:A\neq\varphi_e^B,\ R2e+1:B\neq\varphi_e^A.$$

第 0 步：令 $A_0=B_0=\phi$（空集）. 对所有 e，供下一步使用的证人 $x_e^0=\langle 0,e\rangle$.（这样对不同的 Re，证人也就不相同.）

第 $s+1$ 步. 假设 A_s,B_s 已造好，对所有 e,x_e^s 也已定义出. 我们说需求 $R2e$ 要求注意，如果 $\varphi_{e,s}^{B_s}(x_{2e}^s)=1$ 且 $x_{2e}^s\notin A_s$；说需求 $R2e+1$ 要求注意，如果 $\varphi_{e,s}^{A_s}(x_{2e+1}^s)=1$ 且 $x_{2e+1}^s\notin B_s$.

1. 如果有 $t(\leqslant s)$ 使得 Rt 要求注意，选取优先性最高的 R_i 进行处理，并说 R_i 接受了处理（为叙述的明确起见，以 $i=2e$ 为例）：将 x_{2e}^s 放入 A 中，即令 $A_{s+1}=A_s\cup\{x_{2e}^s\}$. 且令 $B_{s+1}=B_s$. 对所有 $j(\leqslant i)$，令 $x_j^{s+1}=x_j^s$. 对所有 $k(>i)$，令 x_k^{s+1} 为满足下列各条件的最小 y：

（1）$K_2y=k$，（2）$y\notin A_{s+1}\cup B_{s+1}$，（3）$y>x_k^s$

（4）$y>\max\{u(C_s;j,x_j^{s+1},s+1):j\leqslant i\}$，其中当 i 为奇时，C_s 为 A_s；i 为偶时，C_s 为 B_s.

2. 如果对一切 $t(\leqslant s)$，Rt 均不要求注意，则令

$$A_{s+1} = A_s,\ B_{s+1} = B_s,\ \text{对一切 } e,\ x_e^{s+1} = x_e^s.$$

最后令 $A = U_s A_s$, $B = U_s B_s$.

注意，对于一个具体需求，是否在 s 步要求注意以及定义下一步证人的条件都是递归可判定的，从而我们是把元素递归地枚举进 A, B 中去，故 A, B 都是归举集.

引理 1 对每个 e，均有 s，使得当 $t \geqslant s$ 时，$x_e^t = x_e^s$.（即对任何 e，Re 的证人最后是确定的.）

证明 由我们的构造知道，当在 s 步处理 Re 时，将有

$$x_j^{s+1} = x_j^s\ (j \leqslant e),$$

即足码小于 e 的证人 x_j^s 不改变. 因此，只有当处理 $R_0, \cdots, R_{e-1}$ 时 Re 的证人才会发生改变. 明白这一点，我们就不难用归纳法来证明本引理.

奠基. $e = 0$. 因为此时 e 的足码最小，所以 Re 的证人就从不改变，故对任何 t，均有 $x_0^t = x_0^0$.

归纳假设. 对所有 $i(< e)$，均有 s_i 使得，当 $t \geqslant s_i$ 后，$x_i^t = x_i^{s_i}$. 令 $s = \max\{s_i : i < e\}$. 则在 s 步以后，对每个 $i(<e)$，R_i 的证人已不再改变，而且所有的 $R_i(i < e - 1)$ 也都不再接受处理（否则将使 R_{i+1}（而 $i + 1 < e$）的证人发生改变）. 这时如果 R_{e-1} 也不再接受处理，那么 Re 的证人就不再改变了，所以对一切 $t \geqslant s$，均有 $x_e^t = x_e^s$. 如果 R_{e-1} 在某个 $t_0(>s)$ 步第一次接受处理（为叙述明确起见，设 $e - 1$ 为偶），则 $x_{e-1}^{t_0}$ 便被枚举进 A_{t_0+1} 中，由于已假设 R_{e-1} 的证人不改变，故对任何 $t \geqslant t_0$，均有 $x_{e-1}^t = x_{e-1}^{t_0}$，所以在以后的任何 t 步，R_{e-1} 要求注意的条件 $x_{e-1}^t \notin A_t$ 便不再成立，当然 R_{e-1} 也就不会再接受处理了. 在 t_0 步后，既然各 $R_i(i < e)$ 均不接受处理，故 Re 的证人便不再改变了. 因此，对一切 $t \geqslant t_0 + 1$，均有 $x_e^t = x_e^{t_0+1}$. 所以引理对 Re 成立. 证完.

引理 2 对每个 e，Re 最多要求注意有穷多次.

证明 对 e 进行归纳.

奠基. $e = 0$. 若 R_0 一直不要求注意，引理显然对 R_0 成立.

若 R_0 在 s 步要求注意，即 $\varphi_{0,s}^{B_s}(x_0^s)=1$ 且 $x_0^s \notin A_s$. 因为 R_0 的优先性最高，故在 s 步 R_0 必接受处理，从而 $x_0^s \in A_{s+1}$. 由引理 1 的证明知道，R_0 的证人从不改变，故 R_0 要求注意的条件便不再成立，因而不再要求注意.

归纳. 设 $R_i(i<e)$ 均只要求注意有穷次. 取 s 充分大，使得 s 步以后，各 $R_i(i<e)$ 不再要求注意且 Re 的证人不再改变（记为 x_e). 若 Re 在 s 步以后不再要求注意，则引理对 Re 已成立. 若 Re 在某个 $t(>s)$ 步要求注意，因优先性高于 Re 的各需求已不再要求注意，故 Re 在 t 步必接受处，(仍设 e 为偶)从而 $x_e \in A_{t+1}$. 注意到 Re 的证人已不再改变，故 Re 要求注意的条件就不再成立了，因而就不再要求注意. 引理得证.

引理 3 对每个 e, Re 必被满足.

证明 给定 Re，取 s_0 充分大，使 Re 的证人从 s_0 步起不再改变（记为 x_e)且 Re 不再要求注意.

(1) 若 $\varphi_e^B(x_e)=1$，则有 s_1 使得对任何 $t \geqslant s_1$，均有

$$\varphi_{e,t}^{B_t}(x_e)=1, \text{ 令 } s=\max(s_0,s_1).$$

因在 s 步时 Re 不要求注意，故必有 $x_e \in A_s \subseteq A$，那么 $A(x_e)=0$. 与 $\varphi_e^B(x_e)=1$ 比较便知 Re 满足.

(2) 若 $\varphi_e^B(x_e)\neq 1$. 我们断言 $x_e \notin A$. 若不然，一定存在一个 r，使得 $x_e^r=x_e$ 且在 r 步 Re 要求注意并接受处理. 从而知 $\varphi_{e,r}^{B_r}(x_e)=1$. 因为 $x_e^r=x_e$，所以知在 r 步以后 Re 的证人不再改变，故可推得 r 步以后各 $R_i(i<e)$ 不再接受处理，那么 $\varphi_{e,r}^{B_r}(x_e)$ 的计算应该不被破坏，即应有 $\varphi_e^B(x_e)=\varphi_{e,r}^{B_r}(x_e)(=1)$. 与假设 $\varphi_e^B(x_e)\neq 1$ 矛盾，故知 $x_e \notin A$. 从而 $A(x_e)=1$. R_e 仍满足. 引理得证.

由引理 3 便得 $A \nleqslant_T B$ 及 $B \nleqslant_T A$. 令 $a=d(A)$, $b=d(B)$. 从而有归举度 a,b，使得 $0<a$, $b<0'$. 定理得证.

这样，Post 问题便得到了彻底的解决.

我们注意到，在 Kleene-Post 定理的证明中，$\neg(A \leqslant_T B)$ 及 $\neg(B \leqslant_T A)$ 这两个需求是化成两系列的需求 $A \neq \varphi_e^B$, $B \neq \varphi_e^A$，从

而容易处理，这是一个优点．但在各阶段中，必须检查条件

$$\exists t \exists \sigma(\sigma \supset B_s \wedge \varphi_{e,t}^{\sigma}(x)\downarrow).$$

这是带有存在量词的谓词，但因不仅其成立要知道，而且其不成立也要知道，故不是归举谓词，而是 $0'$ 谓词，要靠诰谕才能判定．因此这个方法也叫做诰谕构造法．

利用诰谕构造法，我们可以得到下面一些结果：

(1) 对任何度 c，都有两个不可比较的度 a, b, 使得 $c < a, b$ 且 $a, b < c'$.

(2) 对每个度 $b > 0$, 都有一个度 $a < b'$, 使得 $a|b$ (即 a 与 b 不可比较).

(3) 对每个度 $b > 0'$, 都有一个度 a, 使得

$$a' = a \cup 0' = b.$$

(4) 设 S 为 Σ_2 集合(从而归举于 ϕ')而 $\phi' \leqslant_T S$, 则有 $A \leqslant_T \phi'$ 使得 $S \equiv_T A'$.

Friedberg-Muchnik 的方法无需检查带有存在量词的谓词，而是检查

$$\varphi_{e,s}^{B_s}(x_{2e}^s) = 1 \text{ 且 } x_{2e}^s \notin A_s.$$

这是递归谓词，从而可以能行地判定．但是由此却产生各需求 R_e 彼此冲突的问题．Friedberg 与 Muchnik 使用很巧妙的方法解决了这个问题(见上)． 他们所使用的方法叫做有穷损伤优先方法．利用这方法可以得到下面一些结果．

(1) 存在一个单纯集 A, 使得 $A' \equiv_T \phi'$. 故有非递归非完备的归举度 a 使得，$0 < a < 0'$.

(2) 对每个非递归的归举集 C, 都有一个单纯集 A 使得 $\neg(C \leqslant_T A)$.

(3) 设 B, C 为归举集且 C 非递归．则有两个归举集 A_0, A_1, 使得 $A_0 \cup A_1 = B$ 且 $A_0 \cap A_1 = \phi$. 且还有

$$\neg(C \leqslant_T A_0), \neg(C \leqslant_T A_1).$$

(4) 如果归举集 B 是两个不相交的归举集 A_0, A_1 的并，则

$$B \equiv_T A_0 \oplus A_1.$$

大约到了六十年代初，又产生了一种无穷损伤的优先方法（又叫做 0″ 方法）。这时所要满足的需求呈下形：设 C 为非递归的归举集，要求作出归举集 A 使得：

P_e: $W_{p(e)} \setminus A$ 为有穷集.

N_e: $C \neq \varphi_e^A$.

这时要满足 P_e，必须无限多次地将 $W_{p(e)}$ 的元素放入 A 中，从而便可能使得 N_e 受到无穷多次损伤，对于这种需求为何使得最终必能全体得到满，便是无穷损伤的优先方法（0″ 方法）。这以后，又出现了所谓巨灵方法（monster method）。又叫 0‴ 方法。其详情今不细论.

利用无穷损伤的优先方法，可以得到以下一些结果.

(1) 对每个归举度 $a > 0$，都有两个归举度 b, c，使得 $b < a, c < a$ 且 $a = b \cup c$（故 $b | c$）.

(2) 对两个归举度 $a < b$，均有归举度 c，使得 $a < c < b$.

(3) 对每个非递归的归举集 C，存在一个归举集 A，使得

$$A' \equiv_T \phi'' \quad 且 \neg(C \leqslant_T A).$$

(4) 存在两个归举度 $a, b > 0$，使得 0 为其下确界.

参考文献

甲.递归函数论

[1] Arbib, M. A., Theories of Abstract Automata, Englewood Clifts, N. J., Prentice Hall, 1969.

[2] Cutland, N. J., Computability: An Introduction to Recursive Theory, Cambridge University Press, Cambridge, 1980.

[3] Davis, M., Computability and Unsolvability, N. Y. McGraw-Hill, 1958.

[4] Davis, M., (Ed.), The Undecidable, Hewleft, N. Y., Raven Press, 1965.

[5] Markov, A. A., Theory of Algorithms. (中译本: 算法论,科学出版社.)

[6] Peter, R., Recursive Functions, N. Y. Academic Press, 1967.

[7] Rogers, H., Theory of Recursive Functions and Effective Computability, N. Y., McGraw-Hill, 1967.

[8] Smullyan, R. M., Theory of Formal Systems, Annals of Mathematics Studies no. 47, Princeton, 1961.

[9] Turing, A. M., On Computable Numbers, with an Application to the Entscheidungsproblem, Proceedings London Mathematical Society, series 2,42, pp. 230—265, 1936.

乙. 不可解度论

[1] Lerman, M., Degrees of Unsolvability, Perspectives in Mathematical Logic, Omega Series, Springer-Verlag, Berlin, 1983.

[2] Post, E. L., Recursively Enumerable Sets of Positive Integers, Bulletin American Mathematical Society, 50, pp. 284—316, 1944.

[3] Post, E. L., A Variant of a Recursively Undecidable Problem, Bulletin American Mathematical Society, 52, pp. 264—268, 1944.

[4] Sacks, G., Degrees of Unsolvability, Annals of Mathematics Studiesno. 55, Princeton, 1963.

[5] Shoenfield, J. R., Degrees of Unsolvability, Mathematics Studies, 2, North-Holland, Amsterdam, 1971.

丙. 谱系论与复杂度论

[1] Blum, M., A Machine Independent Theory of the Complexity of the Recursive Functions, JACM 14, pp. 322—336.

[2] Hinman, P. G., Recursion-theoretic Hierarchies, Springer -Verlag, Heidelberg, 1978.

[3] Meyer, A R, & Ritchie, D. M., The Complexity of Loop Programs, Pro-

ceedings of 23rd National Conference of the ACM, 1967.

丁. 各部门(包括逻辑演算)

[1] Barwise, J. (Ed.) Handbook of Mathematical Logic, North-Holland, Amsterdam, 1977.
[2] Bell, J. & Machover, M., A Course in Mathematical Logic, North Holland, Amsterdam, 1977.
[3] Kleene, S. C., Introduction to Metamathematics, North-Holland Amsterdam, 1952.(中译本: S.C. 克林,元数学导论,科学出版社,1984.)
[4] Kleene, S. C., Mathematical Logic, N. Y., Wiley, 1967.
[5] Shoenfield, J. R., Mathematical Logic, Addison-Wesley, 1967.

《现代数学基础丛书》已出版书目

1 数理逻辑基础(上册) 1981.1 胡世华 陆钟万 著
2 数理逻辑基础(下册) 1982.8 胡世华 陆钟万 著
3 紧黎曼曲面引论 1981.3 伍鸿熙 吕以辇 陈志华 著
4 组合论(上册) 1981.10 柯 召 魏万迪 著
5 组合论(下册) 1987.12 魏万迪 著
6 数理统计引论 1981.11 陈希孺 著
7 多元统计分析引论 1982.6 张尧庭 方开泰 著
8 有限群构造(上册) 1982.11 张远达 著
9 有限群构造(下册) 1982.12 张远达 著
10 测度论基础 1983.9 朱成熹 著
11 分析概率论 1984.4 胡迪鹤 著
12 微分方程定性理论 1985.5 张芷芬 丁同仁 黄文灶 董镇喜 著
13 傅里叶积分算子理论及其应用 1985.9 仇庆久 陈恕行 是嘉鸿 刘景麟 蒋鲁敏 编
14 辛几何引论 1986.3 J.柯歇尔 邹异明 著
15 概率论基础和随机过程 1986.6 王寿仁 编著
16 算子代数 1986.6 李炳仁 著
17 线性偏微分算子引论(上册) 1986.8 齐民友 编著
18 线性偏微分算子引论(下册) 1992.1 齐民友 徐超江 编著
19 实用微分几何引论 1986.11 苏步青 华宣积 忻元龙 著
20 微分动力系统原理 1987.2 张筑生 著
21 线性代数群表示导论(上册) 1987.2 曹锡华 王建磐 著
22 模型论基础 1987.8 王世强 著
23 递归论 1987.11 莫绍揆 著
24 拟共形映射及其在黎曼曲面论中的应用 1988.1 李 忠 著
25 代数体函数与常微分方程 1988.2 何育赞 萧修治 著
26 同调代数 1988.2 周伯壎 著
27 近代调和分析方法及其应用 1988.6 韩永生 著
28 带有时滞的动力系统的稳定性 1989.10 秦元勋 刘永清 王 联 郑祖庥 著
29 代数拓扑与示性类 1989.11 [丹麦] I. 马德森 著
30 非线性发展方程 1989.12 李大潜 陈韵梅 著

31 仿微分算子引论 1990.2 陈恕行 仇庆久 李成章 编
32 公理集合论导引 1991.1 张锦文 著
33 解析数论基础 1991.2 潘承洞 潘承彪 著
34 二阶椭圆型方程与椭圆型方程组 1991.4 陈亚浙 吴兰成 著
35 黎曼曲面 1991.4 吕以辇 张学莲 著
36 复变函数逼近论 1992.3 沈燮昌 著
37 Banach 代数 1992.11 李炳仁 著
38 随机点过程及其应用 1992.12 邓永录 梁之舜 著
39 丢番图逼近引论 1993.4 朱尧辰 王连祥 著
40 线性整数规划的数学基础 1995.2 马仲蕃 著
41 单复变函数论中的几个论题 1995.8 庄圻泰 杨重骏 何育赞 闻国椿 著
42 复解析动力系统 1995.10 吕以辇 著
43 组合矩阵论(第二版) 2005.1 柳柏濂 著
44 Banach 空间中的非线性逼近理论 1997.5 徐士英 李 冲 杨文善 著
45 实分析导论 1998.2 丁传松 李秉彝 布 伦 著
46 对称性分岔理论基础 1998.3 唐 云 著
47 Gel'fond-Baker 方法在丢番图方程中的应用 1998.10 乐茂华 著
48 随机模型的密度演化方法 1999.6 史定华 著
49 非线性偏微分复方程 1999.6 闻国椿 著
50 复合算子理论 1999.8 徐宪民 著
51 离散鞅及其应用 1999.9 史及民 编著
52 惯性流形与近似惯性流形 2000.1 戴正德 郭柏灵 著
53 数学规划导论 2000.6 徐增堃 著
54 拓扑空间中的反例 2000.6 汪 林 杨富春 编著
55 序半群引论 2001.1 谢祥云 著
56 动力系统的定性与分支理论 2001.2 罗定军 张 祥 董梅芳 著
57 随机分析学基础(第二版) 2001.3 黄志远 著
58 非线性动力系统分析引论 2001.9 盛昭瀚 马军海 著
59 高斯过程的样本轨道性质 2001.11 林正炎 陆传荣 张立新 著
60 光滑映射的奇点理论 2002.1 李养成 著
61 动力系统的周期解与分支理论 2002.4 韩茂安 著
62 神经动力学模型方法和应用 2002.4 阮 炯 顾凡及 蔡志杰 编著
63 同调论 —— 代数拓扑之一 2002.7 沈信耀 著
64 金兹堡-朗道方程 2002.8 郭柏灵 黄海洋 蒋慕容 著

65 排队论基础 2002.10 孙荣恒 李建平 著
66 算子代数上线性映射引论 2002.12 侯晋川 崔建莲 著
67 微分方法中的变分方法 2003.2 陆文端 著
68 周期小波及其应用 2003.3 彭思龙 李登峰 谌秋辉 著
69 集值分析 2003.8 李 雷 吴从炘 著
70 强偏差定理与分析方法 2003.8 刘 文 著
71 椭圆与抛物型方程引论 2003.9 伍卓群 尹景学 王春朋 著
72 有限典型群子空间轨道生成的格(第二版) 2003.10 万哲先 霍元极 著
73 调和分析及其在偏微分方程中的应用(第二版) 2004.3 苗长兴 著
74 稳定性和单纯性理论 2004.6 史念东 著
75 发展方程数值计算方法 2004.6 黄明游 编著
76 传染病动力学的数学建模与研究 2004.8 马知恩 周义仓 王稳地 靳 祯 著
77 模李超代数 2004.9 张永正 刘文德 著
78 巴拿赫空间中算子广义逆理论及其应用 2005.1 王玉文 著
79 巴拿赫空间结构和算子理想 2005.3 钟怀杰 著
80 脉冲微分系统引论 2005.3 傅希林 闫宝强 刘衍胜 著
81 代数学中的 Frobenius 结构 2005.7 汪明义 著
82 生存数据统计分析 2005.12 王启华 著
83 数理逻辑引论与归结原理(第二版) 2006.3 王国俊 著
84 数据包络分析 2006.3 魏权龄 著
85 代数群引论 2006.9 黎景辉 陈志杰 赵春来 著
86 矩阵结合方案 2006.9 王仰贤 霍元极 麻常利 著
87 椭圆曲线公钥密码导引 2006.10 祝跃飞 张亚娟 著
88 椭圆与超椭圆曲线公钥密码的理论与实现 2006.12 王学理 裴定一 著
89 散乱数据拟合的模型、方法和理论 2007.1 吴宗敏 著
90 非线性演化方程的稳定性与分歧 2007.4 马 天 汪宁宏 著
91 正规族理论及其应用 2007.4 顾永兴 庞学诚 方明亮 著
92 组合网络理论 2007.5 徐俊明 著
93 矩阵的半张量积:理论与应用 2007.5 程代展 齐洪胜 著
94 鞅与 Banach 空间几何学 2007.5 刘培德 著
95 非线性常微分方程边值问题 2007.6 葛渭高 著
96 戴维-斯特瓦尔松方程 2007.5 戴正德 蒋慕蓉 李栋龙 著
97 广义哈密顿系统理论及其应用 2007.7 李继彬 赵晓华 刘正荣 著
98 Adams 谱序列和球面稳定同伦群 2007.7 林金坤 著

99 矩阵理论及其应用 2007.8 陈公宁 编著
100 集值随机过程引论 2007.8 张文修 李寿梅 汪振鹏 高 勇 著
101 偏微分方程的调和分析方法 2008.1 苗长兴 张 波 著
102 拓扑动力系统概论 2008.1 叶向东 黄 文 邵 松 著
103 线性微分方程的非线性扰动(第二版) 2008.3 徐登洲 马如云 著
104 数组合地图论(第二版) 2008.3 刘彦佩 著
105 半群的 S-系理论(第二版) 2008.3 刘仲奎 乔虎生 著
106 巴拿赫空间引论(第二版) 2008.4 定光桂 著
107 拓扑空间论(第二版) 2008.4 高国士 著
108 非经典数理逻辑与近似推理(第二版) 2008.5 王国俊 著
109 非参数蒙特卡罗检验及其应用 2008.8 朱力行 许王莉 著
110 Camassa-Holm 方程 2008.8 郭柏灵 田立新 杨灵娥 殷朝阳 著
111 环与代数(第二版) 2009.1 刘绍学 郭晋云 朱 彬 韩 阳 著
112 泛函微分方程的相空间理论及应用 2009.4 王 克 范 猛 著
113 概率论基础(第二版) 2009.8 严士健 王隽骧 刘秀芳 著
114 自相似集的结构 2010.1 周作领 瞿成勤 朱智伟 著
115 现代统计研究基础 2010.3 王启华 史宁中 耿 直 主编
116 图的可嵌入性理论(第二版) 2010.3 刘彦佩 著
117 非线性波动方程的现代方法(第二版) 2010.4 苗长兴 著
118 算子代数与非交换 L_p 空间引论 2010.5 许全华 吐尔德别克 陈泽乾 著
119 非线性椭圆型方程 2010.7 王明新 著
120 流形拓扑学 2010.8 马 天 著
121 局部域上的调和分析与分形分析及其应用 2011.4 苏维宜 著
122 Zakharov 方程及其孤立波解 2011.6 郭柏灵 甘在会 张景军 著
123 反应扩散方程引论(第二版) 2011.9 叶其孝 李正元 王明新 吴雅萍 著
124 代数模型论引论 2011.10 史念东 著
125 拓扑动力系统——从拓扑方法到遍历理论方法 2011.12 周作领 尹建东 许绍元 著
126 Littlewood-Paley 理论及其在流体动力学方程中的应用 2012.3 苗长兴 吴家宏 章志飞 著
127 有约束条件的统计推断及其应用 2012.3 王金德 著
128 混沌、Mel′nikov 方法及新发展 2012.6 李继彬 陈凤娟 著
129 现代统计模型 2012.6 薛留根 著
130 金融数学引论 2012.7 严加安 著
131 零过多数据的统计分析及其应用 2013.1 解锋昌 韦博成 林金官 著

132　分形分析引论　2013.6　胡家信　著
133　索伯列夫空间导论　2013.8　陈国旺　编著
134　广义估计方程估计方程　2013.8　周　勇　著
135　统计质量控制图理论与方法　2013.8　王兆军　邹长亮　李忠华　著
136　有限群初步　2014.1　徐明曜　著
137　拓扑群引论(第二版)　2014.3　黎景辉　冯绪宁　著
138　现代非参数统计　2015.1　薛留根　著